动漫游戏系列丛书

Animate CC 2015
中文版应用教程

Animate CC 2015 ZHONGWENBAN YINGYONG JIAOCHENG

张 凡 等编著

中国铁道出版社有限公司
CHINA RAILWAY PUBLISHING HOUSE CO., LTD.

内 容 简 介

本书为实例教程类图书，全书分为 9 章，主要内容有：Animate CC 2015 概述，Animate CC 2015 的基本操作，Animate CC 2015 的基础动画，Animate CC 2015 的高级动画，图像、声音与视频，交互动画，组件，动画的测试与发布，综合实例。

本书定位准确、教学内容新颖、深度适当，理论和实践部分的比例恰当，编写形式上完全按照教学规律编写，非常适合实际教学。本书配套资源与教材结合紧密，资源包括书中用到的全部素材和最终文件，以及全书基础知识的电子课件。

本书内容丰富、实例典型、讲解详尽，适合作为高等院校相关专业的教材，也可作为动画设计爱好者的自学和参考用书。

图书在版编目（CIP）数据

Animate CC 2015 中文版应用教程 / 张凡等编著. — 北京：中国铁道出版社有限公司, 2020.6
（动漫游戏系列丛书）
ISBN 978-7-113-26766-7

Ⅰ.①A… Ⅱ.①张… Ⅲ.①超文本标记语言-程序设计-教材 Ⅳ.①TP312.8

中国版本图书馆CIP数据核字（2020）第054686号

书　　名：Animate CC 2015 中文版应用教程
作　　者：张　凡　等

策　　划：汪　敏		编辑部热线：（010）51873658
责任编辑：汪　敏　李学敏		
封面设计：付　巍		
封面制作：刘　颖		
责任校对：张玉华		
责任印制：樊启鹏		

出版发行：中国铁道出版社有限公司（100054，北京市西城区右安门西街 8 号）
网　　址：http:// www.tdpress.com/51eds/
印　　刷：中国铁道出版社印刷厂
版　　次：2020 年 6 月第 1 版　2020 年 6 月第 1 次印刷
开　　本：787 mm×1 092 mm　1/16　印张：23.5　字数：571 千
书　　号：ISBN 978-7-113-26766-7
定　　价：79.80 元

前 言

Animate CC 2015 是由 Adobe 公司开发的网页动画制作软件。它功能强大、易学易用，深受网页制作爱好者和动画设计人员的喜爱，已经成为动画领域最流行的软件之一。目前，我国很多院校和培训机构的艺术专业都将动画制作作为重要的专业课程之一。

本书属于实例教程类图书。全书分为 9 章，主要内容如下：第 1 章详细讲解了 Animate CC 动画的原理、主要应用领域、Animate CC 2015 的操作界面以及文档的操作；第 2 章详细讲解了 Animate CC 2015 图形的绘制、编辑，文本和对象的编辑，对象的修饰等方面的相关知识；第 3 章详细讲解了创建逐帧动画、补间形状动画和传统补间动画等方面的相关知识；第 4 章详细讲解了遮罩动画、引导层动画和场景动画等方面的相关知识；第 5 章详细讲解了导入图像、应用声音效果、压缩声音和导入视频等方面的相关知识；第 6 章详细讲解了动作脚本、动画的跳转控制、按钮交互的实现、创建链接等方面的相关知识；第 7 章详细讲解了组件方面的相关知识；第 8 章详细讲解了 Animate CC 2015 动画的测试与发布等方面的相关知识；第 9 章综合利用前面各章的知识，讲解了"制作手机广告动画"、"制作天津美术学院网页"和"制作《趁火打劫》动作动画" 3 个实例的制作。

本书是"设计软件教师协会"推出的系列教材之一，具有内容丰富、实例典型等特点。书中全部实例都是由中央美术学院、北京师范大学、清华大学美术学院、北京电影学院、中国传媒大学、天津美术学院、天津师范大学艺术学院、首都师范大学、山东理工大学艺术学院、河北职业艺术学院等院校具有丰富教学经验的知名教师和一线优秀设计人员提供。

参与本书编写的人员有张凡、龚声勤、曹子其、杨洪雷、杨艳丽、章倩。本书配有素材资源，网址为 http:// www.tdpress.com/51eds/。

由于编者水平有限，书中难免存在疏漏与不足之处，敬请广大读者批评指正。

编　者

2020 年 1 月

ONTENTS 目 录

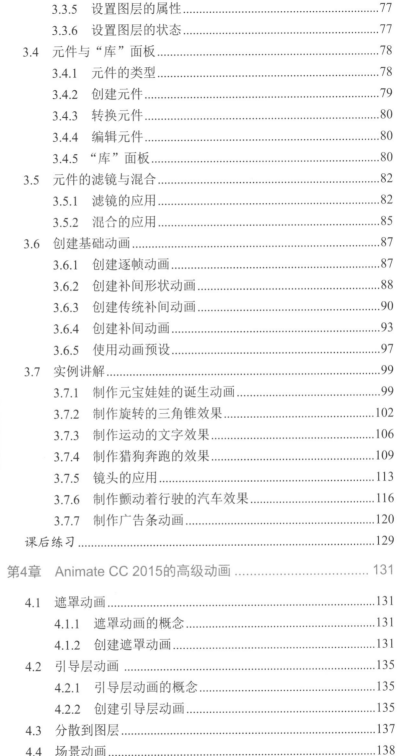

Contents 目 录

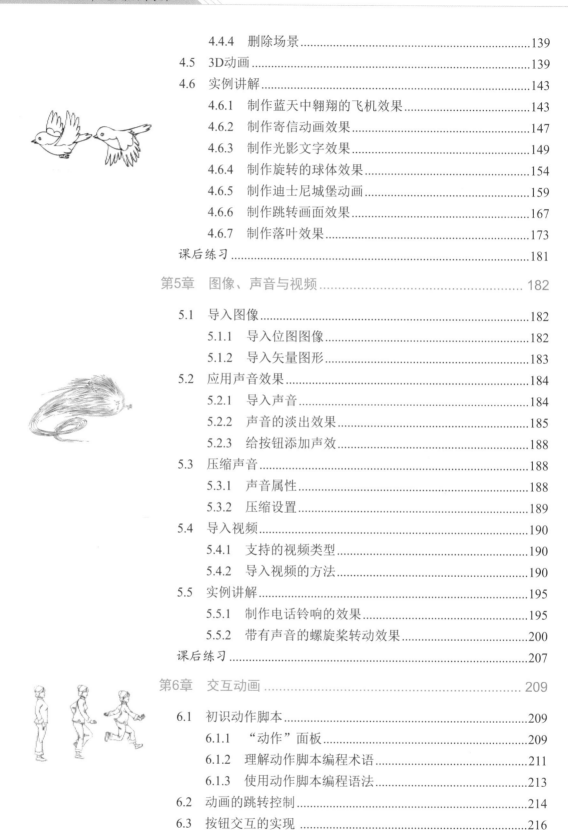

第1章

Animate CC 2015 概述

Animate CC 2015 主要应用于网页设计与制作、多媒体创作和移动数码产品终端等领域。Animate CC 2015 是一个潜力巨大的平台，目前像手机等都在使用 Animate CC 作为操作平台。通过学习本章，读者可对 Animate CC 2015 有一个整体印象，为后面的学习奠定基础。

本章内容包括：

- Animate CC 动画的原理
- Animate CC 动画的特点
- Animate CC 动画的主要应用领域
- Animate CC 2015 的操作界面
- Animate CC 2015 文档的操作

1.1 Animate CC 动画的原理

所谓动画，其本质就是一系列连续播放的画面，是利用人眼视觉的滞留效应呈现出的动态影像。大家可能接触过电影胶片，从表面上看，它们像一堆画面串在一条塑料胶片上。每个画面成为一帧，代表电影中的一个时间片段。这些帧的内容比前一帧稍有变化，当连续的电影胶片画面在投影机上放映时，就产生了运动的错觉。

Animate CC 动画的播放原理与影视播放原理是一样的，产生动画最基本的元素也是一系列静止的图片，即帧。在 Animate CC 的时间轴上每一小格就是一帧，按理说，每一帧都需要制作，但 Animate CC 具有自动生成前后两个关键帧之间的过渡帧的功能，这就大大提高了 Animate CC 动画的制作效率。例如，要制作一个 10 帧的从圆形到多边形的动画，只要在第 1 帧处绘制圆形，在第 10 帧处绘制多边形，然后利用"创建补间形状"命令，即可自动添加这两个关键帧之间的其余帧。

1.2 Animate CC 动画的特点

Animate CC 作为一款多媒体动画制作软件，优势是非常明显的。它具有以下特点：

①矢量绘图。使用矢量图的最大特点在于无论放大还是缩小，画面永远都会保持清晰，不会出现类似位图的锯齿现象。

② Animate CC 生成的文件体积小，适合在网络上进行传播和播放。一般几十兆字节的 Animate CC 源文件，输出后只有几兆字节。

③ Animate CC 的图层管理使操作更简便、快捷。例如，制作人物动画时，可将人的头部、身体、四肢放到不同的层上分别制作动画，这样可以有效避免所有图形元件都在一层内修改时费时费力的问题。

1.3 Animate CC 动画的主要应用领域

对于普通用户来说，只要掌握了 Animate CC 动画的基本制作方法和技巧，就能制作出丰富多彩的动画效果，这就使得 Animate CC 动画具有广泛的用户群，在诸多行业中得到广泛应用。

1. 网络广告

Animate CC 广告是使用 Animate CC 动画的形式宣传产品的广告，主要在互联网上进行产品、服务或者企业形象的宣传。Animate CC 广告动画中一般会采用很多电视媒体制作的表现手法，而且其短小，适合网络传输，是互联网上非常好的广告表现形式。图 1-1 为使用 Animate CC 制作的网络广告效果。

图 1-1　网络广告效果

2. 电视领域

随着 Animate CC 动画的发展，它在电视领域的应用已经不再局限于短片，还可用于电视系列片的生产，并成为一种新的形式。一些少儿动画电视台还开设了 Animate CC 动画的栏目，这使得 Animate CC 动画在电视领域的运用越来越广泛。图 1-2 为使用 Animate CC 制作的系列动画片《老鼠也疯狂》的画面效果。

3. 音乐 MTV

在我国，利用 Animate CC 制作 MTV 的商业模式已经被广泛应用。利用 Animate CC 制作的 MTV 可以生动、鲜明地表达出 MTV 歌曲中的意境，让欣赏者能轻松看懂并深入其中。

图 1-3 为使用 Animate CC 制作的 MTV 效果。

图 1-2　使用 Animate CC 制作的系列动画片《老鼠也疯狂》的画面效果

图 1-3　使用 Animate CC 制作的 MTV 效果

4. 教学领域

随着多媒体教学的普及，Animate CC 动画技术越来越广泛地应用于课件制作中，使得课件功能更加完善，内容更加丰富。图 1-4 为使用 Animate CC 制作的电子课件效果。

图 1-4　使用 Animate CC 制作的电子课件效果

5. 贺卡领域

网络发展也给网络贺卡带来了商机，越来越多的人在亲人朋友的重要日子里通过因特网发送贺卡，而传统的图片文字贺卡过于单调，这就使得具有丰富效果的 Animate CC 动画有了用武之地。图 1-5 为使用 Animate CC 制作的电子贺卡效果。

图 1-5　使用 Animate CC 制作的电子贺卡效果

6. 游戏领域

　　Animate CC 强大的交互功能搭配其优良的动画能力，使得它能够在游戏领域中占有一席之地。使用 Animate CC 中的影片剪辑、按钮、图形元件等进行动画制作，再结合动作脚本的运用，就能制作出精致的 Animate CC 游戏。由于它能够减少游戏中电影片段所占的数据量，因此可以节省更多的空间。图 1-6 为使用 Animate CC 制作的游戏画面效果。

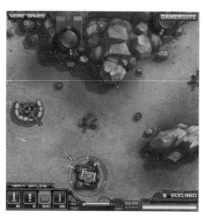

图 1-6　使用 Animate CC 制作的游戏画面效果

7. 网站

　　Animate CC 具有良好的动画表现力与强大的后台技术，并支持 HTML 与网页编程语言的使用，使得其在制作网站上具有很好的优势。图 1-7 为使用 Animate CC 制作的网页效果。

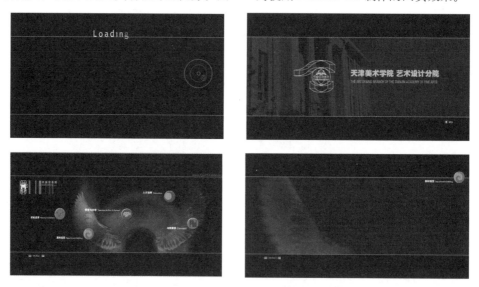

图 1-7　使用 Animate CC 制作的网页效果

1.4　Animate CC 2015 的操作界面

　　Animate CC 2015 的操作界面由菜单栏、工具箱、时间轴、舞台和面板组组成，如图 1-8 所示。

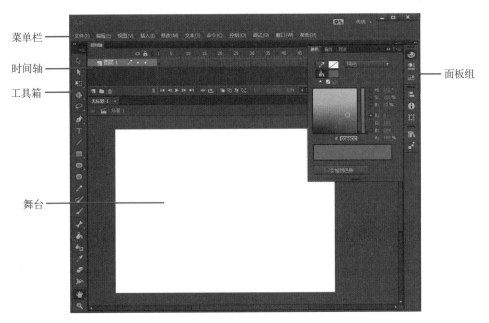

图 1-8   Animate CC 2015 的操作界面

1. 菜单栏

菜单栏中包括"文件""编辑""视图""插入""修改""文本""命令""控制""调试""窗口""帮助"11 个菜单，如图 1-9 所示。Animate CC 2015 中的所有命令都包含在菜单栏的相应的菜单中。

| 文件(F) | 编辑(E) | 视图(V) | 插入(I) | 修改(M) | 文本(T) | 命令(C) | 控制(O) | 调试(D) | 窗口(W) | 帮助(H) |

图 1-9   菜单栏

2. 工具箱

工具箱提供了图形绘制和编辑的各种工具。Animate CC 2015 的默认工具箱如图 1-10 所示。在工具箱中如果工具按钮右下角带有黑色小箭头，则表示该工具还有其他被隐藏的工具。

3. 时间轴

时间轴是进行 Animate CC 作品创作的核心部分，主要用于组织动画各帧中的内容，并控制动画在某一段时间内显示的内容。时间轴左边为图层区，右边为帧区，如图 1-11 所示，动画从左向右逐帧进行播放。关于时间轴的具体讲解参见 3.1 节"时间轴"面板。

4. 舞台

舞台是 Animate CC 操作界面中最广阔的区域，主要用于编辑和播放动画。在舞台中可以放置、编辑矢量图，文本框、按钮、导入的位图图像和视频剪辑等对象。

5. 面板组

为了便于对面板进行管理，Animate CC 2015 将大多数面板嵌入到面板组中。单击面板组中的图标可以显示出所对应的面板。

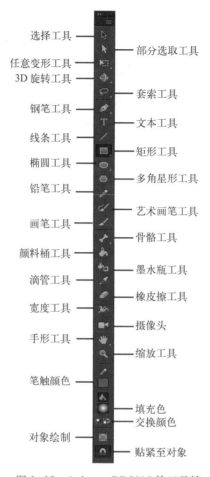

选择工具 —— 部分选取工具
任意变形工具
3D 旋转工具 —— 套索工具
钢笔工具 —— 文本工具
线条工具 —— 矩形工具
椭圆工具 —— 多角星形工具
铅笔工具 —— 艺术画笔工具
画笔工具 —— 骨骼工具
颜料桶工具 —— 墨水瓶工具
滴管工具 —— 橡皮擦工具
宽度工具 —— 摄像头
手形工具 —— 缩放工具
笔触颜色
—— 填充色
—— 交换颜色
对象绘制 —— 贴紧至对象

图 1-10　Animate CC 2015 的工具箱

图层区　　　　　　　　　　　　帧区

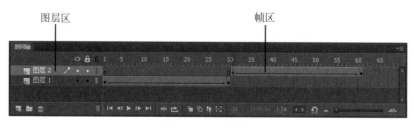

图 1-11　时间轴

1.5　Animate CC 2015 文档的操作

在熟悉了 Animate CC 2015 的操作界面后，下面学习在制作动画过程中需要频繁使用的基本文档操作方法。

1.5.1　创建新文档

创建新文档有以下两种方法：

①执行菜单中的"文件|新建"（快捷键【Ctrl+N】）命令，然后在弹出的如图1-12所示的"新建文档"对话框中选择要创建的文档类型，单击"确定"按钮，即可完成文档创建。

②在图1-13所示的启动界面中单击"新建"栏中要创建的文档类型，即可完成文档创建。

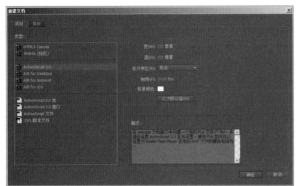

图1-12　"新建文档"对话框　　　　　　　图1-13　启动界面

1.5.2　设置文档属性

新建一个空白的Animate CC文档后，用户可以执行菜单中的"修改|文档"（快捷键【Ctrl+J】）命令，然后在弹出的如图1-14所示的"文档设置"对话框中对该文档的尺寸、背景颜色、标尺单位和帧频进行重新设置。

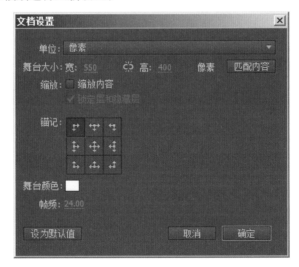

图1-14　"文档设置"对话框

1.5.3　保存文档

为了避免出现意外时丢失文档，在设置文档属性后，一定要及时保存文档。保存文档的具体操作步骤为：执行菜单中的"文件|保存"（快捷键【Ctrl+S】）命令，然后在弹出的如图1-15所示的"另存为"对话框中选择要保存文档的文件夹，在"文件名"文本框中输入要保存文件的名称，然后单击"保存"按钮。

图 1-15 "另存为"对话框

1.5.4 打开文档

如果要对已完成的动画文件进行修改，必须先将其打开。打开文档的具体操作步骤为：执行菜单中的"文件 | 打开"（快捷键【Ctrl+O】）命令，然后在弹出的如图 1-16 所示的"打开"对话框中选择要打开文件的位置和文件，接着单击"打开"按钮，或直接双击文件，即可打开选择的动画文件。

图 1-16 "打开"对话框

课 后 练 习

1. 填空题

1）通过 Animate CC 2015 绘制的图是 _____，这种图的最大特点在于无论放大还是缩小，画面永远都会保持清晰，不会出现类似位图的锯齿现象。

2）Animate CC 2015 的操作界面由 _____、_____、_____、_____ 和 _____ 组成。

2. 选择题

1）创建新文档的快捷键是（　　　）。

A.【Ctrl+A】　　　　B.【Ctrl+D】　　　C.【Ctrl+N】　　　D.【Ctrl+S】

2）保存文档的快捷键是（　　　）。

A.【Ctrl+A】　　　　　B.【Ctrl+D】　　　C.【Ctrl+N】　　　　D.【Ctrl+S】

3. 问答题

1）简述 Animate CC 2015 的特点。

2）简述 Animate CC 2015 的主要应用领域。

第一章　Animate CC 2015 概述

9

第 2 章

Animate CC 2015 的基本操作

Animate CC 2015 拥有强大的绘图功能，它提供了多种绘图工具，用户可以通过对每种工具进行不同的选项设置，绘制出不同效果的图形。此外对于绘制好的图形，还可以进行相关的编辑操作。

对于 Animate CC 2015 中的不同对象（包括元件、位图、文本等），用户还可以进行相关的修饰和编辑操作。通过学习本章，读者可掌握 Animate CC 2015 中不同对象的绘制与编辑的操作方法。

本章内容包括：

■ 图形的绘制

■ 图形的编辑

■ 文本的编辑

■ 对象的编辑

■ 对象的修饰

2.1 图形的绘制

Animate CC 2015 的工具箱中提供了多种绘图工具，运用其绘制出的内容为矢量图形，这些矢量图形可以进行任意缩放而不会出现失真，对文件大小也不会有影响。下面具体介绍这些绘图工具的使用方法。

2.1.1 线条工具

使用 ☑ (线条工具)按钮可以绘制出从起点到终点的直线。选择工具箱中的线条工具按钮，然后在舞台中单击确定直线的起点，拖动鼠标到直线终点的位置释放鼠标，即可完成直线的绘制，效果如图 2-1 所示。用户还可以在图 2-2 所示的线条工具的"属性"面板中对已绘制的直线的笔触宽度、笔触颜色、样式等参数进行修改。

下面主要介绍线条的样式。单击"样式"右侧的下拉按钮，可以从下拉列表中选择自己所需要的线条样式，如图 2-3 所示；单击 ☑ (编辑笔触样式)按钮，用户可以在弹出的如

图 2-4 所示的“笔触样式”对话框中设置除极细线以外的其余 7 种线条样式的类型。

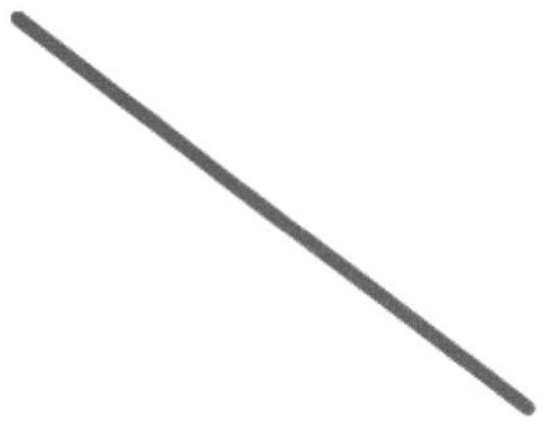

图 2-1　绘制的直线

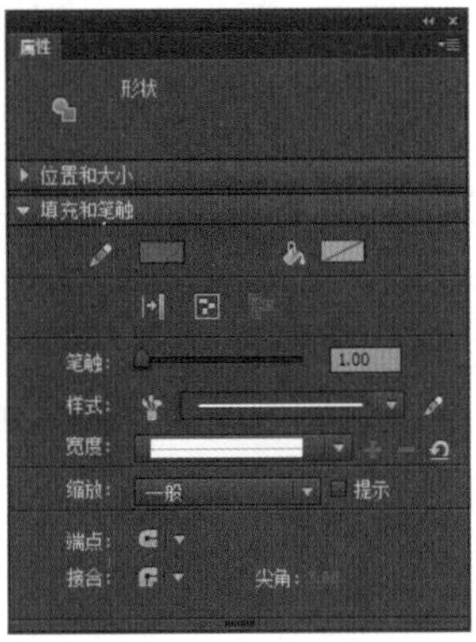

图 2-2　线条工具的“属性”面板

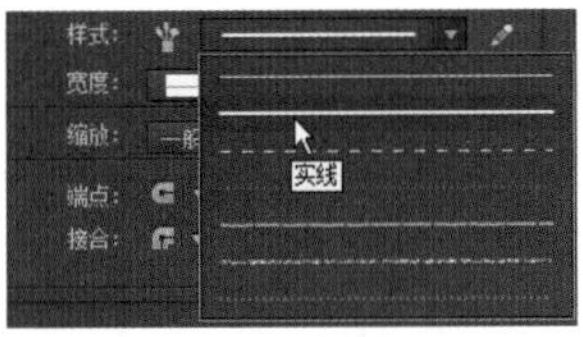

图 2-3　选择线条样式

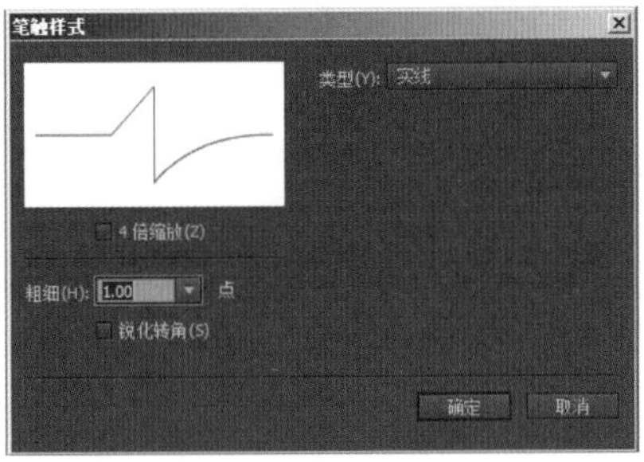

图 2-4　“笔触样式”对话框

①实线：最适合于在 Web 上使用的线型。此线型的设置可以通过“粗细”和“锐化转角”两项来设定。

②虚线：带有均匀间隔的实线。可以通过“笔触样式”对话框对短线和间隔的长度进行调整，如图 2-5 所示。

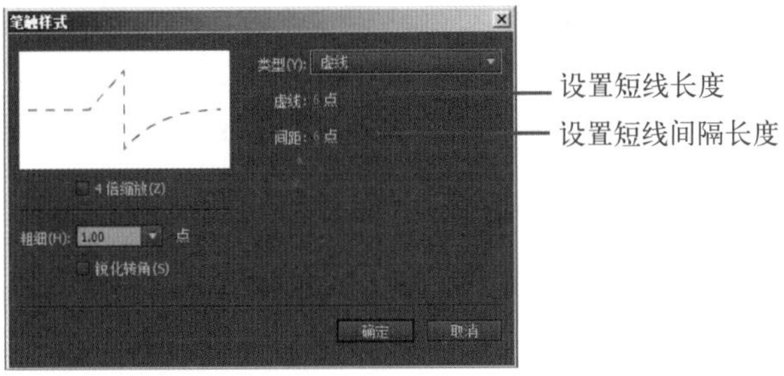

图 2-5　虚线的“笔触样式”对话框

③点状线：绘制的直线由间隔相等的点组成。与虚线不同的是，点状线只有点的间隔距离可调整，如图 2-6 所示。

④锯齿线：绘制的直线由间隔相等的粗糙短线构成。它的粗糙程度可以通过“图案”“波高”和“波长”3 个选项来进行调整，如图 2-7 所示。在“图案”选项中有“简单”“实线”“随机”“点状”“随机点状”“三点状”“随机三点状”7 种样式可供选择；在“波高”选项中有“起伏”“平坦”“剧烈起伏”“强烈”4 个选项可供选择；在“波长”选项中有“较短”“非常短”“中”“长”4 个选项可供选择。

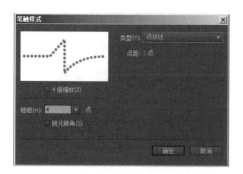 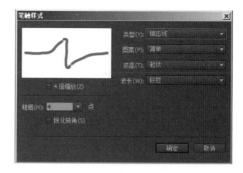

图 2-6　点状线的"笔触样式"对话框　　图 2-7　锯齿线的"笔触样式"对话框

　　⑤点刻线：绘制的直线可用来模拟艺术家手刻的效果。点描的品质可通过"点大小""点变化"和"密度"3个选项进行调整，如图2-8所示。在"点大小"选项中有"很小""小""中""大"4个选项可供选择；在"点变化"选项中有"同一大小""微小变化""不同大小""随机大小"4个选项可供选择；在"密度"选项中有"非常密集""密集""稀疏""非常稀疏"4个选项可供选择。

　　⑥斑马线：绘制复杂的阴影线，可以精确模拟艺术家手画的阴影线，产生无数种阴影效果，这可能是 Animate CC 2015 绘图工具中复杂性最高的操作，如图 2-9 所示。它的参数有："粗细""间隔""微动""旋转""曲线""长度"。其中"粗细"选项中有"极细线""细""中""粗"4个选项可供选择；"间隔"选项中有"非常近""关闭""远""非常远"4个选项可供选择；"微动"选项中有"无""回弹""松散""强烈"4个选项可供选择；"旋转"选项中有"无""轻微""中""自由"4个选项可供选择；"曲线"选项中有"直线""轻微弯曲""中等弯曲""强烈弯曲"4个选项可供选择；"长度"选项中有"相等""轻微变化""中等变化""随机"4个选项可供选择。

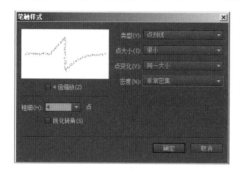 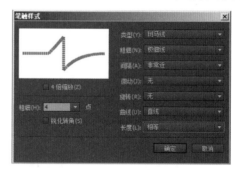

图 2-8　点刻线的"笔触样式"对话框　　图 2-9　斑马线的"笔触样式"对话框

2.1.2　矩形工具和椭圆工具

　　■（矩形工具）和●（椭圆工具）按钮是创建平面图形时最为常用的工具，下面介绍这两种工具的使用方法。

1. 矩形工具

　　选择工具箱中的矩形工具按钮，然后在舞台中单击并拖动鼠标，直到创建了适合形状和大小的矩形后释放鼠标，即可创建一个矩形图形。绘制的矩形由笔触和填充两部分组成，如图 2-10 所示。如果要对已绘制的矩形的这两部分进行调整，可以在"属性"面板中进行相应的设置，如图 2-11（a）所示。

选中已绘制的矩形图形，在"属性"面板中单击 ▸┃ （扩展与填充）按钮，可以将已绘制的矩形图形的笔触转换为填充，此时可以对矩形图形进行统一的填充处理。图 2-11（b）为单击扩展与填充按钮后对矩形图形进行统一径向渐变填充的效果。

选中已绘制的矩形图形，在"属性"面板中单击 ▣ （创建对象）按钮，可以将矩形图形转换为基本矩形对象，如图 2-11（c）所示。

选中已绘制的矩形图形，先在"属性"面板中单击扩展与填充按钮，将已绘制的矩形图形的笔触转换为填充后再单击创建对象按钮，可以将已绘制的矩形图形的笔触和填充区域创建为两个实体图形，如图 2-11（d）所示。图 2-11（e）为利用工具箱中的 ▸ （部分选取工具）按钮移动笔触区域位置后的效果。

笔触

填充

图 2-10 绘制的矩形

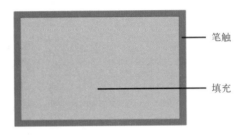

（a）矩形工具的"属性"面板　　　　　（b）对矩形图形进行统一径向渐变填充的效果

（c）将矩形图形转换为基本矩形对象　　（d）将已绘制的矩形图形的笔触和填充区域创建为

两个实体图形

图 2-11 矩形工具

（e）利用工具箱中的部分选取工具按钮
移动笔触区域位置后的效果

（f）将基本矩形转换为矩形图形

图 2-11　矩形工具（续）

在将矩形图形转换为基本矩形后，"属性"面板中的 ▦（分离）按钮将被激活，此时单击该按钮，可以重新将基本矩形转换为矩形图形，如图 2-11（f）所示。

如果在绘制矩形的同时按住键盘上的【Shift】键，然后在舞台中进行拖动，可以绘制出正方形。此外，在绘制矩形之前，用户还可以通过"属性"面板对一些特殊参数进行设置，如图 2-12 所示。

①╱和╲（矩形角半径）按钮：用于指定矩形的角半径。用户可以在框中输入半径的数值，或单击滑块相应地调整半径的大小。如果输入负值，则创建的是反半径。还可以取消选择限制角半径图标，然后分别调整每个角半径。

图 2-12　特殊参数设置

②重置：将重置所有"基本矩形"工具控件，并将在舞台上绘制的基本矩形形状恢复为原始大小和形状。

图 2-13 为设置不同参数后绘制的矩形效果。

（a）╱和╲矩形角半径为 0

（b）╱和╲矩形角半径为 20

图 2-13　设置不同参数后绘制的矩形效果

➕ 提示

绘制矩形后，用户只可以对其笔触和填充属性进行相应修改，而不能对矩形角半径参数进行更改。

2. 椭圆工具

选择工具箱中的椭圆工具按钮，然后在舞台中单击并拖动鼠标，直到创建了适合形状和大小的椭圆后释放鼠标，即可创建一个椭圆图形，如图 2-14 所示。如果要对已绘制的椭圆的笔触和填充进行调整，可以在"属性"面板中进行相应的设置，如图 2-15 所示。

图 2-14　绘制的椭圆形

图 2-15　椭圆工具的"属性"面板

　　如果在绘制椭圆图形的同时按住键盘上的【Shift】键，然后在舞台中进行拖动，可以绘制出正圆形。此外，在选择了工具箱中的椭圆工具按钮，绘制椭圆之前，用户还可以通过"属性"面板对一些特殊参数进行设置，如图 2-16 所示。

　　① 开始角度和结束角度：用于指定椭圆的起始点和结束点的角度。使用这两个控件可以轻松地将椭圆和圆形的形状修改为扇形、半圆形及其他有创意的形状。

　　② 内径：用于指定椭圆的内径（即内侧椭圆）。用户可以在框中输入内径的数值，或单击滑块相应地调整内径的大小。允许输入的内径数值范围为 0 ~ 99，表示删除的椭圆填充的百分比。

图 2-16　椭圆工具的"属性"
面板特殊参数设置

　　③ 闭合路径：用于指定椭圆的路径（如果指定了内径，则有多个路径）是否闭合。如果指定了一条开放路径，但未对生成的形状应用任何填充，则仅绘制笔触。默认情况下选择闭合路径。

　　④ 重置：将重置所有"基本椭圆"工具控件，并将在舞台上绘制的基本椭圆形状恢复为原始大小和形状。

　　图 2-17 为设置不同参数后绘制的圆形效果。

(a) 选中"闭合路径"，
"内径"为 40

(b) 选中"闭合路径"，
"开始角度"为 30

(c) 未选中"闭合路径"，
"开始角度"为 30

图 2-17　设置不同参数后绘制的圆形效果

➕ 提 示

> 绘制椭圆后，用户可以对其填充和线条属性进行相应修改，但不能对"内径"等参数进行更改。

2.1.3 基本矩形工具和基本椭圆工具

Animate CC 2015 还提供了█（基本矩形工具）和●（基本椭圆工具）两种基本绘图工具。下面介绍这两种工具的使用方法。

1. 基本矩形工具

选择工具箱中的基本矩形工具按钮，然后在舞台中单击并拖动鼠标，直到创建了适合形状和大小的基本矩形后释放鼠标，即可创建出一个基本矩形，如图 2-18 所示。在创建了基本矩形后还可以在"属性"面板中对其参数进行相应修改，如图 2-19 所示。

图 2-18　创建的基本矩形　　　　　图 2-19　基本矩形工具的"属性"面板

基本矩形工具按钮与矩形工具按钮的最大区别在于圆角设置。在使用基本矩形工具按钮绘制完基本矩形后，可以使用▶（选择工具）按钮对基本矩形四周的任意控制点进行拖动（见图 2-20），从而制作出圆角效果，如图 2-21 所示。此外，在"属性"面板中，还可以对绘制的基本矩形的圆角半径进行设置，而使用矩形工具按钮绘制的矩形则不能对其圆角半径进行重新设置。

图 2-20　拖动控制点　　　　　　　图 2-21　圆角效果

> **➕ 提 示**
>
> 选中已创建的基本矩形，在"属性"面板中单击 ▦ （分离）按钮，可以将基本矩形对象转换为矩形图形。

2. 基本椭圆工具

选择工具箱中的基本椭圆工具按钮，然后在舞台中单击并拖动鼠标，直到创建了适合形状和大小的基本椭圆后释放鼠标，即可创建出一个基本椭圆，如图 2-22 所示。在创建了基本椭圆图形后还可以在"属性"面板中对其参数进行相应修改，如图 2-23 所示。

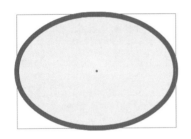

图 2-22 创建的基本椭圆图形

图 2-23 基本椭圆工具的"属性"面板

基本椭圆工具按钮与椭圆工具按钮的最大区别在于椭圆选项设置。在使用基本椭圆工具按钮绘制完基本椭圆后，可以使用选择工具按钮对基本椭圆的右侧控制点进行拖动（见图 2-24），从而改变椭圆的形状，如图 2-25 所示。此外，在"属性"面板中，还可以对绘制的基本椭圆的椭圆选项进行设置，而使用椭圆工具按钮绘制的椭圆则不能对其椭圆选项进行重新设置。

图 2-24 拖动控制点

图 2-25 改变椭圆形状后的效果

2.1.4 多角星形工具

使用 ⬡ （多角星形工具）按钮可以绘制出多边形和星形。

17

选择工具箱中的多角星形工具按钮，然后在舞台中单击并拖动鼠标，直到创建了适合形状和大小的多边形后释放鼠标，即可创建出一个默认的五边形，如图 2-26 所示。在创建了多边形后还可以在"属性"面板中对其参数进行相应修改，如图 2-27 所示。

图 2-26　创建的多边形

图 2-27　多边形工具的"属性"面板

如果要创建的不是默认的五边形，则可以通过"工具设置"对话框进行设置。具体操作步骤为：选择工具箱中的多角星形工具按钮，然后在"属性"面板中单击"选项"按钮，如图 2-28 所示。在弹出的"工具设置"对话框（见图 2-29）中设置相关参数，此时如果将"样式"设置为"星形"，单击"确定"按钮，则结果如图 2-30 所示。

图 2-28　单击"选项"按钮

图 2-29　"工具设置"对话框

图 2-30　绘制的星形

2.1.5　铅笔工具和画笔工具

在 Animate CC 2015 中使用 ✐（铅笔工具）按钮和 ✔（画笔工具）按钮可以绘制出不同形状的线条。在绘图的过程中，如果能够合理使用这两种工具，不但可以有效地提高工作效率，还能绘制出丰富多彩的图形。下面介绍这两种工具的使用方法。

1. 铅笔工具

使用铅笔工具按钮可以随意绘制出不同形状的线条，就像在纸上用真正的铅笔绘制一样。铅笔工具按钮可以在绘图的过程中拉直线条或者平滑曲线，还可以识别或者纠正基本几何形状。另外还可以使用铅笔工具按钮创建特殊形状，或者手工修改线条和形状。

选择工具箱中的铅笔工具按钮时，在工具栏下部的选项部分中将显示如图 2-31（a）所示的选项，单击▣（对象绘制）按钮，或者在"属性"面板中单击▣（对象绘制模式打开）按钮，如图 2-31（b）所示，可以绘制互不干扰的多个图形。

(a) 铅笔工具选项栏　　　　　　　　(b) 在"属性"面板中单击对象绘制模式打开按钮

图 2-31　使用铅笔工具绘制图形

单击▣右侧的小三角形，会出现如图 2-32 所示的下拉选项。这 3 个选项是铅笔工具的 3 种绘图模式。

①选择▣（伸直）按钮时，系统会将独立的线条自动连接，接近直线的线条将自动拉直，摇摆的曲线将实施直线式的处理，效果如图 2-33 所示。

图 2-32　下拉选项　　　　　　　图 2-33　伸直效果

②选择▣（平滑）按钮时，将缩小 Animate CC 2015 自动进行处理的范围。在"平滑"选项模式下，线条拉直和形状识别都被禁止。绘制曲线后，系统可以进行轻微的平滑处理，端点接近的线条彼此可以连接，效果如图 2-34 所示。

③选择▣（墨水）按钮时，将关闭 Animate CC 2015 自动处理功能。画的是什么样，就是什么样，不做任何平滑、拉直或连接处理，效果如图 2-35 所示。

2. 画笔工具

使用▣（画笔工具）按钮可以绘制出刷子般的特殊笔触（包括书法效果），就好像在涂色一样。另外在使用画笔工具按钮时，还可以选择画笔的大小和形状。图 2-36 为使用画笔工具按钮绘制的画面效果。

图 2-34　平滑效果

图 2-35　墨水效果

图 2-36　使用画笔工具按钮绘制的画面效果

> **提示**
>
> 　　与铅笔工具按钮相比，画笔工具按钮创建的是填充形状，笔触高度为 0。填充可以是单色、渐变色或者用位图填充。而铅笔工具按钮创建的只是单一的实线。另外，画笔工具按钮允许用户以非常规方式着色，可以选择在原色的前面或后面绘图，也可以选择只在特定的填充区域中绘图。

　　选择工具箱中的画笔工具按钮时，在工具栏下部的选项部分将显示如图 2-37 所示的选项，共有对象绘制、画笔模式、锁定填充、画笔大小和画笔形状 5 个选项。

　　对象绘制按钮用于绘制互不干扰的多个图形。

　　画笔模式按钮有"标准绘画""颜料填充""后面绘画""颜料选择""内部绘画"5 种模式可供选择，如图 2-38 所示。图 2-39 为使用这 5 种模式绘制图形的效果。

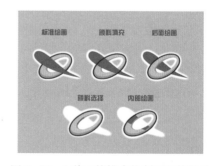

图 2-37　画笔工具选项　　　图 2-38　画笔模式　　　图 2-39　5 种画笔模式绘制图形的效果

如果选择了 ▦（锁定填充）按钮，将不能再对图形进行填充颜色的修改，这样可以防止错误操作而使填充色被改变。

"画笔大小"选项中共有从细到粗的 8 种画笔可供选择，如图 2-40（a）所示；在"画笔形状"选项中共有 9 种不同类型的画笔可供选择，如图 2-40（b）所示。

（a）画笔大小 　　　　　　　　　（b）画笔形状

图 2-40　画笔设置

2.1.6　艺术画笔工具

利用 ✐（艺术画笔工具）按钮可以绘制各种艺术绘图的效果，其使用方法与画笔工具按钮类似。

默认情况下，使用艺术画笔工具按钮绘制的只有笔触线段，如果要绘制带填充的效果，可以选择艺术画笔工具按钮，然后在"属性"面板的"画笔选项"卷展栏中选中"绘制为填充色"复选框，如图 2-41（a）所示。

在艺术画笔工具按钮的"属性"面板的"样式"右侧下拉列表中有多种样式可供选择，如图 2-41（b）所示。图 2-41（c）为选择不同样式绘制的效果比较。

单击"样式"右侧的 ⚏（画笔库）按钮，可以调出"画笔库"面板，如图 2-41（d）所示。通过选择"画笔库"面板中不同的画笔样式，用户可以绘制出各种艺术绘图的效果。图 2-41（e）为在"画笔库"面板中选择不同画笔样式绘制的效果。

（a）勾选"绘制为填充色"复选框 　　　　（b）勾选"绘制为填充色"复选框

图 2-41　艺术画笔工具设置

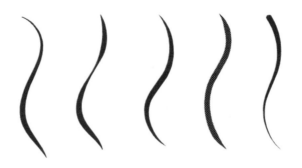

（c）选择不同样式绘制的效果比较

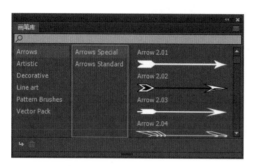

（d）画笔库"面板

（e）不同画笔样式绘制的效果

图 2-41　艺术画笔工具设置（续）

2.1.7　钢笔工具

使用 ![钢笔工具] （钢笔工具）按钮可以绘制精确的路径，如平滑流畅的曲线或者直线，并可调整曲线段的斜率以及直线段的角度和长度。图 2-42 为使用钢笔工具按钮绘制的画面效果。

图 2-42　使用钢笔工具按钮绘制的画面效果

1. 使用钢笔工具绘制直线路径

使用钢笔工具按钮绘制直线路径的具体操作步骤如下：

①选择工具箱中的钢笔工具按钮，然后将鼠标放置到舞台中直线路径要开始的位置并单击，即可创建第 1 个锚点。

②将鼠标移动到直线路径中第 1 条线段要结束的位置再次单击，即可创建出第 2 个锚点，如图 2-43 所示。

⊕ 提 示

按住【Shift】键单击可以将线条限制为倾斜 45° 的倍数。

③同理，在舞台中其他位置继续单击，从而创建其他直线段，如图 2-44 所示。

④如果要结束直线路径的绘制，可以执行以下操作之一。

图 2-43　创建出第 2 个锚点　　　　　　　　图 2-44　创建其他直线段

- 结束开放路径的绘制。方法：在舞台中要结束直线路径绘制的位置双击，即可创建出直线路径的最后一个锚点，并结束该直线路径的绘制。此外按住【Ctrl】键单击路径外的任何位置也可以结束该直线路径的绘制。

- 封闭开放路径。方法：将钢笔工具放置到第 1 个锚点上，如果定位准确，就会在靠近钢笔尖的地方出现一个小圆圈，单击或拖动，即可闭合路径（见图 2-45）。

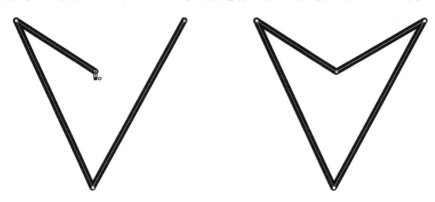

图 2-45　闭合路径

2. 使用钢笔工具绘制曲线路径

使用钢笔工具按钮绘制曲线路径的具体操作步骤如下：

①选择工具箱中的钢笔工具按钮，然后在舞台中的任意位置单击，此时舞台中会出现一个锚点，钢笔尖会变成一个▶形状。

②在舞台中另一位置单击并拖动鼠标，此时将会出现曲线的切线手柄，如图 2-46 所示，此时释放鼠标即可绘制一条曲线段。

③按住【Alt】键，当鼠标指针变为 ↖ 形状时，即可移动切线手柄来改变接下来绘制的曲线的切线方向，如图 2-47 所示。

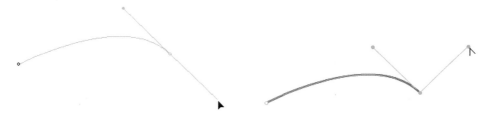

图 2-46　曲线的切线手柄　　　　　　　　图 2-47　移动切线手柄

④同理，在舞台中再选择一个位置，反方向拖动鼠标，如图 2-48 所示，然后释放鼠标即可完成曲线段的绘制，如图 2-49 所示。

图 2-48　改变切线方向　　　　　　　　图 2-49　完成曲线段的绘制

3. 调整锚点

在使用钢笔工具按钮绘制完直线和曲线路径后，还可以根据需要在相应路径上进行添加、删除和转换锚点等操作。

（1）添加锚点

将鼠标放置到路径上，当鼠标变为 ♦ 形状时（见图 2-50），单击，即可在该位置添加一个锚点，如图 2-51 所示。

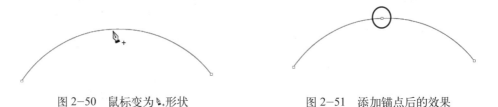

图 2-50　鼠标变为 ♦ 形状　　　　　　　图 2-51　添加锚点后的效果

（2）删除锚点

选择工具箱中的 ✎（删除锚点工具）按钮，然后将其放置到需要删除的锚点上，如图 2-52 所示。单击即可删除该位置的锚点，如图 2-53 所示。

图 2-52　将鼠标放置到需要删除的锚点上　　　　图 2-53　删除锚点后的效果

(3）转换锚点

锚点分为直线锚点和曲线锚点两种。如果要将曲线锚点转换为直线锚点，可以选择工具箱中的 ▶（转换锚点工具）按钮，然后将其放置到需要转换的锚点上，如图 2-54 所示。再次单击，即可将曲线锚点转换为直线锚点，如图 2-55 所示。如果要将直线锚点转换为曲线锚点，可以将转换锚点工具放置到直线锚点上直接进行拖动。

图 2-54 将鼠标放置到需要转换的锚点上

图 2-55 转换锚点后的效果

4. 设置路径的端点和接合

选择已经创建好的路径，然后进入如图 2-56 所示的"属性"面板，可以对其"端点"和"接合"选项进行设置。"端点"和"接合"选项用于设置线条的线段两端和拐角的类型，如图 2-57 所示。

图 2-56 钢笔工具的"属性"面板

图 2-57 端点和接合位置说明

"端点"类型包括 ▣（无)、▣（圆角）和 ▣（方形）3 种，效果分别如图 2-58 所示。用户可以在绘制线条以前设置好线条属性，也可以在绘制完以后重新修改线条的这些属性。

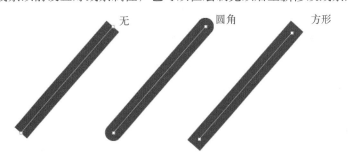

图 2-58 端点类型

"接合"指的是在线段的转折处，也就是拐角的地方以何种方式呈现拐角形状。有"尖角"、"圆角"和"斜角"3 种方式可供选择，效果分别如图 2-59 所示。

当选择接合为"尖角"的时候，右侧的尖角限制文本框会变为可用状态，如图 2-60 所示。

在这里可以指定尖角限制数值的大小，数值越大，尖角就越尖锐；数值越小，尖角会被逐渐削平。

尖角　　　　　　　圆角　　　　　　　斜角

图 2-59　接合类型　　　　　　　　　　　　图 2-60　尖角选项

2.2　图形的编辑

在创建了图形后，还可以利用图形编辑工具改变图形的色彩、形态等属性，创建出充满变化的图形效果。下面就具体介绍这些图形编辑工具的使用方法。

2.2.1　墨水瓶工具

使用 （墨水瓶工具）按钮可以改变矢量图形边线的颜色、线型和宽度，这个工具通常与 （滴管工具）按钮连用。

选择工具箱中的墨水瓶工具按钮，此时在"属性"面板中就会出现如图 2-61 所示的参数选项。这些参数选项与铅笔工具中的参数选项基本是一样的，这里不再赘述。

图 2-61　墨水瓶工具的"属性"面板

图 2-62 为使用墨水瓶工具设置不同笔触高度后对人物图形进行描边的效果比较。

2.2.2　颜料桶工具

使用 （颜料桶工具）按钮可以对封闭的区域、未封闭的区域以及闭合形状轮廓中的空隙进行颜色填充。填充的颜色可以是纯色也可以是渐变色。图 2-63 为使用颜料桶工具对

绘制的图形进行纯色填充的效果。图 2-64 为使用颜料桶工具对绘制的图形进行渐变色填充的效果。

图 2-62　使用墨水瓶工具设置不同笔触高度后对人物图形进行描边的效果比较

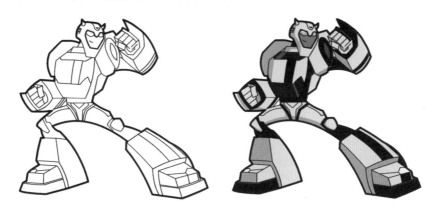

图 2-63　对绘制的图形进行纯色填充的效果

图 2-64　对绘制的图形进行渐变色填充的效果

　　选择工具箱中的颜料桶工具按钮，在工具箱下部的选项部分中将显示如图 2-65 所示的选项。这里共有两个选项：空隙大小、锁定填充。

　　在 ▣（空隙大小）选项中有"不封闭空隙""封闭小空隙""封闭中等空隙""封闭大空隙"4 种选项可供选择，如图 2-66 所示。

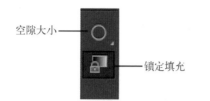

空隙大小

锁定填充

图 2-65　颜料桶工具选项　　　　　图 2-66　空隙选项

如果选择了 （锁定填充）按钮，将不能再对图形进行填充颜色的修改，这样可以防止由于错误操作而使填充色被改变。

颜料桶工具的使用方法：首先在工具箱中选择颜料桶工具按钮，然后选择填充颜色和样式。接着单击空隙大小按钮，从中选择一个空隙大小选项，最后单击要填充的形状或者封闭区域，即可填充。

> **提 示**
>
> 如果要在填充形状之前手动封闭空隙，请选择 （不封闭空隙）按钮。对于复杂的图形，手动封闭空隙会更快一些。如果空隙太大，则用户必须手动封闭。

2.2.3　滴管工具

使用 （滴管工具）按钮可以从一个对象上复制填充和笔触属性，然后将它们应用到其他对象中，除此之外，滴管工具按钮还可以从位图图像中进行取样用做填充。下面就来介绍滴管工具按钮的使用方法。

1. 吸取填充色

选择工具箱中的滴管工具按钮，将鼠标移动到如图 2-67 所示的左侧图形的填充色上，此时鼠标变为 形状。然后在填充色上单击，吸取填充色样本。此时鼠标变为 形状，表示填充色已经被锁定。最后在工具箱中单击下方的锁定填充按钮，取消填充锁定，此时鼠标变为 形状，再将鼠标移动到图 2-67 所示的右侧图形上方并单击，即可将左侧图形的填充色填充给右侧图形，如图 2-68 所示。

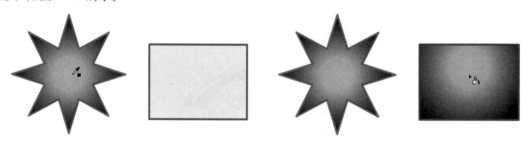

图 2-67　鼠标变为 形状　　　　　图 2-68　将左侧图形的填充色填充给右侧图形

2. 吸取笔触属性

选择工具箱中的滴管工具按钮，将鼠标放置到左侧图形的外边框上，此时鼠标变为 形状，如图 2-69 所示。然后在左侧图形的外边框上单击，吸取笔触属性，此时鼠标变为 形状，最后将鼠标移动到右侧图形的外边框上并单击，此时右侧图形的外边框的颜色和样式会被更改，如图 2-70 所示。

图 2-69　鼠标变为 形状　　　　　　图 2-70　将左侧图形的笔触属性填充给右侧图形

3. 吸取位图图案

使用滴管工具按钮可以吸取外部导入的位图图案。首先导入一张位图图像，按快捷键【Ctrl+B】，将位图分离，如图 2-71 所示。然后绘制一个正圆图形，如图 2-72 所示，再选择工具箱中的滴管工具，将鼠标放置到位图上，此时鼠标变为 形状，接着单击，吸取图案样本，此时鼠标变为 形状。最后在正圆图形上单击，即可将位图图案填充给正圆形，如图 2-73 所示。

图 2-71　导入并分离位图　　图 2-72　绘制一个正圆图形　　图 2-73　位图图案填充后的效果

如果要调整填充图案的大小，可以利用工具箱中的 （填充变形工具）单击被填充图案样本的正圆图形，此时会出现调整框，如图 2-74 所示。然后按住【Shift】键，将左下角的控制点向中心拖动，此时填充图案会变小，如图 2-75 所示。

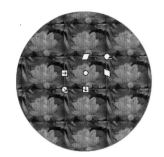

图 2-74　出现调整框　　　　　图 2-75　填充图案变小后的效果

2.2.4　橡皮擦工具

使用 （橡皮擦工具）按钮可以快速擦除笔触或填充区域中的任何内容。用户还可以自定义橡皮擦工具以便实现只擦除笔触、只擦除单个填充区域或数个填充区域的操作。

选择橡皮擦工具按钮后，在工具箱的下方会出现如图 2-76 所示的参数选项。

橡皮擦形状选项中共有圆、方两种类型，从细到粗的 10 种形状，如图 2-77 所示。

1. 橡皮擦模式

橡皮擦模式控制并限制了橡皮擦工具进行擦除时的行为方式。橡皮擦模式选项中共有 5 种模式：标准擦除、擦除填色、擦除线条、擦除所选填充和内部擦除，如图 2-78 所示。

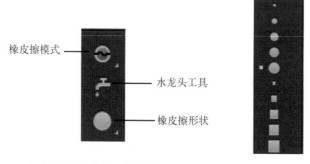

图 2-76　橡皮擦工具选项　　　图 2-77　橡皮擦形状　　　图 2-78　橡皮擦模式

①标准擦除：用于擦除当前图层中所经过的所有线条和填充。图 2-79 为使用橡皮擦工具的"标准擦除"模式对图形进行擦除前后的效果比较。

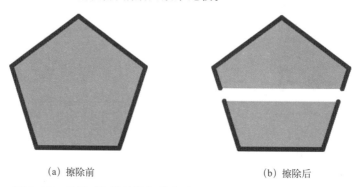

(a) 擦除前　　　　　　　　　　　　　(b) 擦除后

图 2-79　使用"标准擦除"模式对图形进行擦除前后的效果比较

②擦除填色：只擦除填充色，而保留线条。图 2-80 为使用橡皮擦工具的"擦除填色"模式对图形进行擦除后的效果。

③擦除线条：与擦除填色模式相反，只擦除线条，而保留填充色。图 2-81 为使用橡皮擦工具的"擦除线条"模式对图形进行擦除后的效果。

④擦除所选填充：只擦除当前选中的填充色，保留未被选中的填充以及所有的线条。

⑤内部擦除：只擦除橡皮擦笔触开始处的填充。如果从空白点开始擦除，则不会擦除任何内容。以这种模式使用橡皮擦并不影响笔触。图 2-82 为使用橡皮擦工具的"内部擦除"模式对图形进行擦除后的效果。

2. 水龙头工具

水龙头工具主要用于删除图形中的笔触或填充区域。选择工具箱中的橡皮擦工具按钮，激活 ![水龙头工具图标]（水龙头工具）按钮，然后在如图 2-83 所示的图形中的笔触上单击，即可删除图形中

的笔触，如图 2-84 所示。如果在如图 2-85 所示的图形中的填充区域单击，即可删除图形中的填充区域，如图 2-86 所示。

图 2-80　使用"擦除填色"模式对图形进行擦除后的效果

图 2-81　使用"擦除线条"模式对图形进行擦除后的效果

图 2-82　使用"内部擦除"模式对图形进行擦除后的效果

图 2-83　在笔触上单击

图 2-84　删除笔触的效果

图 2-85　在填充区域单击

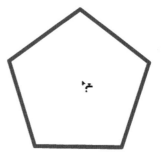

图 2-86　删除填充的效果

➕ 提 示

双击工具箱中的橡皮擦工具按钮，可以快速删除舞台中的所有对象。

2.2.5　选择工具

使用 ▨（选择工具）按钮可以调整已经绘制出的曲线或直线的形状。当使用选择工具按钮拖动线条上的任意点时，鼠标会根据放置的不同位置显示出不同的形状。

①当将选择工具放在曲线的端点时，鼠标会变为 ▨ 形状，此时拖动鼠标，可以延长或缩短该线条，如图 2-87 所示。

图 2-87　利用选择工具按钮延长或缩短该线条

②当将选择工具放在曲线中的任意一点时，鼠标会变为 形状，此时拖动鼠标，可以改变曲线的弧度，如图 2-88 所示。

图 2-88　利用选择工具按钮改变曲线的弧度

③当将选择工具放在曲线中的任意一点，并按住键盘上的【Ctrl】键进行拖动时，可以在曲线上创建新的转角点，如图 2-89 所示。

图 2-89　利用选择工具按钮在曲线上创建新的转角点

2.2.6　部分选取工具

在前面已经讲解过在已有路径上添加、删除锚点的操作方法。此外使用 （部分选择工具）按钮可以对已有路径上的锚点进行选取和编辑。选择工具箱中的部分选取工具按钮，单击路径，即可显示出路径上的锚点，如图 2-90 所示。选择其中一个锚点，此时该锚点以及相邻的前后锚点就会出现切线手柄，如图 2-91 所示。拖动切线手柄，即可改变曲线的形状，如图 2-92 所示。

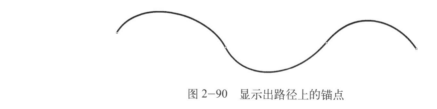

图 2-90　显示出路径上的锚点

图 2-91　选择其中一个锚点　　　　图 2-92　拖动切线手柄来改变曲线的形状

2.2.7　套索工具

使用 ◯（套索工具）可以根据需要选择不规则区域，从而得到所需的形状，该工具主要用于处理位图。选择工具箱中的套索工具，此时工具箱会显示出隐藏的其余两个选项，如图 2-93 所示。这两个隐藏的工具按钮的功能如下。

① ✨（魔术棒工具）按钮：用于选取位图中的同一色彩的区域。选择该按钮，在图 2-94 所示的"属性"面板中可以对其参数进行相应设置。其中"阈值"选项用于定义所选区域内相邻像素的颜色接近程度，数值越高，包含的颜色范围越广，如果数值为 0，表示只选择与所单击像素的颜色完全相同的像素；"平滑"选项用于定义所选区域边缘的平滑程度，一共有 4 个选项可供选择，如图 2-95 所示。

图 2-93　套索工具选项　　　图 2-94　"属性"面板　　　图 2-95　"平滑"下拉列表

② ✌（多边形工具）按钮：选择按钮，可以绘制多边形区域作为选择对象。单击设定多边形选择区域起始点，然后将鼠标指针放在第一条线要结束的地方单击。同理，继续设定其他线段的结束点。如果要闭合选择区域，双击即可。

2.2.8　渐变变形工具

使用 ▣（渐变变形工具）按钮可以改变选中图形的填充渐变效果。

当图形填充色为线性渐变色时，选择工具箱中的渐变变形工具并单击图形，会出现 1 个方形控制点、1 个旋转控制点、1 个中心控制点和 2 条平行线，如图 2-96 所示。此时向图形中间拖动方形控制点，渐变区域会缩小，效果如图 2-97 所示。

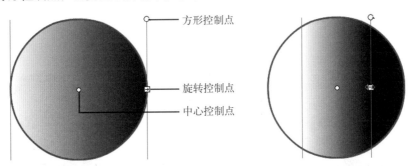

图 2-96　默认线性渐变区域　　　　　图 2-97　缩小渐变区域

将鼠标放置在旋转控制点上，鼠标会变为 ↻ 形状，此时拖动旋转控制点可以改变渐变区域的角度，效果如图 2-98 所示；将鼠标放置在中心控制点上，鼠标会变为 ✛ 形状，此时拖动中心控制点可以改变渐变区域的位置，效果如图 2-99 所示。

第 2 章　Animate CC 2015 的基本操作

33

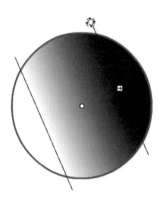 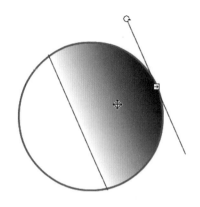

图 2-98　改变渐变区域的角度　　　　　图 2-99　改变渐变区域的位置

当图形填充色为径向渐变色时，选择工具箱中的渐变变形工具按钮并单击图形，会出现 1 个方形控制点、1 个旋转控制点、1 个整体拉伸控制点和 1 个中心控制点，如图 2-100 所示。此时向图形中间拖动方形控制点，可以水平缩小渐变区域，效果如图 2-101 所示。

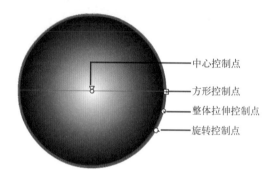 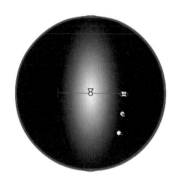

中心控制点
方形控制点
整体拉伸控制点
旋转控制点

图 2-100　改变渐变区域的角度　　　　　图 2-101　水平缩小渐变区域

将鼠标放置在整体拉伸控制点上，鼠标会变为 ⊙ 形状，此时拖动整体拉伸控制点可以改变整体渐变区域的大小，效果如图 2-102 所示；将鼠标放置在旋转控制点上，鼠标会变为 ✲ 形状，此时拖动旋转控制点可以改变渐变区域的角度，效果如图 2-103 所示；将鼠标放置在中心控制点上，鼠标会变为 ✛ 形状，此时拖动中心控制点可以改变渐变区域的位置，效果如图 2-104 所示。

 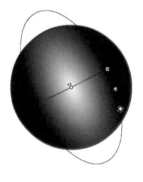 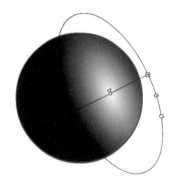

图 2-102　改变整体渐变　　　图 2-103　改变渐变区域　　　图 2-104　改变渐变区域
　　　　　区域的大小　　　　　　　　　的角度　　　　　　　　　　的位置

2.2.9　任意变形工具

使用 ▦（任意变形工具）按钮可以对图形对象进行旋转、缩放、扭曲、封套变形等操作。利用工具箱中的任意变形工具按钮选择要变形的图形，此时图形四周会被一个带有 8 个控制点的方框所包围，如图 2-105 所示。并且工具箱的下方也会出现相应的 5 个选项按钮，如图 2-106 所示。这 5 个按钮的功能如下。

①　（贴紧至对象）按钮：激活该按钮，拖动图形时可以进行自动吸附。

②　（旋转与倾斜）按钮：激活该按钮，然后将鼠标指针移动到外框顶点的控制柄上，鼠标指针变为 ↻ 形状，此时拖动鼠标即可对图形进行旋转，如图 2-107 所示；将鼠标指针移动到中间的控制柄上，鼠标指针变为 ⇆ 形状，此时拖动鼠标可以将对象进行倾斜，如图 2-108 所示。

③　（缩放）按钮：激活该按钮，然后将鼠标指针移动到图形外框的控制柄上，鼠标变为双向箭头形状，此时拖动鼠标可以改变图形的尺寸大小。

图 2-105　选择要　　图 2-106　选项　　图 2-107　旋转效果　　图 2-108　倾斜效果
变形的图形　　　　　　按钮

④　（扭曲）按钮：激活该按钮，然后将鼠标指针移动到外框的控制柄上，鼠标指针变为 ▷ 形状，此时拖动鼠标可以对图形进行扭曲变形，如图 2-109 所示。

⑤　（封套）按钮：激活该按钮，此时图形的四周会出现很多控制柄，如图 2-110（a）所示。拖动这些控制柄，可以使图形进行更细微的变形，如图 2-110（b）所示。

 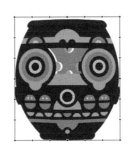 

　　　　　　　　　　　　　（a）图形四周出现很多控制柄　　（b）封套变形效果

图 2-109　扭曲变形效果　　　　　　　图 2-110　封套

2.2.10　3D 旋转工具和 3D 平移工具

用户使用 3D 旋转工具 🔵 和 3D 平移工具 🔺 使 2D 对象沿着 X、Y、Z 轴进行三维旋转和移动。通过组合这些 3D 工具，用户可以创建出逼真的三维透视效果。

1. 3D 旋转工具

使用 3D 旋转工具按钮可以在 3D 空间中旋转影片剪辑元件。当使用 3D 旋转工具按钮选择影片剪辑实例对象后，在影片剪辑元件上将出现 3D 旋转空间。其中，红色的线表示绕 X 轴旋转，绿色的线表示绕 Y 轴旋转，蓝色的线表示绕 Z 轴旋转，橙色的线表示同时绕 X 和 Y 轴旋转，如图 2-111 所示。如果需要旋转影片剪辑，则只需将鼠标放置到需要旋转的轴线上，然后拖动鼠标即可，此时，随着鼠标的移动，对象也会随之移动。

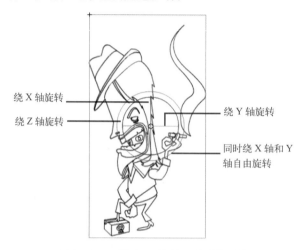

绕 X 轴旋转
绕 Z 轴旋转
绕 Y 轴旋转
同时绕 X 轴和 Y 轴自由旋转

图 2-111　利用 3D 旋转工具选择对象

提示

Animate CC 2015 中的 3D 工具只能对 ActionScript 3.0 下创建的影片剪辑对象进行操作。因此，在对对象进行 3D 旋转操作前，必须确认当前创建的是 ActionScript 3.0 文件，而且要进行 3D 旋转的对象为影片剪辑元件。

（1）使用 3D 旋转工具旋转对象

在工具箱中选择 3D 旋转工具按钮后，工具箱下方的"选项区域"将出现贴紧至对象和全局转换两个选项。其中，▣ （全局转换）按钮默认为选中状态，表示当前状态为全局状态，在全局状态下旋转对象是相对于舞台进行旋转。如果取消全局转换按钮的选中状态，表示当前状态为局部状态，在局部状态下旋转对象是相对于影片剪辑本身进行旋转。图 2-112 所示为选中全局转换按钮前后的比较。

当使用 3D 旋转工具按钮选择影片剪辑元件后，将光标放置到 X 轴线上时，光标变为 ▸x，此时拖动鼠标则影片剪辑元件会沿着 X 轴方向进行旋转，如图 2-113（a）所示；将光标放置到 Y 轴线上时，光标变为 ▸y，此时拖动鼠标则影片剪辑元件会沿着 Y 轴方向进行旋转，如图 2-113（b）所示；将光标放置到 Z 轴线上时，光标变为 ▸z，此时拖动鼠标则影片剪辑元件会沿着 Z 轴方向进行旋转，如图 2-113（c）所示。

（2）使用"变形"面板进行 3D 旋转

在 Animate CC 2015 中，用户可以使用 3D 旋转工具按钮对影片剪辑元件进行任意 3D 旋转，但是，如果需要精确地控制影片剪辑元件的 3D 旋转，则需要使用"变形"面板进行控制。当

在舞台中选择影片剪辑元件后,在"变形"面板中将出现"3D 旋转"与"3D 中心点"的相关选项,如图 2-114 所示。

(a) 选中"全局转换"按钮效果

(b) 取消选中"全局转换"按钮效果

图 2-112 选中"全局转换"按钮前后的比较

(a) 沿着 X 轴方向进行旋转

(b) 沿着 Y 轴方向进行旋转

(c) 沿着 Z 轴方向进行旋转

图 2-113 影片剪辑元件沿方向轴旋转

① 3D 旋转:在 3D 旋转选项中可以通过设置 X、Y、Z 参数来改变影片剪辑元件各个旋转轴的方向,如图 2-115 所示。

图 2-114 "变形"面板

(a) 3D 旋转前

(b) 3D 旋转后

图 2-115 使用"变形"面板进行 3D 旋转

第 2 章 Animate CC 2015 的基本操作

② 3D 中心点：用于设置影片剪辑元件的 3D 旋转中心点的位置，可以通过设置 X、Y、Z 参数来改变其位置，如图 2-116 所示。

(a)"变形"面板　　　　　(b) 3D 中心点原始位置　　　　(c) 3D 中心点移动后的位置

图 2-116　使用"变形"面板移动 3D 中心点

（3）3D 旋转工具的属性设置

选择 3D 旋转工具按钮后，在其"属性"面板中将出现 3D 旋转工具按钮的相关属性，用于设置影片剪辑的 3D 位置、透视角度和消失点等，如图 2-117 所示。

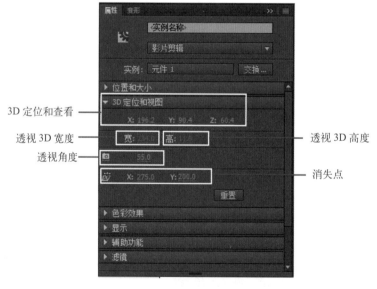

图 2-117　3D 旋转工具的属性设置

① 3D 定位和查看：用于设置影片剪辑元件相对于舞台的 3D 位置，可以通过设置 X、Y、Z 参数来改变影片剪辑实例在 X、Y、Z 轴方向上的坐标值。

②透视角度：用于设置 3D 影片剪辑元件在舞台中的外观视角，参数范围从 1°～180°，增大或减小透视角度将影响 3D 影片剪辑的外观尺寸及其相对于舞台边缘的位置。增大透视角度可使 3D 对象看起来更近；减小透视角度属性可使 3D 对象看起来更远。此效果与通过镜头更改视角的照相机镜头缩放类似。

③透视 3D 宽度：用于显示 3D 对象在 3D 轴上的宽度。

④透视 3D 高度：用于显示 3D 对象在 3D 轴上的高度。

⑤消失点：用于控制舞台上 3D 影片剪辑元件的 Z 轴方向。在 Animate CC 2015 中所有 3D 影片剪辑元件的 Z 轴都会朝着消失点后退。通过重新定位消失点，可以更改沿 Z 轴平移对象时对象的移动方向。通过设置消失点选项中的"X："和"Y："位置，可以改变 3D 影片剪辑元件在 Z 轴消失的位置。

⑥重置：单击"重置"按钮，可以将消失点参数恢复为默认的参数。

2. 3D 平移工具

（3D 平移工具）按钮用于将影片剪辑元件在 X、Y、Z 轴方向上进行平移。如果在工具箱中没有显示 3D 平移工具，可以在工具箱中单击 3D 旋转工具按钮，从弹出的隐藏工具面板中选择该工具，如图 2-118 所示。当选择 3D 平移工具后，在舞台中的影片剪辑元件上单击，对象将出现 3D 平移轴线，如图 2-119 所示。

图 2-118　选择"3D 平移工具"

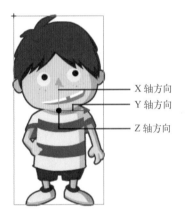

图 2-119　3D 平移轴线

当使用 3D 平移工具按钮选择影片剪辑后，将光标放置到 X 轴线上时，光标变为▸ₓ，如图 2-120（a）所示，此时拖动鼠标，影片剪辑元件会沿着 X 轴方向进行平移；将光标放置到 Y 轴线上时，光标变为▸ᵧ，如图 2-120（b）所示，此时拖动鼠标，影片剪辑元件会沿着 Y 轴方向进行平移；将光标放置到 Z 轴线上时，光标变为▸z，此时拖动鼠标，影片剪辑元件会沿着 Z 轴方向进行平移，如图 2-120（c）所示。

（a）光标变为▸ₓ

（b）光标变为▸ᵧ

（c）光标变为▸z

图 2-120　光标

当使用 3D 平移工具选择影片剪辑元件后，将光标放置到轴线中心的黑色实心点上时，光标变为 图标，此时拖动鼠标可以改变影片剪辑 3D 中心点的位置，如图 2-121 所示。

图 2-121　改变对象 3D 中心点的位置

2.2.11　"颜色"面板

"颜色"面板提供了更改笔触和填充颜色，以及创建多色渐变的选项。利用"颜色"面板不仅可以创建和编辑纯色，还可以创建和编辑渐变色。

执行菜单中的"窗口|颜色"命令，调出"颜色"面板，如图 2-122 所示。在"颜色"面板的"类型"下拉列表中包括"无""纯色""线性渐变""径向渐变""位图填充"5 个选项，如图 2-123 所示。这 5 个选项既可以对填充颜色进行处理，也可以对笔触颜色进行处理。下面以填充颜色为例，具体介绍它们的使用方法。

1. 无

在"颜色"面板的"类型"下拉列表中选择"无"选项，"颜色"面板如图 2-124 所示，表示当前选择图形的填充色为无色。

图 2-122　"颜色"面板

图 2-123　"类型"下拉列表

图 2-124　选择"无"选项

2. 纯色填充

在"颜色"面板的"类型"下拉列表中选择"纯色"选项，"颜色"面板如图 2-122 所示。

① 按钮：用于设置笔触的颜色。

② 按钮：用于设置填充的颜色。

③ 按钮：单击该按钮，可以恢复到默认的黑色笔触和白色填充。

④ 按钮：单击该按钮，可以将笔触或填充设置为无色。

⑤ 按钮：单击该按钮，可以交换笔触和填充的颜色。

⑥ "H""S""B"和"R""G""B"选项：用于使用 HSB 和 RGB 两种颜色模式来设定颜色。

⑦ "A"：用于设置颜色的不透明度，取值范围为 0~100。

3. 线性渐变

在"颜色"面板的"类型"下拉列表中选择"线性渐变"选项，"颜色"面板如图 2-125 所示。将鼠标放置在滑动色带上，鼠标会变为 形状，此时在色带上单击可以添加颜色控制点，如图 2-126 所示，并可以设置新添加控制点的颜色及不透明度。如果要删除控制点，只需将控制点向色带下方拖动即可。图 2-127 为对矩形进行红－蓝线性填充的效果。

图 2-125　选择"线性渐变"选项

图 2-126　添加颜色控制点

图 2-127　对矩形进行红－蓝线性填充的效果

4. 径向渐变

在"颜色"面板的"类型"下拉列表中选择"径向渐变"选项，"颜色"面板如图 2-128 所示。使用与设置线性渐变相同的方法在色带上设置径向渐变色，设置完成后，在面板下方会显示出相应的渐变色，如图 2-129 所示。图 2-130 为对矩形进行白－黄－黑径向填充的效果。

图 2-128　选择"径向渐变"选项

图 2-129 设置后的渐变色

图 2-130　对矩形进行白－黄－黑径向填充的效果

5. 自定义位图填充

在"颜色"面板的"类型"下拉列表中选择"位图填充"选项,然后在弹出的"导入到库"对话框中选择要作为位图填充的图案(见图 2-131),单击"打开"按钮,即可将其导入到"颜色"面板中,如图 2-132 所示。使用工具箱中的多角星形工具绘制一个六边形,此时绘制的六边形会被刚才导入的位图所填充,效果如图 2-133 所示。

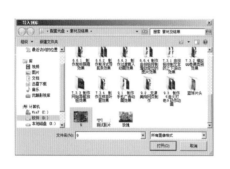  

图 2-131 "导入到库"对话框   图 2-132 "颜色"面板   图 2-133 "位图填充"效果

2.2.12 "样本"面板

在"样本"面板中可以选择系统提供的纯色或渐变色。执行菜单中的"窗口 | 样本"命令,调出"样本"面板,如图 2-134 所示。

"样本"面板默认提供了 252 种纯色和 7 种渐变色,单击"样本"面板右上角的 ▤ 按钮,会弹出下拉菜单,如图 2-135 所示。

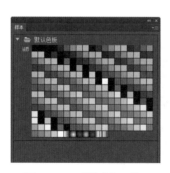 

图 2-134 "样本"面板   图 2-135 "样本"面板下拉菜单

①删除:用于删除选中的颜色。

②复制为色板:用于根据选中的颜色复制出一个新的颜色。

③复制为文件夹:用于将选中的颜色复制到一个新的文件夹中。

④添加颜色:用于将系统中保存的颜色添加到"样本"面板中。

⑤替换颜色：用于将选中的颜色替换成系统中保留的颜色。

⑥保存颜色：用于将编辑好的颜色保存到系统中，以便再次调用。

⑦保存为默认值：用编辑好的颜色替换系统默认的颜色文件。

⑧清除颜色：用于清除当前面板中的所有颜色，只保留黑色与白色。

⑨加载默认颜色：用于将"样式"面板中的颜色恢复到系统默认的颜色状态。

⑩ Web 216 色：用于调出系统自带的符合 Internet 标准的色彩。

⑪锁定：选择该命令，将锁定"样本"面板的位置。

⑫帮助：选择该命令，将弹出帮助文件。

⑬关闭：用于关闭"样本"面板。

⑭关闭组：用于关闭"样本"面板所在的面板组。

2.3 文本的编辑

Animate CC 2015 提供了 3 种文本类型。第 1 种文本类型是静态文本，主要用于制作文档中的标题、标签或其他文本内容；第 2 种文本类型是动态文本，主要用于显示根据用户指定条件而变化的文本，例如，可以使用动态文本字段来添加存储在其他文本字段中的值（比如两个数字的和）；第 3 种文本类型是输入文本，通过它可以实现用户与 Animate CC 应用程序间的交互，例如，在表单中输入用户的姓名或者其他信息。

选择工具箱中的 ▨（文本工具）按钮，然后在如图 2-136 所示的"属性"面板中可以设置文本的字体、字体大小、颜色、字母间距等属性。

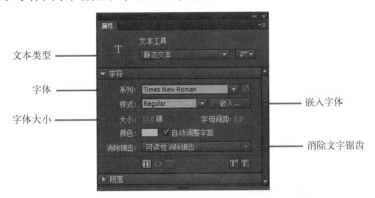

图 2-136 文字工具的"属性"面板

1. 创建不断加宽的文本块

用户可以定义文本块的大小，也可以使用加宽的文字块以适合所书写的文本。创建不断加宽的文本块的方法如下。

①选择工具箱中的 ▨（文本工具）按钮，然后在文本的"属性"面板中进行如图 2-137 所示的参数设置。

②确保未在工作区中选定任何时间帧或对象的情况下，在工作区中的空白区域单击，然后输入文字"Adobe Animate CC 2015"，此时在可加宽的静态文本右上角会出现一个圆形控制块，如图 2-138 所示。

图 2-137 设置文本属性

Adobe Animate CC 2015

图 2-138 直接输入文本

2. 创建宽度固定的文本块

除了能创建一行在输入时不断加宽的文本以外，用户还可以创建宽度固定的文本块。向宽度固定的文本块中输入的文本在块的边缘会自动换到下一行。创建宽度固定的文本块的方法如下。

①选择工具箱中的文本工具按钮，然后在文本的"属性"面板中设置参数，如图 2-137 所示。

②在工作区中拖动鼠标来确定固定宽度的文本块区域，然后输入文字"Adobe Animate CC 2015"，此时在宽度固定的静态文本块右上角会出现一个方形控制块，如图 2-139 所示。

Adobe
Animate CC
2015

图 2-139 在固定宽度的文本块区域输入文本

🞥 提 示

可以通过拖动文本块的方形控制块来更改它的宽度。另外，可通过双击方形控制块来将它转换为圆形控制块。

3. 创建输入文本字段

使用输入文本字段可以使用户有机会与 Animate CC 应用程序进行交互。例如，使用输入

文本字段，可以方便地创建表单。下面将添加一个可供用户在其中输入名字的文本字段，创建方法如下：

①选择工具箱中的文本工具按钮，然后在文本的"属性"面板中进行如图2-140所示的参数设置。

> **提示**
>
> 激活■（在文本周围显示边框）按钮，可用可见边框标明文本字段的边界。

②在工作区中单击，即可创建输入文本，如图2-141所示。

图 2-140　设置文本属性　　　　图 2-141　创建输入文本

4. 创建动态文本字段

在运行时，动态文本可以显示外部来源中的文本。下面将创建一个链接到外部文本文件的动态文本字段。假设要使用的外部文本文件的名称是 chinadv.com.cn.txt，具体创建方法如下。

①选择工具箱中的文本工具按钮，然后在文本的"属性"面板中进行如图2-142所示的参数设置。

②在工作区两条水平隔线之间的区域中拖动鼠标，即可创建文本字段，如图2-143所示。

③在"属性"面板的"实例名称"文本框中，将该动态文本字段命名为"chinadv"，然后设置"链接"为"http://www.chinadv.com.cn"，"目标"为"_blank"，如图2-144所示。

图 2-142　设置文本属性　　　图 2-143　创建文本字段　　　图 2-144　输入实例名称和链接

第2章 Animate CC 2015 的基本操作

➕ 提 示

　　在动态文本"属性"面板中的"链接"中直接输入网址，可以使当前文字成为超链接文字。并可以在"目标"中设置超链接的打开方式。Flash 有"_blank""_parent""_self""_top"4 种打开方式可供选择。选择"_blank"，可以使链接页面在新的浏览器中打开；选择"_parent"，可以使链接页面在父框架中打开；选择"_self"打开方式，可以使链接页面在当前框架中打开；选择"_top"打开方式，可以使链接页面在默认的顶部框架中打开。

5. 创建分离文本

创建分离文本的方法如下。

①选择工具箱中的选择工具按钮，然后单击工作区中的文本块。

②执行菜单中的"修改｜分离"（快捷键【Ctrl+B】）命令，此时选定文本中的每个字符会被放置在一个单独的文本块中，而文本依然在舞台的同一位置上，如图 2-145 所示。

③再次执行菜单中的"修改｜分离"命令，即可将舞台中的单个字符分离为图形，如图 2-146 所示。

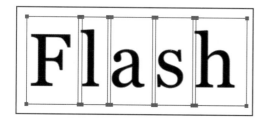

图 2-145　将整个单词分离为单个字母　　　　　图 2-146　将单个字符分离为图形

➕ 提 示

　　"分离"命令只适用于轮廓字体，如 TrueType 字体。当分离位图字体时，它们会从屏幕上消失。

2.4　对象的编辑

　　在创建对象后，通常要对其进行扭曲、旋转、倾斜、合并、组合、分离等操作，下面就来具体介绍常用的对象编辑方法。

2.4.1　扭曲对象

　　前面介绍了利用任意变形工具按钮对对象进行扭曲的方法，下面介绍利用菜单中的"扭曲"命令扭曲对象的方法。选择要扭曲的对象，然后执行菜单中的"修改｜变形｜扭曲"命令，此时在当前选择的图形上会出现控制点，如图 2-147 所示。接着将鼠标放置在控制点上，鼠标会变为 ▷ 形状，此时拖动 4 角的控制点可以改变图形的形状，效果如图 2-148 所示。

图 2-147　选择的图形上出现控制点　　　图 2-148　拖动 4 角的控制点改变图形的形状

2.4.2　封套对象

　　前面介绍了利用任意变形工具按钮对对象进行封套的方法，下面介绍利用菜单中的"封套"命令封套对象的方法。选择要进行封套的对象，然后执行菜单中的"修改 | 变形 | 封套"命令，此时在当前选择的图形上会出现控制点，如图 2-149 所示。接着将鼠标放置在控制点上，鼠标会变为 ▷ 形状，此时拖动控制点可以使图形产生相应的弯曲变化，效果如图 2-150 所示。

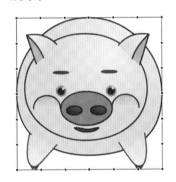

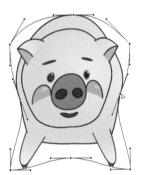

图 2-149　选择的图形上出现控制点　　　图 2-150　拖动控制点使图形产生相应的弯曲变化

2.4.3　缩放对象

　　前面介绍了利用任意变形工具按钮对对象进行缩放的方法，下面介绍利用菜单中的"缩放"命令缩放对象的方法。选择要进行缩放的对象，然后执行菜单中的"修改 | 变形 | 缩放"命令，此时在当前选择的图形上会出现控制点，如图 2-151 所示。接着将鼠标放置右上方的控制点上，鼠标会变为 ↙ 形状，此时拖动控制点可以成比例地改变图形的大小，效果如图 2-152 所示。

2.4.4　旋转与倾斜对象

　　前面介绍了利用任意变形工具按钮对对象进行旋转与倾斜的方法，下面介绍利用菜单中

的"旋转与倾斜"命令旋转与倾斜对象的方法。选择要进行旋转与倾斜的对象，然后执行菜单中的"修改 | 变形 | 旋转与倾斜"命令，此时在当前选择的图形上会出现控制点，如图 2-153 所示。如果将鼠标放置中间的控制点上，鼠标会变为 ⇌ 形状，此时拖动控制点可以倾斜图形，效果如图 2-154 所示；如果将鼠标放置在右上角的控制点上，鼠标会变为 ↻ 形状，此时拖动控制点可以旋转图形，效果如图 2-155 所示。

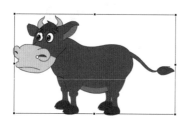 

图 2-151　选择的图形上出现控制点　　　　　图 2-152　成比例地改变图形的大小

图 2-153　选择的图形上出现控制点　　　图 2-154　倾斜图形　　　图 2-155　旋转图形

2.4.5　翻转对象

选择要进行翻转的对象，如图 2-156 所示，执行菜单中的"修改 | 变形 | 水平翻转"命令，可以将图形进行水平翻转，如图 2-157 所示；执行菜单中的"修改 | 变形 | 垂直翻转"命令，可以将对象进行垂直翻转，如图 2-158 所示。

图 2-156　选择翻转对象　　　　图 2-157　水平翻转　　　　图 2-158　垂直翻转

2.4.6　合并对象

通过合并对象可以改变现有对象的形状。执行菜单中的"修改 | 合并对象"命令，在打开

的子菜单中提供了"联合""交集""打孔"和"裁切"4种合并对象的方式。

1. 联合

使用"联合"方式可以合并两个或多个图形，产生一个"绘制对象"模式的图形对象，并删除不可见的重叠部分。选择要进行"联合"合并的图形对象，如图 2-159 所示。然后执行菜单中的"修改|合并对象|联合"命令，即可将两个图形对象联合在一起，效果如图 2-160 所示。

图 2-159　选择图形对象

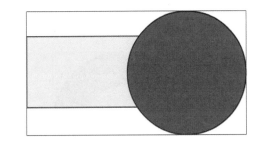

图 2-160　联合后的效果

> **⊕ 提示**
>
> 在使用工具箱中的▣（矩形工具）、◉（椭圆工具）和◈（多角星形工具）按钮绘制图形时，工具箱的下方都会出现一个◎（对象绘制）按钮，激活该按钮后绘制的图形将作为一个图形对象，多个图形对象之间是相互独立的，不会出现重叠在一起相互影响的情况。反之，如果在绘制图形时，不激活◎（对象绘制）按钮，则绘制的图形形状中多个形状重叠在一起会相互影响。

2. 交集

使用"交集"方式，可以创建两个或多个绘制对象进行交集后的图形对象，进行交集产生的"对象绘制"模式的图形对象由合并的形状重叠部分组成，并删除形状上任何不重叠的部分。选择要进行"交集"合并的图形对象，如图 2-159 所示。然后执行菜单中的"修改|合并对象|交集"命令，即可将两个图形对象交集在一起，效果如图 2-161 所示。

3. 打孔

使用"打孔"方式，可以删除两个具有重叠部分的绘制对象中位于最上面的图形对象，从而产生一个新的图形对象。选择要进行"打孔"合并的图形对象，如图 2-162 所示。然后执行菜单中的"修改|合并对象|打孔"命令，即可创建出两个图形对象的打孔效果，如图 2-163 所示。

4. 裁切

使用"裁切"方式，可以保留两个具有重叠部分的绘制对象中的重叠部分，并删除最上面和下面图形对象中的其他部分。选择要进行"裁切"合并的图形对象，如图 2-162 所示，然后执行菜单中的"修改|合并对象|裁切"命令，即可创建出两个图形对象的裁切效果，如图 2-164 所示。

第 2 章　Animate CC 2015 的基本操作

49

图 2-161 "交集"后的效果

图 2-162 选择图形对象

图 2-163 "打孔"后的效果

图 2-164 "裁切"后的效果

2.4.7 组合和分离对象

在 Animate CC 动画制作中，经常会利用"组合"命令将图形对象进行组合，从而便于后面对其进行整体编辑。而利用"分离"命令，则可以将组、实例和位图分离为单独的可编辑元素，并且还能够极大地减小导入图形的文件大小。下面就具体介绍组合和分离对象的方法。

1. 组合对象

在舞台中选择多个图形对象，如图 2-165 所示。然后执行菜单中的"修改 | 组合"（快捷键【Ctrl+G】）命令，即可将选中的图形对象进行组合，如图 2-166 所示。

图 2-165 选择图形对象

图 2-166 "组合"后的效果

2. 分离对象

选择图形组合（见图 2-166），然后执行菜单中的"修改 | 分离"命令，可以将组合的图形打散为轮廓。图 2-167 为执行多次"分离"命令后的效果。

图 2-167　多次"分离"后的效果

2.4.8　排列和对齐对象

在 Flash 中，默认是根据对象的创建顺序来排列对象的，即最新创建的对象位于最上方。如果要调整对象的排列顺序，可以通过"排列"命令实现。对于创建的多个对象，利用"对齐"命令或"对齐"面板，可以根据需要对它们进行多种方式的对齐操作。下面就具体介绍利用相关命令排列和对齐对象的方法。

1. 排列对象

通过对对象排列顺序进行调整，可以改变对象的显示状态，使其看起来更加合理。执行菜单中的"修改 | 排列"命令，在打开的子菜单中提供了多种排列对象的方式，如图 2-168 所示。例如，要将一个对象置于最上方，可以选择该对象（见图 2-169），然后执行菜单中的"修改 | 排列 | 移至顶层"命令，即可将该对象置于所有对象的上面，如图 2-170 所示。

移至顶层(F)	Ctrl+Shift+向上箭头
上移一层(R)	Ctrl+向上箭头
下移一层(E)	Ctrl+向下箭头
移至底层(B)	Ctrl+Shift+向下箭头

图 2-168　"排列"菜单的子菜单　　　图 2-169　选择对象　　　图 2-170　"移至顶层"的效果

2. 对齐对象

在 Animate CC 2015 中对于创建的多个对象，通常要进行对齐操作。执行菜单中的"修改 | 对齐"命令，在打开的子菜单中提供了多种对齐方式，如图 2-171 所示。此外利用如图 2-172 所示的"对齐"面板也可以对齐对象，具体操作详见 2.6.1"对齐"面板。

左对齐(L)	Ctrl+Alt+1
水平居中(C)	Ctrl+Alt+2
右对齐(R)	Ctrl+Alt+3
顶对齐(T)	Ctrl+Alt+4
垂直居中(V)	Ctrl+Alt+5
底对齐(B)	Ctrl+Alt+6
按宽度均匀分布(D)	Ctrl+Alt+7
按高度均匀分布(H)	Ctrl+Alt+9
设为相同宽度(M)	Ctrl+Alt+Shift+7
设为相同高度(S)	Ctrl+Alt+Shift+9
✓ 与舞台对齐(G)	Ctrl+Alt+8

图 2-171　"对齐"菜单的子菜单　　　　图 2-172　"对齐"面板

例如，要将多个对象的底部对齐，可以选择需要对齐的对象（见图 2-173），然后执行菜单中的"修改|对齐|底对齐"命令，即可将所选的多个对象进行底部对齐，如图 2-174 所示。

图 2-173　选择需要对齐的对象　　　　　　图 2-174　"底对齐"后的效果

2.5　对象的修饰

在制作动画的过程中，可以利用 Animate CC 2015 自带的一些命令，对曲线进行优化，将线条转换为填充，对填充色进行修改或对填充边缘进行柔化处理。

2.5.1　优化曲线

利用"优化"命令可以将线条优化得较为平滑。选择要优化的曲线（见图 2-175），然后执行菜单中的"修改|形状|优化"命令，在弹出的"优化曲线"对话框中进行如图 2-176 所示的相关参数的设置后，单击"确定"按钮，此时会弹出提示对话框（见图 2-177），单击"确定"按钮，即可将曲线进行优化，效果如图 2-178 所示。

图 2-175　选择要优化的线条　　　　　　图 2-176　"优化曲线"对话框

图 2-177　提示对话框　　　　　　图 2-178　"优化曲线"后的效果

2.5.2　将线条转换为填充

利用"将线条转换为填充"命令可以将矢量线条转换为填充色块。选择要转换为填充色块的线条，如图 2-179 所示。然后执行菜单中的"修改|形状|将线条转换为填充"命令，即可将线条转换为填充色块，此时选择工具箱中的 ![颜料桶工具] （颜料桶工具）按钮可以将填充色块设置

为其他颜色，如图 2-180 所示。

图 2-179 选择要转换为填充色块的线条

图 2-180 将填充色块设置为其他颜色

2.5.3 扩展填充

利用"扩展填充"命令可以将填充色向外扩展或向内收缩，扩展或收缩的数值可以自定义。

1. 扩展填充色

选择图形的填充色（见图 2-181），然后执行菜单中的"修改|形状|扩展填充"命令，此时会弹出"扩展填充"对话框。在"距离"数值框中输入 5（取值范围为 0.05～144），选中"扩展"单选按钮（见图 2-182），然后单击"确定"按钮，此时填充色会向外扩展，如图 2-183 所示。

图 2-181 选择图形的填充色

图 2-182 设置"扩展填充"参数

图 2-183 "扩展"后的效果

2. 收缩填充色

选择图形的填充色（见图 2-181），然后执行菜单中的"修改|形状|扩展填充"命令，此时会弹出"扩展填充"对话框。在"距离"文本框中输入 5（取值范围为 0.05～144），单击选中"插入"单选按钮（见图 2-184），然后单击"确定"按钮，此时填充色会向内收缩，如图 2-185 所示。

图 2-184 设置"扩展填充"参数

图 2-185 "插入"后的效果

2.5.4 柔化填充边缘

利用"柔化填充边缘"命令可以使填充区域产生边缘的柔化效果。

1. 向外柔化填充边缘

选择要柔化填充边缘的图形（见图 2-186），然后执行菜单中的"修改 | 形状 | 柔化填充边缘"命令，此时会弹出"柔化填充边缘"对话框。在"距离"文本框中输入 30，在"步长数"文本框中输入 10，选中"扩展"单选按钮（见图 2-187），然后单击"确定"按钮，效果如图 2-188所示。

图 2-186　选择图形　　图 2-187　设置"柔化填充边缘"参数　　图 2-188　"扩展"后的效果

 提 示

"步长数"数值越大，柔化填充后的效果会越平滑。

2. 向内柔化填充边缘

选择要柔化填充边缘的图形，然后执行菜单中的"修改 | 形状 | 柔化填充边缘"命令，此时会弹出"柔化填充边缘"对话框。在"距离"文本框中输入 30，在"步长数"文本框中输入 10，选中"插入"单选按钮（见图 2-189），然后单击"确定"按钮，效果如图 2-190 所示。

图 2-189　设置"柔化填充边缘"参数　　　　图 2-190　"插入"后的效果

2.6 "对齐"面板与"变形"面板

在 Animate CC 2015 中利用"对齐"面板可以设置多个对象之间的对齐方式，此外还可以利用"变形"面板来改变对象的大小以及倾斜度。

2.6.1 "对齐"面板

使用"对齐"面板可以将多个图形按照一定的规律进行排列，能够快速地调整图形之间的相对位置、平分间距和对齐方向。Animate CC 2015 的"对齐"面板如图 2-191 所示，该面板包括"对齐""分布""匹配大小""间隔"4 个选项组和一个"与舞台对齐"选项。

1."对齐"选项组

"对齐"选项组包括 6 个工具按钮，它们的作用如下。

① （左对齐）按钮：用于设置选取对象左端对齐。

② （水平中齐）按钮：用于设置选取对象沿垂直线中部对齐。

③ （右对齐）按钮：用于设置选取对象右端对齐。

④ （顶对齐）按钮：用于设置选取对象上端对齐。

⑤ （垂直中齐）按钮：用于设置选取对象沿水平线中部对齐。

⑥ （底对齐）按钮：用于设置选取对象底端对齐。

图 2-191 "对齐"面板

2."分布"选项组

"分布"选项组包括 6 个工具按钮，它们的作用如下。

① （顶部分布）按钮：用于设置选取对象在横向上，上端间距相等。

② （垂直居中分布）按钮：用于设置选取对象在横向上，中心间距相等。

③ （底部分布）按钮：用于设置选取对象在横向上，下端间距相等。

④ （左侧分布）按钮：用于设置选取对象在纵向上，左端间距相等。

⑤ （水平居中分布）按钮：用于设置选取对象在纵向上，中心间距相等。

⑥ （右侧分布）按钮：用于设置选取对象在纵向上，右端间距相等。

3."匹配大小"选项组

"匹配大小"选项组包括 3 个工具按钮，它们的作用如下。

① （匹配宽度）按钮：用于设置选取对象在水平方向上等尺寸变形（以所选对象中宽度最大的为基准）。

② （匹配高度）按钮：用于设置选取对象在垂直方向上等尺寸变形（以所选对象中高度最大的为基准）。

③ （匹配宽和高）按钮：用于设置选取对象在水平方向和垂直方向同时进行等尺寸变形（同时以所选对象宽度和高度最大的为基准）。

4."间隔"选项组

"间隔"选项组包括 2 个工具按钮，它们的作用如下。

① （垂直平均间隔）按钮：用于设置选取对象在纵向上间距相等。

② （水平平均间隔）按钮：用于设置选取对象在横向上间距相等。

5."与舞台对齐"选项

选中该项后，上述所有设置的操作都是以整个舞台的宽度或高度为基准进行对齐；如果未选中该项，则所有操作是以所选对象的边界为基准进行对齐。

第 2 章　Animate CC 2015 的基本操作

55

2.6.2 "变形"面板

使用"变形"面板可以将图形、组、文本以及元件进行变形处理。Animate CC 2015 的"变形"面板如图 2-192 所示。该面板的主要参数的作用如下。

① ← （宽度）按钮：用于设置所选图形的宽度。

② ↕ （高度）按钮：用于设置所选图形的高度。

③ ∞ （约束）按钮：用于同时设置所选图形的宽度和高度。

④旋转：用于设置所选图形的旋转角度。

⑤倾斜：用于设置所选图形的水平倾斜或垂直倾斜。

⑥ 3D 旋转：用于设置所选图形在三维空间坐标中的旋转角度。

⑦ 3D 中心点：用于设置所选图形在三维空间坐标中的坐标。

⑧ （水平翻转所选内容）按钮：用于水平翻转所选的内容。

⑨ （垂直翻转所选内容）按钮：用于垂直翻转所选的内容。

图 2-192 "变形"面板

⑩ （重制选区和变形）按钮：用于复制图形并将变形设置应用于图形。

⑪ （取消变形）按钮：用于将所选图形的属性恢复到初始状态。

2.7 实例讲解

本节将通过 4 个实例来对 Animate CC 2015 的绘制与编辑方面的相关知识进行具体应用，旨在帮助读者快速掌握 Animate CC 2015 的绘制与编辑。

2.7.1 制作线框文字效果

 制作要点

本例将制作红点线框勾边的中空文字，效果如图 2-193 所示。学习本例，读者应掌握如何改变文档大小，以及文字工具按钮和墨水瓶工具按钮的使用方法。

图 2-193 线框文字

 操作步骤：

①启动 Animate CC 2015 软件，新建一个 ActionScript 3.0 文件。

②改变文档大小和背景颜色。方法：执行菜单中的"修改 | 文档"（快捷键【Ctrl+J】）命令，在弹出的"文档设置"对话框中设置"舞台大小"为 350 像素 ×75 像素，"舞台颜色"为蓝色（#000066），如图 2-194（a）所示，然后单击"确定"按钮。

➕ 提 示

在"属性"面板中单击 高级设置... 按钮,如图 2-194(b)所示,也可以弹出"文档设置"对话框。

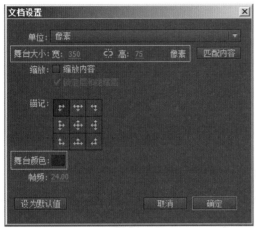

(a) 设置文档属性

(b)"高级设置"按钮

图 2-194 文档设置

③选择工具箱中的文字工具按钮,在"属性"面板中进行如图 2-195 所示的参数设置,然后在工作区中单击,输入文字"Adobe",接着调出"对齐"面板,选中"与舞台对齐"复选框,再单击水平中齐和垂直中齐按钮,如图 2-196 所示,将文字中心对齐,效果如图 2-197 所示。

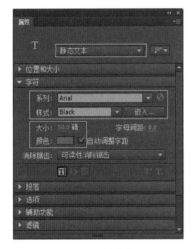

图 2-195 设置文字属性

图 2-196 设置"对齐"面板

图 2-197 输入文字 Adobe 并中心对齐后的效果

④执行菜单中的"修改 | 分离"（快捷键【Ctrl+B】）命令两次，将文字分离为图形。

提示

第1次执行"分离"命令，将整体文字分离为单个字母，如图 2-198 所示；第 2 次执行"分离"命令，将单个字母分离为图形，如图 2-199 所示。

图 2-198　将整体文字分离为单个字母

图 2-199　将单个字母分离为图形

⑤对文字进行描边处理。方法：单击工具箱中的墨水瓶工具按钮，将颜色设为绿色（#00CC00），然后对文字进行描边。最后按【Delete】键删除填充区域，效果如图 2-200 所示。

图 2-200　对文字描边后删除填充区域的效果

提示

字母 A 的内边界也需要单击，否则内部边界将不会被加上边框。

⑥对描边线段进行处理。方法：选择工具箱中的选择工具按钮，框选所有的文字，然后在"属性"面板中单击 （编辑笔触样式）按钮，如图 2-201 所示。接着在弹出的"笔触样式"对话框中设置参数（见图 2-202），最后单击"确定"按钮，效果如图 2-203 所示。

图 2-201　单击编辑笔触样式按钮

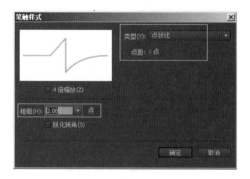

图 2-202　"笔触样式"对话框

图 2-203　对描边线段进行处理后的效果

提 示

通过该对话框可以得到多种不同线型的边框。

2.7.2 制作铬金属文字效果

 制作要点

　　本例将制作具有不同笔触渐变色和填充渐变色的铬金属文字，效果如图 2-204 所示。学习本例，读者应掌握对文字笔触和填充施加不同渐变色的方法。

图 2-204　铬金属文字

 操作步骤：

　　① 启动 Animate CC 2015 软件，新建一个 ActionScript 3.0 文件。

　　② 改变文档大小。方法：执行菜单中的"修改 | 文档"命令，在弹出的"文档设置"对话框中设置"舞台大小"为 550 像素 × 150 像素，"舞台颜色"为蓝色（#000066），如图 2-205 所示，然后单击"确定"按钮。

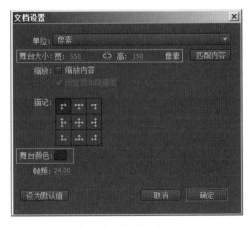

图 2-205　设置文档属性

　　③ 选择工具箱中的文本工具按钮，在"属性"面板中进行如图 2-206 所示的参数设置，然后在工作区中单击，输入文字"FLASH"。

　　④ 调出"对齐"面板，将文字中心对齐，效果如图 2-207 所示。

　　⑤ 执行菜单中的"修改 | 分离"命令两次，将文字分离为图形。

　　⑥ 对文字进行描边处理。方法：单击工具箱中的墨水瓶工具按钮，将笔触颜色设置为▆（黑白渐变），然后依次单击文字边框，使文字周围出现黑白渐变边框，如图 2-208 所示。

图 2-206　设置文本属性

图 2-207　输入文字并对齐

图 2-208　文字周围出现黑白渐变边框

⑦此时选中的为文字填充部分，为便于对文字填充和线条区域分别进行操作，下面将填充区域转换为元件。方法：执行菜单中的"修改 | 转换为元件"（快捷键【F8】）命令，在弹出的"转换为元件"对话框中输入元件名称"fill"，如图 2-209 所示，然后单击"确定"按钮，进入 fill 元件的影片剪辑编辑模式，如图 2-210 所示。

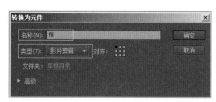

图 2-209　输入元件名称

图 2-210　转换为元件

⑧对文字边线进行处理。方法：按【Delete】键删除 fill 元件，然后利用选择工具按钮，框选所有的文字边线，并在"属性"面板中将笔触高度改为 7.00（见图 2-211），效果如图 2-212 所示。

图 2-211　将笔触高度改为 7.00

图 2-212　将笔触高度改为 7.00 的效果

> **+ 提示**
>
> 　　由于将文字填充区域转换为了元件，因此虽然暂时删除了它，但以后还可以从库中随时调出 fill 元件。

　　⑨此时黑－白渐变是针对每一个字母的，这是不正确的。为了解决这个问题，下面选择工具箱中的墨水瓶工具按钮，在文字边线上单击，从而对所有的字母边线进行一次统一的黑—白渐变填充，如图 2-213 所示。

　　⑩此时渐变方向为从左到右，而我们需要的是从上到下，为了解决这个问题，需要使用工具箱中的渐变变形工具按钮处理渐变方向，效果如图 2-214 所示。

图 2-213　对文字边线进行统一渐变填充

图 2-214　调整文字边线的渐变方向

　　⑪对文字填充部分进行处理。方法：执行菜单中的"窗口|库"（快捷键【Ctrl+L】）命令，调出"库"面板，如图 2-215 所示。然后双击 fill 元件，进入影片剪辑编辑状态。接着选择工具箱中的颜料桶工具按钮，设置填充色为▯▯（铬金属渐变），对文字进行填充，如图 2-216 所示。

　　⑫利用工具箱中的颜料桶工具按钮，对文字进行统一的渐变颜色填充，如图 2-217 所示。

图 2-216　对文字进行填充

图 2-215　"库"面板

图 2-217　对文字进行统一的渐变颜色填充

　　⑬利用工具箱中的渐变变形工具按钮处理文字渐变，如图 2-218 所示。

图 2-218　调整文字渐变方向

　　⑭单击 ▦ 场景 1 按钮（快捷键【Ctrl+E】），返回"场景 1"。

⑮将库中的 fill 元件拖到工作区中。然后选择工具箱中的选择工具按钮，将调入的 fill 元件拖动到文字边线的中间，效果如图 2-219 所示。

图 2-219　将 fill 元件拖动到文字边线中间

2.7.3　绘制人脸图形

 制作要点

本例将绘制一个人脸图形，如图 2-220 所示。通过本例学习应掌握使用在椭圆工具按钮、矩形工具按钮、选择工具按钮、部分选取工具按钮、钢笔工具按钮和线条工具按钮绘制图形的方法。

图 2-220　人脸图形

 操作步骤：

①启动 Animate CC 2015 软件，新建一个 ActionScript 3.0 文件。

②执行菜单中的"修改 | 文档"命令，在弹出的"文档属性"对话框中设置，如图 2-221 所示，单击"确定"按钮。

③选择工具箱中的椭圆工具按钮，设置笔触颜色为黑色，填充颜色为☑（无色），然后配合键盘上的【Shift】键绘制一个正圆形，并在"属性"面板中设置圆形的宽和高均为 235，如图 2-222 所示，结果如图 2-223 所示。

④利用工具箱中的选择工具按钮，选择刚创建的正圆形，然后配合键盘上的【Alt】键向下复制正圆形，如图 2-224 所示。

⑤利用工具箱中的选择工具按钮，选择两圆相交上半部的弧线，按键盘上的【Delete】键进行删除，结果如图 2-225 所示。

⑥为了以后便于定位眼睛和鼻子的大体位置，下面执行菜单中的"视图 | 标尺"命令，调

出标尺。从水平和垂直标尺处各拖出一条辅助线，放置位置如图 2-226 所示。

⑦绘制耳朵。方法：单击时间轴下方的 ▣（新建图层）按钮，新建"图层 2"，然后利用工具箱中的椭圆工具按钮，绘制一个 35 像素 ×65 像素的椭圆，如图 2-227 所示。接着利用工具箱中的任意变形工具按钮移动和旋转小椭圆，如图 2-228 所示。最后利用工具箱中的选择工具按钮拖动椭圆左上方的曲线，结果如图 2-229 所示。

图 2-221　设置文档属性

图 2-222　设置圆形参数

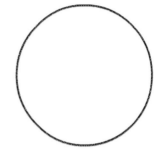

图 2-223　绘制的正圆形

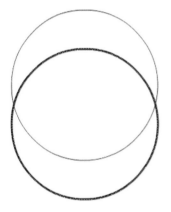

图 2-224　向下复制正圆形

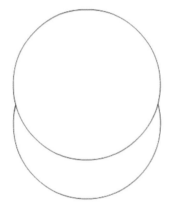

图 2-225　删除多余的弧线

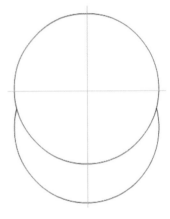

图 2-226　拉出辅助线

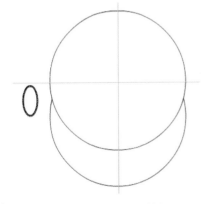

图 2-227　绘制作为耳朵的椭圆

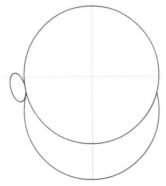

图 2-228　旋转并移动椭圆

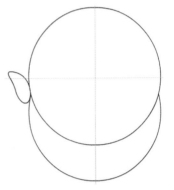

图 2-229　调整椭圆的形状

⑧利用选择工具按钮选择耳朵图形，然后配合键盘上的【Alt】键，将其复制到右侧，如

第 2 章　Animate CC 2015 的基本操作

63

图 2-230 所示。接着执行菜单中的"修改|变形|水平翻转"命令,将复制后的耳朵图形进行水平方向的翻转,再移动到适当位置,结果如图 2-231 所示。

⑨绘制眉毛。方法:利用工具箱中的矩形工具按钮,在眉毛的大体位置绘制一个矩形,如图 2-232 所示。然后利用选择工具按钮调整矩形的形状,如图 2-233 所示。接着配合键盘上的【Alt】键,将其复制到右侧,再执行菜单中的"修改|变形|水平翻转"命令,将复制后的眉毛图形进行水平方向的翻转,结果如图 2-234 所示。

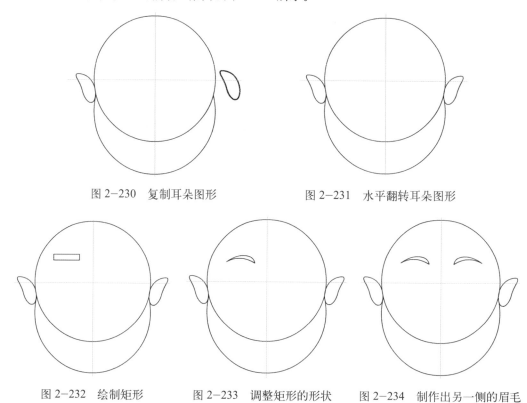

图 2-230 复制耳朵图形   图 2-231 水平翻转耳朵图形

图 2-232 绘制矩形   图 2-233 调整矩形的形状   图 2-234 制作出另一侧的眉毛

⑩绘制眼睛。方法:选择工具箱中的椭圆工具按钮,设置笔触颜色为☐(无色),填充颜色为黑色,然后配合键盘上的【Shift】键绘制一个正圆形作为眼睛图形,如图 2-235 所示。接着将填充颜色改为白色,激活工具箱下方中的对象绘制按钮,绘制一个白色小圆作为眼睛的高光,如图 2-236 所示。最后利用选择工具按钮选择眼睛及眼睛高光图形,配合键盘上的【Alt】键复制出另一侧的眼睛,如图 2-237 所示。

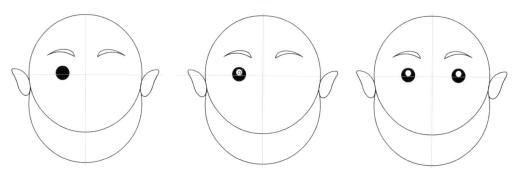

图 2-235 绘制眼睛   图 2-236 绘制眼睛中的高光图形   图 2-237 制作出另一侧的眼睛

⑪ 绘制眼部下面的线。方法：取消激活对象绘制按钮，然后利用工具箱中的线条工具按钮绘制一条线段，如图 2-238 所示。接着利用选择工具按钮调整线段的形状，如图 2-239 所示。接着配合键盘上的【Alt】键将其复制到另一侧，并进行水平翻转，结果如图 2-240 所示。

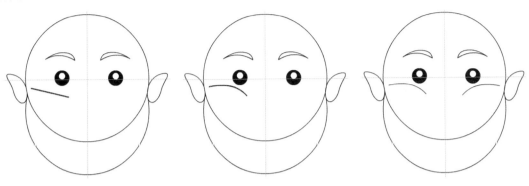

图 2-238　绘制线段　　　　图 2-239　调整线段的形状　　　图 2-240　复制出另一侧的线段

⑫ 绘制鼻子。方法：利用工具箱中的线条工具绘制一条线段，如图 2-241 所示。然后利用选择工具按钮调整线段的形状，如图 2-242 所示。

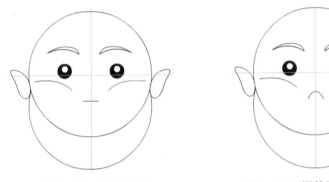

图 2-241　绘制线段　　　　　　图 2-242　调整线段的形状

⑬ 在后面的操作中辅助线的意义已经不大，下面执行菜单中的"视图 | 辅助线 | 显示辅助线"命令，隐藏辅助线。

⑭ 绘制嘴巴。方法：单击"时间轴"面板的"图层 1"名称，从而回到"图层 1"，然后选择线条工具按钮，激活工具箱下方中的贴紧至对象按钮后绘制一条线段，如图 2-243 所示。接着分别选择嘴部两侧的弧线，按键盘上的【Delete】键进行删除，结果如图 2-244 所示。

⑮ 调整脸部图形。方法：利用工具箱中的部分选取工具按钮单击头部轮廓线，显示出锚点。然后分别选择图 2-245 所示的两个对称锚点，按键盘上的【Delete】键进行删除，结果如图 2-246 所示。接着选择最下方的锚点向上移动，如图 2-247 所示，再按住键盘上的【Alt】键分别调整锚点两侧的控制柄，结果如图 2-248 所示。

⑯ 利用部分选取工具按钮分别选择图 2-249 所示的锚点，然后按键盘上的【Delete】键进行删除。接着配合键盘上的【Delete】键，分别调整脸部两侧对称锚点的下方控制柄的形状，结果如图 2-250 所示。

⑰ 调整嘴部的形状。方法：分别选择嘴两侧的锚点向内移动，然后再将嘴下部的锚点向

上移动并调整起两侧控制柄的形状，结果如图 2-251 所示。

⑱ 至此，整个人脸图形制作完毕，最终结果如图 2-252 所示。

图 2-243　绘制线段

图 2-244　删除嘴部两侧的弧线

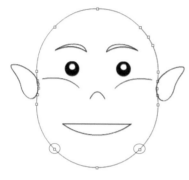

图 2-245　分别选择锚点

图 2-246　删除锚点效果

图 2-247　将最下方的锚点向上移动

图 2-248　调整锚点两侧的控制柄

图 2-249　分别选择锚点

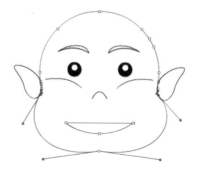

图 2-250　调整控制柄的形状

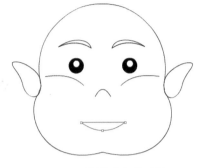

图 2-251　调整嘴部的形状

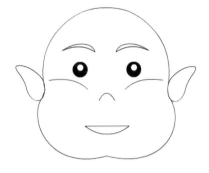

图 2-252　最终效果

2.7.4　绘制眼睛图形

制作要点

本例将绘制一个栩栩如生的人的眼睛，如图 2-253 所示。通过本例学习掌握椭圆工具按钮、线条工具按钮、选择工具按钮、颜料桶工具按钮和渐变变形工具按钮的综合应用。

图 2-253　制作眼睛

操作步骤：

1. 绘制眼睛图形

①启动 Animate CC 2015 软件，新建一个 ActionScript 3.0 文件。

②绘制眉毛和上眼眶。方法：选择工具箱中的线条工具按钮，绘制出眉毛和上眼眶的轮廓线，然后利用选择工具按钮对轮廓线进行调整，从而塑造出眉毛和上眼眶的基本造型，如图 2-254 所示。

③绘制眼球和下眼眶。方法：选择工具箱中的椭圆工具按钮绘制出一个笔触颜色为黑色，填充颜色为▱（无色）的正圆形作为人物的眼球，然后使用线条工具按钮绘制出下眼眶，如图 2-255 所示。

④绘制出眼白。方法：利用线条工具按钮绘制出眼白的轮廓线，然后利用选择工具按钮对轮廓线进行调整，如图 2-256 所示。

⑤利用选择工具按钮选中眼球的多余部分，按键盘上的【Delete】键进行删除，结果如图 2-257 所示。

第 2 章　Animate CC 2015 的基本操作

67

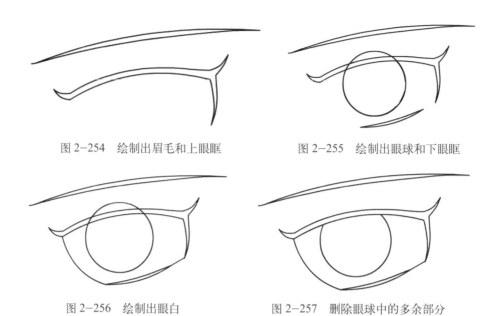

图 2-254　绘制出眉毛和上眼眶　　　　　图 2-255　绘制出眼球和下眼眶

图 2-256　绘制出眼白　　　　　　　　　图 2-257　删除眼球中的多余部分

2．对眼睛上色

①对眼眶和眉毛进行填充，填充颜色为黑色，如图 2-258 所示。

图 2-258　将眼眶和眉毛填充为黑色

②执行菜单中的"窗口 | 颜色"命令，调"颜色"面板，然后设置一种径向渐变的填充色，如图 2-259 所示。接着选择工具箱中颜料桶工具按钮对眼球进行填充，结果如图 2-260 所示。

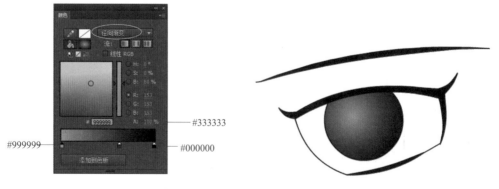

图 2-259　设置眼球渐变色　　　　　　　图 2-260　对眼球填充后的效果

③对眼白进行填充。方法：在颜色面板中设置一种线性渐变色，如图 2-261 所示，然后

利用颜料桶工具按钮对眼白部分进行填充，结果如图 2-262 所示。

图 2-261 设置眼白渐变色

图 2-262 对眼白填充后的效果

④调整眼白渐变填充的方向。方法：利用工具箱中的渐变填充工具按钮，单击眼白部分，如图 2-263 所示，然后旋转渐变方向，如图 2-264 所示。接着收缩渐变范围，如图 2-265 所示。最后向上移动渐变的位置，如图 2-266 所示。

图 2-263 显示眼白的填充方向

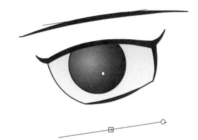

图 2-264 旋转渐变方向

图 2-265 收缩渐变范围

图 2-266 向上移动渐变的位置

⑤为了更加生动，下面删除眼白轮廓线，然后利用线条工具按钮绘制出一些睫毛，接着利用椭圆工具按钮绘制出眼睛的高光部分，结果如图 2-267 所示。

图 2-267 最终效果

第 2 章 Animate CC 2015 的基本操作

课 后 练 习

1. 填空题

1）使用 _____ 可以绘制精确的路径；使用 _____ 可以快速擦除笔触或填充区域中的任何内容。

2）利用 _____ 命令可以将矢量线条转换为填充色块。

2. 选择题

1）利用下列（　　）按钮可以对对象进行旋转与倾斜？

A.  　　　　　B. ▣ 　　　　　C. ▸ 　　　　　D. ⟋

2）选择工具箱中的椭圆工具按钮，然后在舞台中配合键盘上的（　　）键绘制一个正圆形。

A.【Shift】 　　　　B.【Alt】 　　　　C.【Ctrl】 　　　　D.【Ctrl+Shift】

3）使用（　　）命令可以保留两个具有重叠部分的绘制对象中的重叠部分，并删除最上面和下面图形对象中的其他部分。

A. 交集 　　　　B. 裁切 　　　　C. 打孔 　　　　D. 联合

3. 问答题

1）简述基本矩形工具和基本椭圆工具的区别。

2）简述在 Animate CC 2015 中常用的对象的编辑方法。

3）简述"对齐"面板中工具按钮的作用。

4. 操作题

1）练习 1：绘制如图 2-268 所示的彩虹文字效果。

2）练习 2：制作如图 2-269 所示的篮球图形效果。

图 2-268　练习 1 效果

图 2-269　练习 2 效果

第 **3** 章

Animate CC 2015 的基础动画

在 Animate CC 2015 中制作动画时，时间轴和帧起到了关键性的作用。学习本章，读者应掌握利用 Animate CC 2015 制作基础动画的方法。

本章内容包括：

■ "时间轴"面板

■ 使用帧

■ 使用图层

■ 元件与"库"面板

■ 元件的滤镜与混合

■ 创建基础动画

3.1 "时间轴"面板

Animate CC 2015 的时间轴面板（见图 3-1）是实现动画效果最基本的面板。

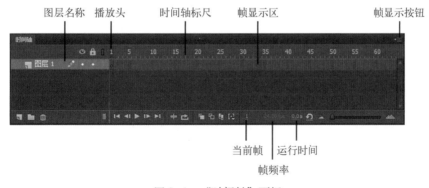

图 3-1 "时间轴"面板

- 图层名称：用于显示图层的名称。

- 播放头：以粉红色矩形▌表示，用于指示当前显示在舞台中的帧。使用鼠标沿着时间轴左右拖动播放头，从一个区域移动到另一个区域，可以预览动画。

- 时间轴标尺：用于显示时间。

- 帧显示区：用于显示当前文件中帧的分布。
- 帧显示按钮：单击该按钮，从弹出的如图 3-2 所示的快捷菜单中，可以根据需要改变时间轴中帧的显示状态。

图 3-2　帧显示快捷菜单

- 当前帧：用于显示当前帧的帧数。
- 帧频率：用于显示播放动画时帧的频率。
- 运行时间：用于显示按照帧频率播放到当前帧所用的时间。

3.2　使用帧

动画是通过连续播放一系列静止画面，给视觉造成连续变化的效果，这一系列单幅的画面称为帧，它是 Animate CC 2015 动画中最小时间单位里出现的画面。

3.2.1　帧的基本类型

Animate CC 2015 中关键帧分为空白关键帧、关键帧、普通帧、普通空白帧 4 种，它们的显示状态如图 3-3 所示。

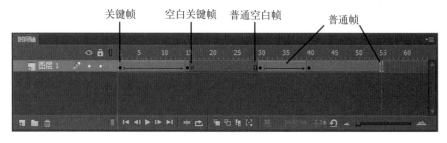

图 3-3　不同帧的显示状态

- 空白关键帧：显示为空心圆，可以在上面创建内容，一旦创建了内容，空白关键帧就变成了关键帧。
- 关键帧：显示为实心圆点，用于定义动画的变化环节，逐帧动画的每一帧都是关键帧，而补间动画则是在动画的重要位置创建关键帧。
- 普通帧：不同颜色代表不同的动画，如"动作补间动画"的普通帧显示为浅蓝色；"形状补间动画"的普通帧显示为浅绿色；而静止关键帧后面的普通帧显示为灰色。

- 普通空白帧：显示为空心矩形，表示该帧没有任何内容。

3.2.2　编辑帧

编辑帧是制作动画时使用频率最高、最基本的操作，主要包括插入帧、删除帧等，这些操作都可以通过帧的快捷菜单命令来实现，调出快捷菜单的具体操作步骤如下：选中需要编辑的帧，然后右击，从弹出的如图 3-4 所示的快捷菜单中选择相关命令即可。

编辑关键帧除了快捷菜单外，在实际工作中，用户还可以使用快捷键，下面是常用的编辑关键帧的快捷键：

- "插入帧"命令的快捷键【F5】。
- "删除帧"命令的快捷键【Shift+F5】。
- "插入关键帧"命令的快捷键【F6】。
- "插入空白关键帧"命令的快捷键【F7】。
- "清除关键帧"命令的快捷键【Shift+F6】。

图 3-4　编辑帧的快捷菜单

3.2.3　多帧显示

通常在 Animate CC 2015 工作区中只能看到一帧的画面，如果使用了多帧显示，则可同时显示或编辑多个帧的内容，从而便于对整个影片中的对象进行定位。多帧显示包括 （帧居中）、（循环）、（绘图纸外观）、（绘图纸外观轮廓）、（编辑多个帧）和 （修改标记）6 个按钮，如图 3-5 所示。

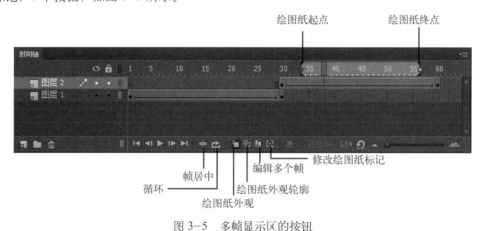

图 3-5　多帧显示区的按钮

1. 帧居中

激活帧居中按钮，可以将播放头标记的帧在帧控制区居中显示，如图 3-6 所示。

2. 循环

激活循环按钮，可以在指定范围内循环播放动画。

 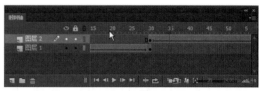

（a）单击帧居中按钮前　　　　　　　　（b）单击帧居中按钮后

图 3-6　单击 帧居中按钮前后效果比较

3. 绘图纸外观

单击绘图纸外观按钮，在播放头的左右会出现绘图纸的起始点和终止点，位于绘图纸之间的帧在工作区中由深至浅显示出来，当前帧的颜色最深，如图 3-7 所示。

4. 绘图纸外观轮廓

单击绘图纸外观轮廓按钮，可以只显示对象的轮廓线，如图 3-8 所示。

图 3-7　绘图纸外观按钮效果　　　　　　图 3-8　绘图纸外观轮廓按钮效果

5. 编辑多个帧

单击编辑多个帧按钮，可以对选定为绘图纸区域中的关键帧进行编辑，例如，改变对象的大小、颜色、位置、角度等，如图 3-9 所示。

6. 修改绘图纸标志

修改标记按钮的主要功能就是修改当前绘图纸的标志。通常情况下，移动播放头的位置，绘图纸的位置也会随之发生相应的变化。单击该按钮，会弹出如图 3-10 所示的快捷菜单。

图 3-9　编辑多个帧按钮效果　　　　　　图 3-10　修改标记按钮的快捷菜单

- 始终显示标记：选中该项后，无论是否启用绘图纸模式，绘图纸标志都会显示在时间轴上。
- 锚定标记：选中该项后，时间轴上的绘图纸标志将锁定在当前位置，不再随着播放头的移动而发生位置上的改变。
- 标记范围 2：在当前帧左右两侧各显示 2 帧。
- 标记范围 5：在当前帧左右两侧各显示 5 帧。
- 标记所有范围：显示当前帧两侧的所有帧。

3.2.4 设置帧

在 Animate CC 2015 中利用"时间轴"面板可以对帧进行一系列相关操作。

1. 插入帧

- 执行菜单中的"插入 | 时间轴 | 帧"（快捷键【F5】）命令，可以在时间轴中插入一个普通帧。
- 执行菜单中的"插入 | 时间轴 | 关键帧"命令，可以在时间轴中插入一个关键帧。
- 执行菜单中的"插入 | 时间轴 | 空白关键帧"命令，可以在时间轴中插入一个空白关键帧。

2. 选择帧

- 执行菜单中的"编辑 | 时间轴 | 选择所有帧"命令，可以选中时间轴中的所有帧。
- 单击要选择的帧后，帧会变为灰色，然后向前或向后进行拖动，其间鼠标经过的帧会被全部选中。
- 按住【Ctrl】键的同时，单击要选择的帧，可以选中多个不连续的帧。
- 按住【Shift】键的同时，单击要选择的两个帧，可以选中这两个帧之间的所有帧。

3. 移动帧

选中一个或多个帧，此时鼠标变为 ⛶ 形状，然后按住鼠标将所选的帧拖动到合适的位置，再释放鼠标，即可完成所选帧的移动操作。

4. 删除帧

- 选择需要删除的帧，然后右击，从弹出的快捷菜单中选择"清除帧"命令，即可删除选择的帧。
- 选择需要删除的帧，按快捷键【Shift+F5】，也可删除选择的帧。

3.3 使用图层

时间轴中的"图层区"是对图层进行各种操作的区域，在该区域中可以创建和编辑各种类型的图层。

3.3.1　创建图层

创建图层的具体操作步骤如下：

①单击"时间轴"面板下方的 🔲（新建图层）按钮，可新建一个图层。

②在"时间轴"面板中选择相应的图层，然后右击，从弹出的快捷菜单中选择"添加传统运动引导层"命令，可新增一个运动引导层，关于引导层的应用请详见 4.2.2 创建引导层动画节。

③单击"时间轴"面板下方的 🔲（新建文件夹）按钮，可新建一个图层文件夹，其中可以包含若干个图层，如图 3-11 所示。

3.3.2　删除图层

当不再需要某个图层时，可以将其删除，具体操作步骤如下：

①选择想要删除的图层。

②单击"时间轴"面板左侧图层控制区下方的 🗑（删除）按钮，如图 3-12 所示，即可将选中的图层删除，如图 3-13 所示。

图 3-11　新建图层和图层文件夹　　　　图 3-12　单击删除按钮　　　　图 3-13　删除图层后的效果

3.3.3　重命名图层

根据创建图层的先后顺序，新图层的默认名称为"图层 2、3、4、..."，在实际工作中为了便于识别，经常会对图层进行重命名。重命名图层的具体操作步骤如下：

①双击图层的名称，进入名称编辑状态，如图 3-14 所示。

②输入新的名称后，按【Enter】键确认，即可对图层进行重新命名，如图 3-15 所示。

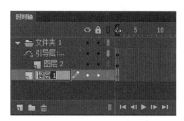 

图 3-14　进入名称编辑状态　　　　　　图 3-15　重命名图层

3.3.4　调整图层的顺序

图层中的内容是相互重叠的关系，上面图层中的内容会覆盖下面图层中的内容，在实际

制作过程中，可以调整图层之间的位置关系，具体操作步骤如下：

①单击需要调整位置的图层（如选择"图层4"），从而选中它，如图3-16所示。

②然后拖动到需要调整的相应位置，此时会出现一个前端带有黑色圆圈的线条，如图3-17所示。接着释放鼠标，图层的位置就调整好了，如图3-18所示。

　　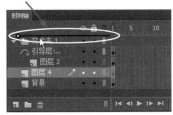　　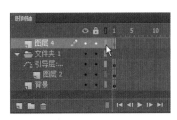

图3-16　选择图层　　　　图3-17　拖动图层到相应位置　　图3-18　改变图层位置后的效果

3.3.5　设置图层的属性

图层的属性包括图层的名称、类型、显示模式和轮廓颜色等，这些属性的设置可以在"图层属性"对话框中完成。利用鼠标双击图层名称右边的■标记（或右击图层名称，从弹出的快捷菜单中选择"属性"命令），即可打开"图层属性"对话框，如图3-19所示。

图3-19　打开"图层属性"对话框

- 名称：在该文本框中可输入图层的名称。
- 显示：选中该复选框，可使图层处于显示状态。
- 锁定：选中该复选框，可使图层处于锁定状态。
- 类型：用于选择图层的类型，包括"一般""遮罩层""被遮层""文件夹"和"引导层"5个选项。
- 轮廓颜色：选中下方的"将图层视为轮廓"复选框，可将图层设置为轮廓显示模式，并可通过单击"颜色框"按钮，对轮廓的颜色进行设置。
- 图层高度：在其右边的下拉菜单中可设置图层的高度。

3.3.6　设置图层的状态

时间轴的"图层控制区"的最上方有3个图标：◉用于控制图层中对象的可视性，单击该按钮，可隐藏所有图层中的对象，再次单击可将所有对象显示出来；🔒用于控制图层的锁定，图层一旦被锁定，图层中的所有对象将不能被编辑，再次单击它可以取消对所有图层的锁定；🔲用于控制图层中的对象是否只显示轮廓线，单击它，图层中对象的填充将被隐藏，以便编辑图层中的对象，再次单击可恢复到正常状态。图 3-20 为图层轮廓显示前后比较。

图 3-20　轮廓显示前后比较

3.4　元件与"库"面板

　　元件是一种可重复使用的对象，并且重复使用它不会增加文件的大小。元件还简化了文档的编辑，当编辑元件时，该元件的所有实例都进行相应的更新以反映编辑效果。元件的另一个好处是使用它可以创建完善的交互性。

　　库也就是"库"面板，它是 Animate CC 2015 软件中用于存放各种动画元素的场所，所存放的元素可以是由外部导入的图像、声音、视频元素，也可以是使用 Animate CC 2015 软件根据动画需要创建出的不同类型的元件。

3.4.1　元件的类型

　　Animate CC 2015 中的元件分为图形、按钮和影片剪辑 3 种，如图 3-21 所示。

- 图形：图形元件可用于静态图像，并可用来创建连接到主时间轴的可重用动画片段，图形元件与主时间轴同步运行。交互式控件和声音在图形元件的动画序列中不起作用。

图 3-21　元件类型

- 按钮：用于创建交互式按钮。按钮有不同的状态，每种状态都可以通过图形、元件和声音来定义。一旦创建了按钮，就可以对其影片或者影片片断中的实例赋予动作。

- 影片剪辑：使用影片剪辑元件可以创建可重用的动画片段。影片剪辑拥有它们自己独立于主时间轴的多帧时间轴。可以将影片剪辑看作是主时间轴内的嵌套时间轴，它们可以包含交互式控件、声音甚至其他影片剪辑实例；也可以将影片剪辑元件放在按钮元件的时间轴内，以创建动画按钮。

3.4.2 创建元件

在 Animate CC 2015 中，可以将舞台中选定的对象创建为所需元件。

1. 创建"影片剪辑"元件

影片剪辑是位于影片中的小影片。用户可以在影片剪辑片段中增加动画、声音及其他的影片片断等元件。影片剪辑有自己的时间轴，其运行独立于主时间轴。与图形元件不同的是，影片剪辑只需要在主时间轴中放置单一的关键帧就可以启动播放。

创建影片剪辑元件的方法如下：

①执行菜单中的"插入 | 新建元件"命令，在弹出的"创建新元件"对话框中输入名称，然后选择"影片剪辑"选项。

②单击"确定"按钮，即可进入影片剪辑的编辑模式。

2. 创建"按钮"元件

按钮实际上是 4 帧的交互影片剪辑。当为元件选择按钮行为时，Animate CC 2015 会创建一个 4 帧的时间轴。前 3 帧显示按钮的 3 种可能状态，第 4 帧定义按钮的活动区域。此时的时间轴实际上并不播放，它只是对指针运动和动作做出反应，跳到相应的帧。

创建按钮元件的方法如下：

①执行菜单中的"插入 | 新建元件"命令，在弹出的"创建新元件"对话框中输入 button，并选择"按钮"类型，然后单击"确定"按钮，进入按钮元件的编辑模式。

②在按钮元件中有 4 个已命名的帧：弹起、指针 ...、按下和点击，分别代表了鼠标的 4 种不同的状态，如图 3-22 所示。

图 3-22   创建按钮元件

- 弹起：在弹起帧中可以绘制图形，也可以使用图形元件、导入图形或者位图。
- 指 ...：主要用于设置鼠标放在按钮上时显示的内容。在这一帧里可以使用图形元件、位图和影片剪辑。
- 按下：这一帧将在按钮被单击时显示。如果不希望按钮在被单击时发生变化，只需在此处插入普通帧即可。
- 点击：这一帧定义了按钮的有效点击区域。如果在按钮上只是使用文本，这一帧尤其重要。因为如果没有点击状态，那么有效的点击区域就只是文本本身，这将导致选中按钮非常困难。因此，需要在这一帧中绘制一个形状来定义点击区域。由于这个状态永远都不会被用户实际看到，因此其形状如何并不重要。

3. 创建"图形"元件

图形元件是一种最简单的 Animate CC 2015 元件，可以用它来处理静态图片和动画。这里需要注意的是，图形元件中的动画是受主时间轴控制的，并且动作和声音在图形元件中不能正常工作。

创建图形元件的方法如下：

①执行菜单中的"插入|新建元件"命令。

②在弹出的"创建新元件"对话框中输入名称，然后单击"图形"选项。

③单击"确定"按钮，即可进入图形元件的编辑模式。

3.4.3 转换元件

如果在舞台上已经创建好矢量图形，并且以后还要再次应用，则可以将其转换为元件。将选定对象转换为元件的方法如下：

①在舞台中选择一个或多个对象，然后执行菜单中的"修改|转换为元件"（快捷键【F8】）命令；或者右击选中的对象，从弹出的快捷菜单中选择"转换为元件"命令。

②在"转换为元件"对话框中，输入元件名称并选择"图形""按钮"或"影片剪辑"，然后在注册网格中单击，以便设置元件的注册点，如图 3-23 所示。

图 3-23　"转换为元件"对话框

③单击"确定"按钮，即可将选择的对象转换为元件。

3.4.4 编辑元件

编辑元件时，Animate CC 2015 会更新文档中该元件的所有实例。Animate CC 2015 提供了如下 3 种方式来编辑元件。

第 1 种：右击要编辑的元件，从弹出的快捷菜单中选择"在当前位置编辑"命令，即可在该元件存在的工作区中编辑它。此时工作区中的其他对象将以灰显方式出现，从而使它们和处于编辑状态的元件区别开来。处于编辑状态的元件名称显示在工作区上方的编辑栏内，位于当前场景名称的右侧。

第 2 种：右击要编辑的元件，从弹出的快捷菜单中选择"在新窗口中编辑"命令，即可在一个单独的窗口中编辑元件。此时在该窗口中可以同时看到该元件和主时间轴。处于编辑状态的元件名称会显示在工作区上方的编辑栏内。

第 3 种：双击工作区中的元件，进入它的元件编辑模式，此时处于编辑状态的元件名称会显示在舞台上方的编辑栏内，位于当前场景名称的右侧。

➕ 提 示

当用户编辑元件时，Animate CC 2015 将更新文档中该元件的所有实例，以反映编辑结果。编辑元件时，可以使用任意绘画工具，导入介质或创建其他元件的实例。

3.4.5 "库"面板

1."库"面板概述

执行菜单中的"窗口|库"命令，调出"库"面板，如图 3-24 所示。

- 右键菜单：单击该处，可以弹出一个用于各项操作的右键菜单，如图 3-25 所示。

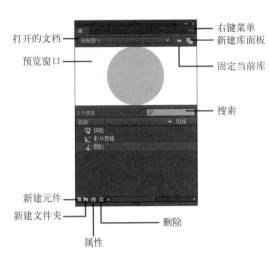

图 3-24 "库"面板   图 3-25 "库"面板的右键菜单

- 打开的文档：单击可以显示当前打开的所有文档，通过选择可以快速查看选择文档的库面板，从而通过一个库面板查看多个库的项目。
- 固定当前库：单击该按钮后，原来的 图标显示为 图标，从而固定当前库面板。这样，在文件切换时都会显示固定的库内容，而不会因为切换文件更新库面板内容。
- 新建库面板：单击该按钮，可以创建一个与当前文档相同的库面板。
- 预览窗口：用于预览当前在库面板中所选的元素，当为影片剪辑元件或声音时，在右上角处会出现 按钮，通过它可以控制影片剪辑元件或声音的播放或停止。
- 搜索：通过输入要搜索的关键字可进行元件名称的搜索，从而快速查找元件。
- 新建元件：单击该按钮，会弹出如图 3-26 所示的"创建新元件"对话框，通过它可以新建元件。
- 新建文件夹：单击该按钮，可以创建新的文件夹，默认以"未命名文件夹 1""未命名文件夹 2"……命名。
- 属性：单击该按钮，可以在弹出的如图 3-27 所示的"元件属性"对话框中重新设置元件属性。
- 删除：单击该按钮，可以将选择的元件删除。

图 3-26 "创建新元件"对话框   图 3-27 "元件属性"对话框

2. 外部库

在 Animate CC 2015 中，可以在当前场景中调用其他 Animate CC 2015 文档的库文件。执

行菜单中的"文件 | 导入 | 打开外部库"命令，然后在弹出的"作为库打开"对话框中选择要使用的文件，单击"打开"按钮，即可将选中文件的"库"面板调入当前的文档中。

3.5　元件的滤镜与混合

在 Animate CC 2015 中为对象实例设置循环，可以轻松制作出动画效果。而为元件应用滤镜和混合，则可以为元件增加各种效果，并设置元件之间的复合形式，从而使制作出的动画多种多样、五彩缤纷。本节将具体讲解滤镜和混合的应用方法。

3.5.1　滤镜的应用

利用滤镜可以为文本、按钮和影片剪辑元件增添有趣的视觉效果，从而增强对象的立体感和逼真性。

1. 初识滤镜效果

Animate CC 2015 提供了投影、模糊、发光、斜角、渐变发光、渐变斜角和调整颜色 7 种滤镜。这些滤镜的作用如下。

- 投影：为对象添加一个表面投影的效果。
- 模糊：用来柔化对象的边缘和细节，使其看起来好像位于其他对象的后面，或者使其看起来好像是运动的。
- 发光：为对象的整个边缘应用颜色。
- 斜角：为对象应用加亮效果，使其看起来凸出于背景表面。可以创建内斜角、外斜角或者完全斜角。
- 渐变发光：用于在表面产生带渐变颜色的发光效果。
- 渐变斜角：用于产生一种凸起效果，使其看起来好像从背景上凸起，且斜角表面有渐变颜色。
- 调整颜色：用于调整所选对象的亮度、对比度、色相和饱和度。

2. 为对象添加滤镜效果

为对象添加滤镜效果的具体操作步骤如下：

①选中需要添加效果的文本、影片剪辑或按钮元件。

➕ 提　示

图形元件是无法添加滤镜效果的。

②在"属性"面板中单击"滤镜"标签，如图 3-28 所示，切换到滤镜属性。

③单击 ✚▾ （添加滤镜）按钮，从弹出的如图 3-29 所示的下拉菜单中选择滤镜种类，即可看到对象被添加上投影后的效果。此时滤镜面板左侧会显示出添加的投影滤镜名称，右侧会显示出投影滤镜的相关参数，如图 3-30 所示。

④当需要将当前滤镜添加到其他文本、影片剪辑或按钮元件上时，可以选中当前已添加滤镜的元件，然后单击"属性"面板中"滤镜"标签下的 ⚙▾ （选项）按钮，从弹出的下拉菜

单中选择"复制选定的滤镜"命令，复制滤镜效果。然后选中要添加此滤镜效果的其他文本、影片剪辑或按钮元件，单击"属性"面板中"滤镜"标签下的选项按钮，从弹出的下拉菜单中选择"粘贴滤镜"命令，粘贴滤镜效果。

图 3-28 切换到滤镜属性

图 3-29 滤镜下拉菜单

图 3-30 投影滤镜的相关参数

⑤当不需要滤镜效果时，可以先选中应用了滤镜效果的对象，然后在"滤镜"面板中选择要删除的滤镜，单击上方的■（删除滤镜）按钮，即可将所选滤镜效果进行删除。

3. 保存"自定义滤镜"

除了软件自带的 7 种滤镜外，Animate CC 2015 还允许用户将自己定义好的若干种滤镜一起保存为自定义滤镜，当需要再次使用时，只要选择自定义的滤镜就能创建符合要求的滤镜效果。

保存和应用自定义滤镜的具体方法如下。

①保存自定义滤镜。方法：在"属性"面板中"滤镜"标签下选择已使用的滤镜，单击选项按钮，然后在弹出的下拉菜单中选择"另存为预设"命令，接着在弹出的如图 3-31 所示的"将预设另存为"对话框中输入要定义的滤镜名称，单击"确定"按钮。

②应用自定义滤镜。方法：选中需要应用自定义滤镜的文本、影片剪辑或按钮元件，然后单击"属性"面板中"滤镜"标签下的选项按钮，在弹出的如图 3-32 所示的下拉菜单中选择自定义的滤镜名称，即可应用自定义滤镜。

图 3-31 "将预设另存为"对话框

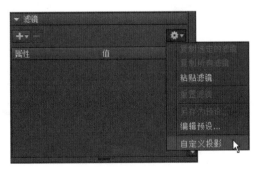

图 3-32 选择自定义的滤镜名称

第 3 章 Animate CC 2015 的基础动画

83

4. 设置滤镜的参数

每种滤镜都自带有一些参数，修改这些参数，会产生不同的画面效果，下面以"投影"和"调整颜色"滤镜属性为例来说明这些参数的作用。

（1）投影

"投影"滤镜属性如图 3-33 所示，其各项具体功能如下。

- 模糊：拖动"模糊 X"和"模糊 Y"右侧按钮，可设置模糊的宽度和高度。
- 强度：用于设置阴影暗度，数值越大，阴影就越暗。
- 品质：选择投影的质量级别。将"品质"设置为"高"就近似于高斯模糊。建议将"品质"设置为"低"，以实现最佳的回放性能。
- 角度：用于设置阴影的角度。
- 距离：用于设置阴影与对象之间的距离。拖动滑块可调整阴影与实例之间的距离。
- 挖空：选中该项，将挖空源对象（即从视觉上隐藏源对象），并在挖空图像上只显示投影。
- 内阴影：选中该项，将在对象边界内应用投影。
- 隐藏对象：选中该项，将只显示其投影，从而可以更轻松地创建出逼真的阴影。
- 颜色：单击"颜色"右侧■按钮，在弹出的"颜色"面板中可设置阴影颜色。

➕ 提 示

　　"模糊""发光""斜角""渐变发光"和"渐变斜角"这几种滤镜属性的参数与"投影"滤镜属性大致相同，"渐变发光"和"渐变斜角"滤镜除了上述参数外，还有"渐变颜色定义栏"参数，用于调整渐变色的颜色，如图 3-34 所示。利用"渐变颜色定义栏"最多可以添加 15 种颜色色标，其中图 3-34 中标记的色标"Alpha（透明度）"值为 0%。

（2）调整颜色

"调整颜色"滤镜的参数与以上滤镜都不相同，如图 3-34 所示。

 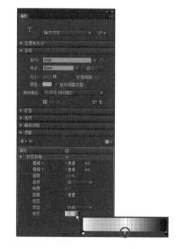 

图 3-33　"渐变发光"和"渐变斜角"滤镜属性　　　图 3-34　"调整颜色"滤镜属性

通过拖动要调整的颜色滑块，或者在相应的文本框中输入数值即可设置具体参数，其各项具体功能介绍如下。

- 亮度：用来调整图像的亮度，取值范围为 −100~100。
- 对比度：用来调整图像的加亮、阴影及中调，取值范围为 −100~100。
- 饱和度：用来调整颜色的强度，取值范围为 −100~100。
- 色相：用来调整颜色的深浅，取值范围为 −180~180。

3.5.2 混合的应用

混合是改变两个或两个以上重叠对象的透明度，以及相互之间的颜色关系的过程，这个功能只能作用于影片剪辑元件和按钮元件。使用这个功能，可以创建复合图像，也可以混合重叠影片的剪辑或者按钮的颜色，从而创造出独特的效果。

对影片剪辑应用混合模式的具体操作步骤如下：

①在舞台中选中要应用混合模式的影片剪辑元件。

②在属性面板的"显示"标签下的"混合"右侧，可以选择影片剪辑的混合模式，如图 3−35 所示。

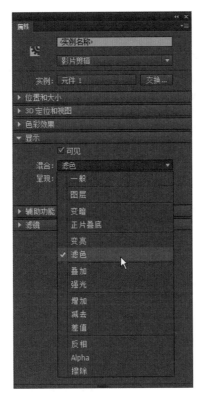

图 3−35 选择影片剪辑的混合模式

各种混合模式的功能如下。

- 一般：正常应用颜色，不与基准颜色有相互关系。
- 图层：可以层叠各个影片剪辑，而不影响其颜色。
- 变暗：只替换比混合颜色亮的区域，比混合颜色暗的区域不变。
- 正片叠底：将基准颜色复合以混合颜色，从而产生较暗的颜色。
- 变亮：只替换比混合颜色暗的区域，比混合颜色亮的区域不变。

- 滤色：将混合颜色的反色复合以基准颜色，从而产生漂白效果。
- 叠加：用于进行色彩增值或滤色中，具体情况取决于基准颜色。
- 强光：用于进行色彩增值或滤色中，具体情况取决于混合模式的颜色，其效果类似于用点光源照射对象。
- 增加：查看每个通道中的颜色信息，并从基色中增加混合色。
- 减去：查看每个通道中的颜色信息，并从基色中减去混合色
- 差值：从基准颜色减去混合颜色，或者从混合颜色减去基准颜色，具体情况取决于哪个的亮度值较大，其效果类似于彩色底片。
- 反相：取基准颜色的反色。
- Alpha：应用"Alpha"遮罩层，此模式要求应用于父级影片剪辑，不能将背景剪辑更改为"Alpha"并应用它，因为该对象是不可见的。
- 擦除：删除所有基准颜色像素，包括背景图像中的基准颜色像素，不能应用于背景剪辑。

图 3-36 左图为导入到 Animate CC 2015 中的一幅位图，右图为一个圆形的影片剪辑。图 3-37 为二者使用不同的混合模式产生的效果。

图 3-36　导入的位图和圆形影片剪辑

(a) "一般"和"图层"　　　　　(b) 变暗　　　　　(c) 正片叠底

(d) 变亮　　　(e) 滤色　　　(f) 叠加　　　(g) 强光

图 3-37　使用不同的混合模式产生的效果

(h) 增加

(i) 减去   (j) 差值

(k) 反相

(l) 擦除

图 3-37　使用不同的混合模式产生的效果（续）

3.6　创建基础动画

　　Animate CC 2015 是一个制作动画的软件，通过它可以轻松地制作出各种炫目的动画效果。Animate CC 2015 中的基础动画可以分为逐帧动画、传统补间动画和补间形状动画 3 种类型，下面就来具体讲解它们的使用方法。

3.6.1　创建逐帧动画

1. 逐帧动画的特点

　　逐帧动画是一种常见的动画形式，其原理是在连续的关键帧中分解动画动作，需要更改每一帧中的舞台内容。它最适合于每一帧中的图像都有改变，且并非仅仅简单地在舞台上移动、淡入淡出、色彩变换或旋转的复杂动画。

　　制作逐帧动画的方法非常简单，只需要一帧一帧地绘制就可以了，关键在于动作设计及节奏的掌握，图 3-38 为人物走路的逐帧动画的画面分解图。

　　由于逐帧动画中每一帧的内容都不一样，因此制作过程非常烦琐，而且最终输出的文件也很大。但它也有自己的优势，它具有非常大的灵活性，几乎可以表现任何想表现的内容，很适于表演细腻的动画，如动画片中的人物走路、转身以及做各种动作。

2. 创建逐帧动画的方法

　　创建逐帧动画的方法有如下 4 种。

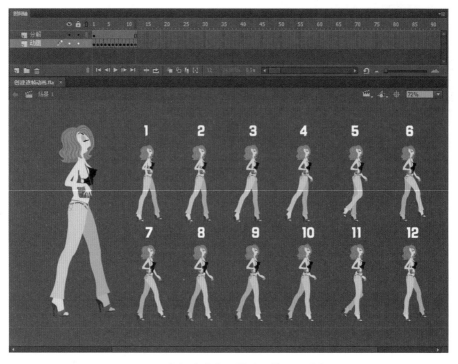

图 3-38　人物走路的逐帧动画的画面分解图

- 导入静态图片：分别在每帧中导入静态图片，建立逐帧动画，静态图片的格式可以是 jpg、png、psd 等。
- 绘制矢量图：在每个关键帧中，直接用 Animate CC 2015 的绘图工具绘制出每一帧中的图形。
- 导入序列图像：直接导入格式为 jpg、gif 的序列图像。序列图像包含多个帧，导入到 Animate CC 2015 中后，将会把图像中的每一帧自动分配到每一个关键帧中。
- 导入 SWF 动画：直接导入已经制作完成的 SWF 动画，也一样可以创建逐帧动画，或者可以导入第三方软件产生的动画序列。

3.6.2　创建补间形状动画

1. 补间形状动画的特点

补间形状动画也是 Animate CC 2015 中非常重要的动画形式之一，利用它可以制作出各种奇妙的、不可思议的变形效果，譬如动物之间的转变、文本之间的变化等。

补间形状动画适用于图形对象，可以在两个关键帧之间制作出变形效果，即让一种形状随时间变化为另外一种形状，还可以对形状的位置、大小和颜色进行渐变。

Animate CC 2015 可以对放置在一个层上的多个形状进行形变，但通常一个层上只放一个形状会产生较好的效果。利用形状提示点还可以控制更为复杂和不规则形状的变化。

2. 创建补间形状动画

创建补间形状动画也有如下两种方法。

（1）通过右击菜单创建补间形状动画

选择同一图层的两个关键帧之间的任意一帧，然后右击，从弹出的快捷菜单中选择"创建补间形状"命令（见图 3-39），这样就在两个关键帧之间创建了补间形状动画。所创建的补间形状动画会以浅绿色背景进行显示，并且在关键帧之间有一个箭头，如图 3-40 所示。

图 3-39　选择"创建补间形状"命令　　　　图 3-40　创建补间形状后的"时间轴"

⊕ 提示

　　如果创建的补间形状动画以一条绿色背景的虚线段表示，则说明补间形状动画没有创建成功，原因是两个关键帧中的对象可能不满足创建补间形状动画的条件。

如果要删除创建的补间形状动画，只要选择已经创建的补间形状动画的两个关键帧之间的任意一帧，然后右击，从弹出的快捷菜单中选择"删除补间"命令即可。

（2）使用菜单命令创建补间形状动画

首先选择同一图层两个关键帧之间的任意一帧，执行菜单中的"插入 | 补间形状"命令，即可在两个关键帧之间创建补间形状动画。如果要取消已经创建好的补间形状动画，可以选择已经创建的补间形状动画的两个关键帧之间的任意一帧，然后执行菜单中的"插入 | 删除补间"命令即可。

3. 补间形状动画属性设置

补间形状动画的属性同样可以通过"属性"面板的"补间"选项进行设置。首先选择已经创建的补间形状动画的两个关键帧之间的任意一帧，然后调出"属性"面板，如图 3-41 所示，在其"补间"选项中设置动画的运动速度、混合等属性。

- 缓动：默认情况下，过渡帧之间的变化速率是不变的，在此可以通过"缓动"选项逐渐调整变化速率，从而创建出更为自然的由慢到快的加速或由快到慢的减速效果，默认值为 0，取值范围为 −100～+100，负值为加速动画，正

图 3-41　补间形状动画的
"属性"面板

值为减速动画。

- 混合：有"分布式"和"角形"两个选项可供选择。其中，"分布式"选项创建的动画，中间形状更为平滑和不规则；"角形"选项创建的动画，中间形状会保留明显的角和直线。

4. 使用形状提示控制形状变化

在制作补间形状动画时，如果要控制复杂的形状变化，可能会出现变化过程杂乱无章的情况，这时可以使用 Animate CC 2015 提供的形状提示，为动画中的图形添加形状提示点，通过形状提示点可以指定图形如何变化，并且可以控制更加复杂的形状变化。关于使用形状提示控制形状变化的方法请参见"3.7.2 制作旋转的三角锥效果"。

3.6.3 创建传统补间动画

1. 传统补间动画的特点

传统补间动画实际上就是给一个对象的两个关键帧分别定义不同的属性，如位置、颜色、透明度、角度等，并在两个关键帧之间建立一种变化关系，即传统补间动画关系。

构成传统补间动画的元素为"元件"或"成组对象"，而不能为形状，只有将形状组合或者转换成元件后才可以成功制作传统补间动画。

2. 创建传统补间动画的方法

传统补间动画的创建方法有如下两种。

（1）通过右击菜单创建传统补间动画

首先在"时间轴"面板中选择同一图层的两个关键帧之间的任意一帧，然后右击，从弹出的快捷菜单中选择"创建传统补间"命令（见图 3-42），这样就在两个关键帧之间创建了传统补间动画。所创建的传统补间动画会以浅紫色背景显示，并且在关键帧之间有一个箭头，如图 3-43 所示。

图 3-42 选择"创建传统补间"命令   图 3-43 创建传统补间后的"时间轴"

通过右击菜单，除了可以创建传统补间动画外，还可以删除已经创建好的传统补间动画。具体方法为：选择已经创建的传统补间动画的两个关键帧之间的任意一帧，然后右击，从弹出的快捷菜单中选择"删除补间"命令（见图3-44），即可删除补间动作。

（2）使用菜单命令创建传统补间动画

在使用菜单命令创建传统补间动画的过程中，同样需要选择同一图层两个关键帧之间的任意一帧，然后执行菜单中的"插入|补间动画"命令。如果要删除已经创建好的传统补间动画，同样是选择已经创建的传统补间动画的两个关键帧之间的任意一帧，然后执行菜单中的"插入|删除补间"命令。

3. 传统补间动画属性设置

无论利用前面介绍的哪种方法创建传统补间动画，都可以通过"属性"面板进行动画的各项属性设置，从而使其更符合动画需要。选择已经创建的传统补间动画的两个关键帧之间的任意一帧，然后调出"属性"面板（见图3-45），在其"补间"选项中设置动画的运动速度、旋转方向与旋转次数等属性。

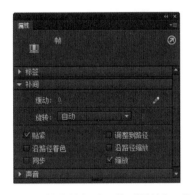

图3-44 选择"删除补间"命令　　图3-45 传统补间动画的"属性"面板

（1）缓动

默认情况下，过渡帧之间的变化速率是不变的，在此可以通过"缓动"选项逐渐调整变化速率，从而创建出更为自然的由慢到快的加速或由快到慢的减速效果，默认值为0，取值范围为 $-100 \sim +100$，负值为加速动画，正值为减速动画。

（2）缓动编辑

单击"缓动"选项右侧的 按钮，在弹出的"自定义缓入/缓出"对话框中可以设置过渡帧更为复杂的速度变化，如图3-46所示。其中，帧由水平轴表示，变化的百分比由垂直轴表示，第1个关键帧表示为0%，最后1个关键帧表示为100%。对象的变化速率用曲线图中的速率曲线表示，曲线水平时（无斜率），变化速率为 0；曲线垂直时，变化速率最大。

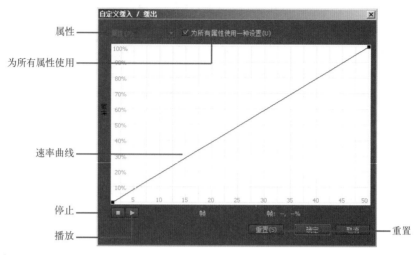

图 3-46　"自定义缓入 / 缓出"对话框

- 属性：该项只有在取消勾选"为所有属性使用一种设置"复选框时才可用。单击该处会弹出"位置""旋转""缩放""颜色"和"滤镜"5 个选项，如图 3-47 所示。

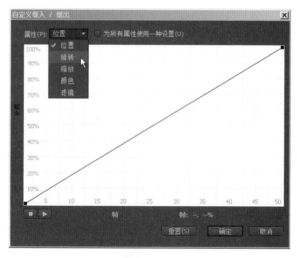

图 3-47　"属性"的 5 个选项

- 为所有属性使用一种设置：默认时该项处于选中状态，表示所显示的曲线适用于所有属性，并且其左侧的属性选项为灰色不可用状态。取消勾选该项，在左侧的属性选项才可以单独设置每个属性的曲线。
- 速率曲线：用于显示对象的变化速率。在速率曲线处单击，即可添加一个控制点，通过按住鼠标拖动，可以对所选的控制点进行位置调整，并显示两侧的控制手柄。可以使用鼠标拖动控制点或其控制手柄，也可以使用小键盘上的箭头键确定位置。再次按【Delete】键可将所选的控制点进行删除。
- 停止：单击该按钮，将停止舞台上的动画预览。
- 播放：单击该按钮，将以当前定义好的速率曲线预览舞台上的动画。
- 重置：单击该按钮，可以将当前的速率曲线重置成默认的线性状态。

(3) 旋转

用于设置对象旋转的动画，单击右侧的 [自动 ▼] 按钮，会弹出如图 3-48 所示的下拉列表，当选择"顺时针"或"逆时针"选项时，可以创建顺时针或逆时针旋转的动画。在下拉列表的右侧还有一个参数设置，用于设置对象旋转的次数。

图 3-48　旋转的下拉菜单

- 无：选择该项，将不设定旋转。
- 自动：选择该项，可以在需要最少动作的方向上将对象旋转一次。
- 顺时针：选择该项，可以将对象进行顺时针方向旋转，并可在右侧设置旋转次数。
- 逆时针：选择该项，可以将对象进行逆时针方向旋转，并可在右侧设置旋转次数。

(4) 贴紧

选中该项，可以将对象紧贴到引导线上。

(5) 同步

选中该项，可以使图形元件实例的动画和主时间轴同步。

(6) 调整到路径

在制作运动引导线动画时，选中该项，可以使动画对象沿着运动路径运动。

(7) 缩放

选中该项，可以改变对象的大小。

3.6.4　创建补间动画

补间动画不仅可以大大简化 Animate CC 2015 动画的制作过程，而且还提供了更大程度的控制。在 Animate CC 2015 中，补间动画是一种基于对象的动画，不再作用于关键帧，而是作用于动画元件本身，从而使 Animate CC 2015 的动画制作更加专业。

1. 补间动画与传统补间动画的区别

Animate CC 2015 软件支持传统补间动画和补间动画两种不同的补间动画类型，它们之间存在以下差别。

- 传统补间动画是基于关键帧的动画，是通过两个关键帧中两个对象的变化来创建的动画，其中关键帧是显示对象实例的帧；而补间动画是基于对象的动画，整个补间范围只有一个动画对象，动画中使用的是属性关键帧，而不是关键帧。
- 补间动画在整个补间范围上只有一个对象。

- 补间动画和传统补间动画都只允许对特定类型的对象进行补间。如果应用补间动画，则在创建补间时会将所有不允许的对象类型转换为影片剪辑元件，而应用传统补间动画会将这些对象类型转换为图形元件。
- 补间动画会将文本视为可补间的类型，而不会将文本对象转换为影片剪辑；传统补间动画则会将文本对象转换为图形对象。
- 补间动画不允许在动画范围内添加帧标签，而传统补间动画则允许在动画范围内添加帧标签。
- 补间目标上的任何对象脚本都无法在补间动画的过程中更改。
- 在时间轴中可以将补间动画范围视为对单个对象进行拉伸和调整大小，而传统补间动画则是对补间范围的局部或整体进行调整。
- 如果要在补间动画范围中选择单个帧，必须按住【Ctrl】键单击该帧，而传统补间动画中的单帧只需要直接单击即可选择。
- 对于传统补间动画，缓动可应用于补间内关键帧之间的帧；对于补间动画，缓动可应用于补间动画范围的整个长度，如果仅对补间动画的特定帧应用缓动，则需要创建自定义缓动曲线。
- 只能使用补间动画来为 3D 对象创建动画效果，而不能使用传统补间动画为 3D 对象创建动画效果。
- 只有补间动画才能保存为预设。
- 补间动画中属性关键帧无法像传统补间动画那样，对动画中单个关键帧的对象应用交互元件的操作，而是将整体动画应用于交互的元件。补间动画也不能在"属性"面板的"循环"选项下设置图形元件的"单帧"数。

2. 创建补间动画

与前面的传统补间动画一样，补间动画对于创建对象的类型也有所限制，只能应用于元件的实例和文本字段。如果没有元件，将会弹出一个用于提示是否将选择的对象转换为元件的提示框，如图 3-49 所示。

图 3-49　提示对话框

在创建补间动画时，对象所处的图层类型可以是系统默认的常规图层，也可以是比较特殊的引导层、遮罩层或被遮罩层。在创建补间动画后，如果原图层是常规图层，那么它将成为补间图层；如果是引导层、遮罩层或被遮罩层，那么它将成为补间引导、补间遮罩或补间被遮罩图层。

创建补间动画有以下两种方法。

（1）通过右击菜单创建补间动画

在"时间轴"面板中选择某帧，或者在舞台中选择对象，然后右击，从弹出的快捷菜单

中选择"创建补间动画"命令,如图 3-50 所示,即可创建补间动画,如图 3-51 所示。

图 3-50 选择"创建补间动画"命令

图 3-51 "创建补间动画"后的时间轴

如果要删除创建的补间动画,可以在"时间轴"面板中选择已经创建补间动画的帧,或者在舞台中选择已经创建补间动画的对象,然后右击,从弹出的快捷菜单中选择"删除补间"命令。

(2)使用菜单命令创建补间动画

除了使用右击菜单创建补间动画外,Animate CC 2015 还提供了创建补间动画的菜单命令。利用创建补间动画的菜单命令创建补间动画的方法为:首先在"时间轴"面板中选择某帧,或者在舞台中选择对象,然后执行菜单中的"插入 | 补间动画"命令。

3. 在舞台中编辑属性关键帧

在 Animate CC 2015 中,"关键帧"和"属性关键帧"的性质不同。其中,"关键帧"是指舞台上实实在在有动画对象的帧,而"属性关键帧"则是指补间动画的特定时间或帧中为对象定义了属性值。

在舞台中可以通过变形面板或工具箱中的各种工具进行属性关键帧的各项编辑,包括位置、大小、旋转和倾斜等。如果补间对象在补间过程中更改舞台位置,那么在舞台中将显示补间对象在舞台上移动时所经过的路径,此时,可以通过工具箱中的选择工具按钮、部分选取工具按钮、任意变形工具按钮,以及变形面板编辑补间的运动路径。

4. 使用"动画编辑器"调整补间动画

在 Animate CC 2015 中通过动画编辑器可以查看所有补间属性和属性关键帧,从而对补间动画进行全面细致的控制。在"时间轴"面板中双击补间动画中任意一帧,进入如图 3-52 所示的"动画编辑器"。

第 3 章　Animate CC 2015 的基础动画

95

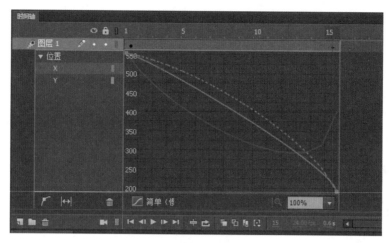

图 3-52　动画编辑器

在"动画编辑器"中，通过在右侧网格曲线中右击，从弹出的快捷菜单中选择相关命令，可以对曲线进行复制、粘贴、翻转、反转等操作。另外单击 按钮，可以在曲线上添加锚点来改变运动轨迹，如图 3-53 所示。单击 按钮，可以让曲线网格界面适应当前的时间轴面板大小，如图 3-54 所示。单击 按钮，在弹出的图 3-55 所示的面板左侧可以选择各种缓动选项，也可以通过添加锚点来自定义缓动曲线。

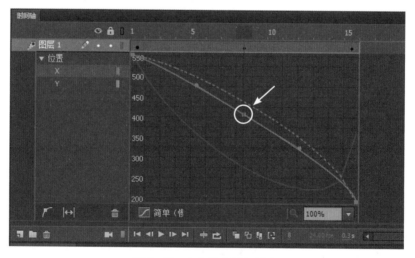

图 3-53　在曲线上添加锚点

图 3-54　让曲线网格界面适应当前的时间轴面板大小

5. 在"属性"面板中编辑属性关键帧

除了可以使用前面介绍的方法编辑属性关键帧外，还可以通过"属性"面板进行一些编辑。首先在"时间轴"面板中将播放头拖动到某帧处，然后选择已经创建好的补间范围，展开"属性"面板，显示"补间动画"的相关设置，如图 3-56 所示。

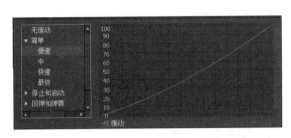

图 3-55 "为选定属性适用缓动"面板

图 3-56 "属性"面板

- 缓动：用于设置补间动画的变化速率，可以在右侧直接输入数值进行设置。
- 旋转：用于显示当前属性关键帧是否旋转，以及旋转次数、角度。
- 方向：用于设置旋转的方向。
- 路径：如果当前选择的补间范围中的补间对象已经更改了舞台位置，则可以在此设置补间运动路径的位置和大小。其中，X 和 Y 分别代表"属性"面板第 1 帧对应的属性关键帧中对象的 X 轴和 Y 轴位置；宽度和高度用于设置运动路径的宽度和高度。
- 选项：选中"同步图形元件"复选框，会重新计算补间的帧数，从而匹配时间轴上分配给它的帧数，使图形元件的动画和主时间轴同步。

3.6.5 使用动画预设

Animate CC 2015 的"动画预设"面板中提供了预先设置好的一些补间动画，用户可以直接将它们应用于舞台对象，当然也可以将用户自己制作好的一些比较常用的补间动画保存为自定义预设，以便于与他人共享或在以后工作中直接调用，从而节省动画制作时间，提高工作效率。

执行菜单中的"窗口|动画预设"命令，可以调出"动画预设"面板，如图 3-57 所示。

1. 应用动画预设

通过单击"动画预设"面板中的 应用 按钮，可以将动画预设应用于一个选定的帧或不同图层上的多个选定帧。其中，每个对象只能应用 1 个预设，如果第 2 个预设应用于相同的对象，那么第 2 个预设将替换第 1 个预设。应用动画预设的操作很简单，具体步骤如下：

① 在舞台上选择需要添加动画预设的对象。

② 在"动画预设"面板的"预设列表"中选择需要应用的预设，此时通过上方的"预览窗口"可以预览选定预设的动画效果。

③ 选择合适的动画预设后，单击"动画预设"面板下方的 应用 按钮，即可将所选预设应用到舞台中被选择的对象上。

第 3 章 Animate CC 2015 的基础动画

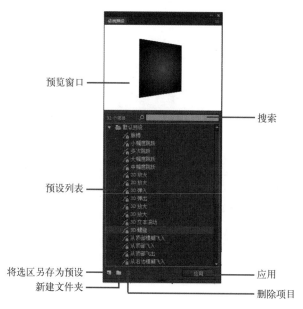

预览窗口

搜索

预设列表

将选区另存为预设

应用

新建文件夹

删除项目

图 3-57 "动画预设"面板

⊕ 提 示

应用动画预设时需要注意,在"预设列表"中的各种 3D 动画的动画预设只能应用于影片剪辑元件,而不能应用于图形或按钮元件,也不适用于文本字段。因此,如果要对选择对象应用各种 3D 动画的动画预设,需要将其转换为影片剪辑元件。

2. 将补间动画另存为自定义动画预设

除了可以将 Animate CC 2015 对象进行动画预设的应用外,Animate CC 2015 还允许将已经创建好的补间动画另存为新的动画预设,以便以后调用。这些新的动画预设会存放在"动画预设"面板中的"自定义预设"文件夹内。将补间动画另存为自定义动画预设的操作可以通过"动画预设"面板下方的▣ (将选区另存为预设)按钮来完成。具体操作步骤如下:

①选择"时间轴"面板中的补间范围,或者选择舞台中应用了补间动画的对象。

②单击"动画预设"面板下方的将选区另存为预设按钮,此时会弹出"将预设另存为"对话框,在其中设置另存预设的名称,如图 3-58 所示。

③单击"确定"按钮,即可将选择的补间动画另存为预设,并存放在"动画预设"面板中的"自定义预设"文件夹中,如图 3-59 所示。

图 3-58 "将预设另存为"对话框   图 3-59 "动画预设"面板

3. 创建自定义预设的预览

将所选补间另存为自定义动画预设后，在"动画预设"面板的"预览窗口"中是无法正常显示效果的。如果要预览自定义的效果，可以执行以下操作。

①首先创建补间动画，并将其另存为自定义预设。

②创建一个只包含补间动画的 .fla 文件。注意要使用与自定义预设完全相同的名称，并将其保存为 .fla 格式的文件，然后通过"发布"命令为该 .fla 文件创建 .swf 文件。

③将刚才创建的 .swf 文件放置在已保存的自定义动画预设 XML 文件所在的目录中。如果用户使用的是 Windows 系统，那么就可以放置在如下目录中：< 硬盘 >\Program Files\Adobe\Adobe Animate CC 2015\Common\Configuration/Motion Presets。

④重新启动 Animate CC 2015，此时选择"动画预设"面板的"自定义预设"文件夹中的相应自定义预设，即可在"预览窗口"中进行预览了。

3.7 实例讲解

本节将通过 7 个实例对 Animate CC 2015 基础动画方面的相关知识进行具体应用，旨在帮助读者快速掌握 Animate CC 2015 基础动画方面的相关知识。

3.7.1 制作元宝娃娃的诞生动画

制作要点

本例将制作元宝娃娃的诞生动画，如图 3-60 所示。通过本例学习应掌握在 Animate CC 2015 中将位图转换为矢量图和形状补间动画的制作方法。

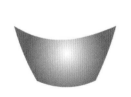

图 3-60　元宝娃娃的诞生效果

操作步骤：

1. 制作元宝

①启动 Animate CC 2015 软件，新建一个 ActionScript 3.0 文件。

②执行菜单中的"修改|文档"命令，在弹出的"文档属性"对话框中设置如图 3-61 所示，

单击"确定"按钮。

③使用工具箱中的矩形工具按钮在舞台中绘制一个矩形，如图 3-62 所示。

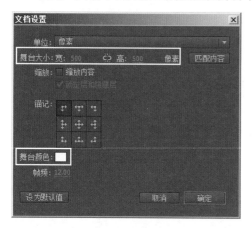

图 3-61　设置文档属性

图 3-62　绘制一个矩形

④利用工具箱中的选择工具按钮，将矩形下部的两个角向内移动，如图 3-63 所示。然后再将矩形上下两条边向下移动，从而形成曲线，移动位置如图 3-64 所示。

图 3-63　将矩形下部的两个角向内移动　　　图 3-64　将矩形上下两条边向下移动

⑤利用"对齐"面板，将元宝居中对齐，如图 3-65 所示。

图 3-65　将元宝居中对齐

⑥选择元宝外形，执行菜单中的"窗口 | 颜色"命令，调出"颜色"面板。然后设置颜色如图 3-66 所示，结果如图 3-67 所示。

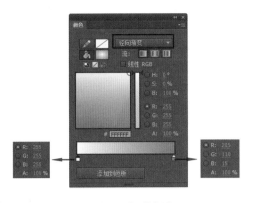

图 3-66　调整颜色

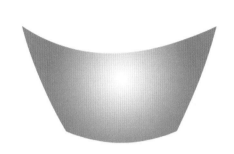

图 3-67　填充后的效果

2. 制作元宝娃娃

①新建"图层 2"，然后执行菜单中的"文件 | 导入 | 导入到舞台"命令，导入配套资源中的"素材及结果 \3.7.1 制作元宝娃娃的诞生动画 | 图片 .jpg"，如图 3-68 所示。

②将"图层 2"移动到"图层 1"的下方作为参照，然后使用工具箱中的钢笔工具按钮，在"图层 1"中，根据导入的图片，绘制出元宝娃娃的外形，填充颜色为金黄色（#F5D246），如图 3-69 所示。

⊕ 提示1

　　为了防止错误操作，下面可以锁定"图层 2"，如图 3-70 所示。

⊕ 提示2

　　元宝和元宝娃娃不要重叠，否则两个图形会合并在一起，移动时会出现错误。

图 3-68　导入位图

图 3-69　绘制出元宝娃娃

图 3-70　时间轴分布

③选择绘制好的元宝娃娃的图形，按键盘上的【Ctrl+X】，剪切图形，然后删除"图层 2"。接着在"图层 1"的第 16 帧按快捷键【F7】，插入空白关键帧，再按快捷键【Ctrl+Shift+V】，原地粘贴图形。

④利用工具箱中的任意变形工具按钮，将粘贴后的图形适当放大，然后利用"对齐"面板将图形居中对齐。

第 3 章　Animate CC 2015 的基础动画

提示

使用钢笔工具按钮绘制出的图形为矢量图形，这种图形放大后不会影响清晰度。

3. 生成变形动画

①右击第 1~15 帧之间的任意一帧，在弹出的快捷菜单中选择"创建补间形状"命令，此时时间轴分布如图 3-71 所示。

②为了使动画播放完后能停留在第 15 帧一段时间后再重新播放，下面在时间轴的第 30 帧，按快捷键【F5】，插入普通帧，此时时间轴分布如图 3-72 所示。

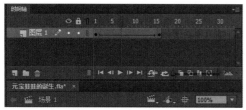

图 3-71　时间轴分布　　　　　　　　　　　图 3-72　时间轴分布

③执行菜单中"控制|测试"命令，即可看到效果。

3.7.2　制作旋转的三角锥效果

制作要点

　　本例将制作旋转的三角锥，旋转过程如图 3-73 所示。学习本例，读者应掌握利用添加形状提示点来控制物体精确旋转的方法。

图 3-73　三角锥的旋转过程

操作步骤：

①启动 Animate CC 2015 软件，新建一个 ActionScript 3.0 文件。

②执行菜单中的"修改|文档"命令，在弹出的"文档设置"对话框中设置"舞台大小"为 550 像素 ×400 像素，"舞台颜色"为白色，然后单击"确定"按钮。

③为了便于绘制三角锥线条，下面执行菜单中的"视图|网格|显示网格"和"视图|贴紧|贴紧至网格"命令，从而显示出网格并设置好网格吸附属性。然后选择工具箱中的线条工具按钮，在工作区中绘制三角锥，如图 3-74 所示。

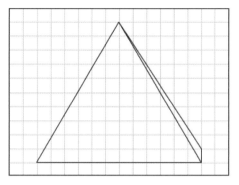

图 3-74　绘制三角锥

④选择工具箱中的颜料桶工具按钮，并将填充色设置成深黄色到浅黄色的直线渐变色，其中深黄色的 RGB 值为（220，130，30）；浅黄色的 RGB 值为（250，220，160），如图 3-75 所示。填充三角锥正面区域，结果如图 3-76 所示。

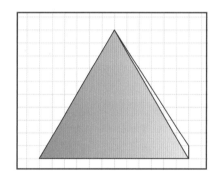

图 3-75　设置填充色
图 3-76　填充三角锥正面

⑤同理，使用相同的渐变色填充三角锥的侧面。然后选择工具箱中的渐变变形工具按钮，在工作区中单击三角锥正面，调节三角锥侧面的渐变方向，如图 3-77 所示。

⑥同理，调节三角锥正面的渐变方向，如图 3-78 所示。

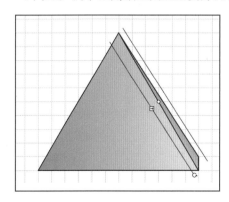
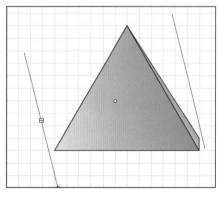

图 3-77　调节三角锥侧面渐变方向
图 3-78　调节正面渐变方向

⑦选择工具箱中的选择工具按钮，在工作区中双击三角锥的轮廓线，将所有轮廓线选中，

然后按下键盘上的【Delete】键删除，效果如图 3-79 所示。

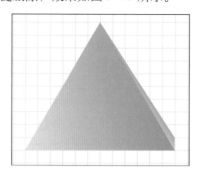

图 3-79　删除三角锥的轮廓线

⑧在"图层 1"的第 20 帧右击，从弹出的快捷菜单中选择"插入关键帧"（快捷键【F6】）命令，即可在第 20 帧插入一个关键帧，如图 3-80 所示。

⑨选择工具箱中的选择工具按钮，单击工作区中三角锥的右侧面。然后执行菜单中的"修改 | 变形 | 水平翻转"命令，将水平翻转后的右侧面挪动到三角锥的左侧位置，如图 3-81 所示。

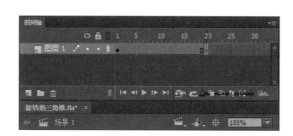

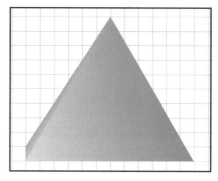

图 3-80　在第 20 帧插入关键帧　　　　图 3-81　水平翻转三角锥右侧面

⑩右击时间轴"图层 1"中的任意一帧，从弹出的快捷菜单中选择"创建补间形状"命令，此时时间轴分布如图 3-82 所示。

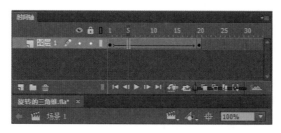

图 3-82　创建补间形状后的时间轴

⑪ 按【Enter】键预览动画，可以看到三角锥的变形不正确，如图 3-83 所示。为此需要设置控制变形的基点。方法：选择"图层 1"的第 1 个关键帧，然后执行菜单中的"修改 | 形状 | 添加形状提示"（快捷键【Ctrl+Shift+H】）命令，这时将在工作区中出现一个红色的圆圈，圆圈里面有一个字母 a，如图 3-84 所示。

⑫ 继续按快捷键【Ctrl+Shift+H】，添加形状提示点 b、c、d、e 和 f，并将它们放置到三

角锥的相应顶点处,如图3-85所示。然后在第20帧插入关键帧,利用选择工具按钮将它们移到图3-86的位置。

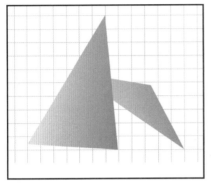

图3-83 预览效果

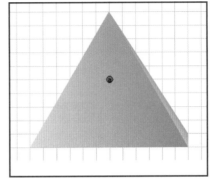

图3-84 添加形状提示点 a

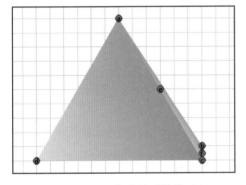

图3-85 添加其他形状提示点

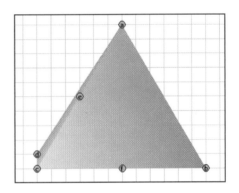

图3-86 在第20帧调整形状提示点位置

⑬ 按【Enter】键,预览动画,此时会发现三角锥转动已经正确了,但是为了使三角锥产生连续转动的效果,还需要加入一个过渡关键帧。方法:右击"图层1"的第21帧,然后在弹出的快捷菜单中选择"插入关键帧"命令,在第21帧处插入一个关键帧。

⑭ 选择工具箱中的选择工具按钮,在工作区中单击三角锥的左侧面,然后按【Delete】键删除,如图3-87所示。

⑮ 选择时间轴窗口中"图层1"的第22帧,按【F5】键,使图层1的帧数增至22帧,如图3-88所示。

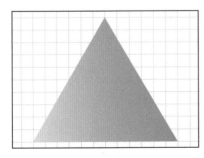

图3-87 在第21帧处删除三角锥左侧面

图3-88 帧数增加后的时间轴分布

⑯ 至此,旋转的三角锥制作完毕。下面执行菜单中的"控制|测试"命令,即可看到三角锥的旋转动画。

3.7.3 制作运动的文字效果

制作要点

本例将制作彩虹文字从左方旋转着运动到右方后消失，然后再从右方运动到左方重现的效果，如图 3-89 所示。学习本例，读者应掌握制作传统补间动画的方法和翻转帧的应用。

图 3-89 运动的文字

操作步骤：

1. 制作文字第 1～30 帧从左往右旋转运动并逐渐消失的效果

①启动 Animate CC 2015 软件，新建一个 ActionScript 3.0 文件。

②执行菜单中的"修改 | 文档"命令，在弹出的"文档设置"对话框中设置背景色为深蓝色（#000066），然后单击"确定"按钮。

③选择工具箱中的文本工具按钮，在"属性"面板中设置参数如图 3-90 所示，然后在工作区中单击，输入文字"数字媒体研究室"，并将文字移动到如图 3-91 所示的位置。

图 3-90 设置文本属性　　　　　　　　图 3-91 输入文字

④执行菜单中的"修改 | 分离"命令两次，将文字分离为图形。

⑤选择工具箱中的颜料桶工具按钮，单击 按钮对文字进行填充，结果如图 3-92 所示。

图 3-92 将文字分离为图形并进行填充

⑥执行菜单中的"修改|转换为元件"（快捷键【F8】）命令，在弹出的"转换为元件"对话框中设置参数（见图3-93），然后单击"确定"按钮，效果如图3-94所示。

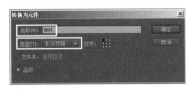

图3-93　设置转换为元件参数

数字媒体研究室

图3-94　转换为元件的效果

⑦右击"图层1"的第30帧，从弹出的快捷菜单中选择"插入关键帧"命令，插入一个关键帧。

⑧利用 ▶（选择工具）按钮向右移动文本，如图3-95所示。

⑨制作文字从左往右直线运动的效果。方法：单击"图层1"，从而选中"图层1"中的所有帧。然后右击其中的任意一帧，从弹出的快捷菜单中选择"创建传统补间"命令，如图3-96所示。此时按【Enter】键预览动画，可以看到文字从左往右运动。

图3-95　在第30帧向右移动文本

图3-96　创建传统补间动画

⑩制作文字从左往右旋转运动的效果。方法：单击"图层1"的第1帧，在"属性"面板中设置参数，如图3-97所示。此时按【Enter】键预览动画，可以看到文字从左往右旋转运动的效果，如图3-98所示。

图3-97　设置第1帧的属性

图3-98　文字从左往右旋转运动的效果

⑪制作文字从左往右旋转着逐渐消失的效果。方法：单击"图层1"的第30帧，然后选择工作区中的文字，在"属性"面板中设置Alpha的数值为0%，如图3-99所示。此时按【Enter】键预览动画，可以看到文字从左往右旋转着逐渐消失的效果，如图3-100所示。

第3章　Animate CC 2015 的基础动画

图 3-99　设置第 30 帧的属性　　　　图 3-100　文字从左往右旋转着逐渐消失的效果

2. 制作文字第 30 ～ 59 帧从右往左直线运动并逐渐显现的效果

①单击"图层 1"，从而选中该层上的所有帧（见图 3-101），然后右击，从弹出的快捷菜单中选择"复制帧"命令，接着单击时间轴中的新建图层按钮，新建一个"图层 2"，并选中该层的所有帧，如图 3-102 所示。最后右击，从弹出的快捷菜单中选择"粘贴帧"命令，此时时间轴分布如图 3-103 所示。

图 3-101　选择"图层 1"　　　　　　图 3-102　选择"图层 2"的所有帧

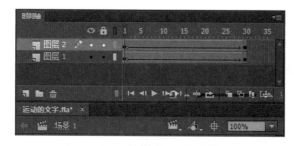

图 3-103　粘贴帧后的时间轴分布

②将"图层 2"的第 1~30 帧移到第 30~59 帧，此时时间轴分布如图 3-104 所示。

图 3-104　移动帧后的时间轴分布

③此时播放动画，可以看到文字在第30～59帧依然是从左往右旋转着逐渐消失。而我们需要的是在第30～59帧文字从右往左直线运动，并逐渐显现的效果。下面就来制作这个效果。方法：选择"图层2"的第30～59帧，然后右击，从弹出的快捷菜单中选择"翻转帧"命令。此时按【Enter】键预览动画，可以看到文字从右往左直线运动并逐渐显现的效果，如图3-105所示。

图3-105　文字从右往左直线运动并逐渐显现的效果

④至此，运动的文字制作完毕。下面执行菜单中的"控制|测试"命令，打开播放器窗口，即可看到文字从左旋转着往右运动并逐渐消失，然后又从右往左直线运动并逐渐显现的效果。

3.7.4　制作猎狗奔跑的效果

 制作要点

本例将制作猎狗奔跑的动画，如图3-106所示。学习本例，读者应掌握在Animate CC 2015中利用逐帧动画制作猎狗奔跑的动画的方法。

图3-106　猎狗奔跑的效果

 操作步骤：

1. 制作猎狗奔跑动作的一个运动循环中身体姿态的变化

①打开配套资源中的"素材及结果\3.7.4 制作猎狗奔跑的效果\猎狗的奔跑－素材.fla"文件。

②设置文档大小和背景色。方法：执行菜单中的"修改|文档"命令，在弹出的"文档设置"对话框中设置"舞台大小"为800像素×300像素，"舞台颜色"设置为暗蓝色（#003366），如图3-107所示，单击"确定"按钮。

③执行菜单中的"插入|新建元件"命令，在弹出的对话框中设置参数（见图 3-108），单击"确定"按钮，进入"奔跑"元件的编辑状态。

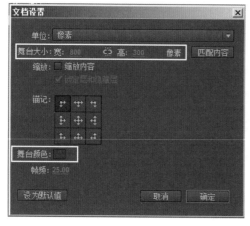

图 3-107　设置文档大小和背景色　　　　图 3-108　"创建新元件"对话框

④猎狗奔跑的一个动作循环由"姿态 1"~"姿态 7"7 个基本动作组成，下面先从"库"面板中将"姿态 1"元件拖入舞台。然后分别在第 3 帧、第 5 帧、第 7 帧、第 9 帧、第 11 帧和第 13 帧按快捷键【F6】，插入关键帧。接着利用"交换元件"命令，将第 3 帧的元件替换为"姿态 2"，将第 5 帧的元件替换为"姿态 3"，将第 7 帧的元件替换为"姿态 4"，将第 9帧的元件替换为"姿态 5"，将第 11 帧的元件替换为"姿态 6"，将第 13 帧的元件替换为"姿态 7"。最后在第 14 帧按快捷键【F5】，插入普通帧，从而将时间轴的总长度延长到 14 帧。

2. 制作猎狗奔跑的一个运动循环中位置的变化

①执行菜单中的"视图|标尺"（快捷键【Ctrl+Alt+Shift+R】）命令，调出标尺。在第 1帧从标尺处拉出垂直和水平两条参考线，如图 3-109 所示。然后在第 3 帧调整视图中"姿态 2"元件的位置，如图 3-110 所示。

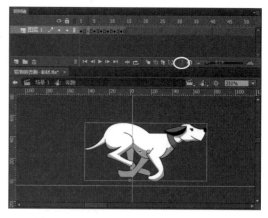

图 3-109　在第 1 帧从标尺处拉出参考线　　图 3-110　在第 3 帧调整"姿态 2"元件的位置

②在第 5 帧调整垂直标尺的位置，如图 3-111 所示。然后在第 7 帧调整视图中"姿态 4"元件的位置，如图 3-112 所示。

③在第 9 帧将视图中"姿态 5"元件向右移动一定距离，如图 3-113 所示。

④在第 11 帧将视图中的"姿态 6"元件向右移动一定距离，然后调整垂直标尺的位置，如图 3-114 所示。在第 13 帧调整视图中"姿态 7"元件的位置，如图 3-115 所示。

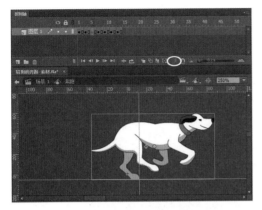

图 3-111　在第 5 帧调整垂直标尺的位置

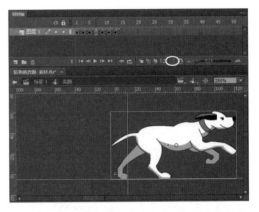

图 3-112　在第 7 帧调整"姿态 4"元件的位置

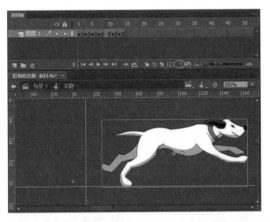

图 3-113　在第 9 帧将视图中"姿态 5"元件向右移动一定距离

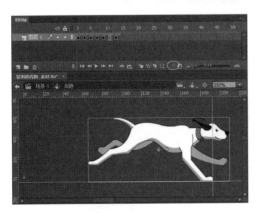

图 3-114　在第 11 帧将"姿态 6"
向右移动一定距离

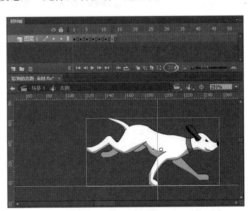

图 3-115　在第 13 帧调整
"姿态 7"元件的位置

3. 制作猎狗奔跑动作的多个运动循环

①单击时间轴下方的 场景 1 按钮，回到场景 1。从"库"面板中将"奔跑"元件拖入舞台，

第 3 章　Animate CC 2015 的基础动画

111

并将其放置到舞台左侧。然后在第 69 帧按快捷键【F5】，插入普通帧，从而将时间轴的总长度延长到 69 帧。再在第 14 帧从标尺处拉出垂直和水平参考线，如图 3-116 所示。最后在第 15 帧按快捷键【F6】，插入关键帧，并调整"奔跑"元件的位置，如图 3-117 所示。

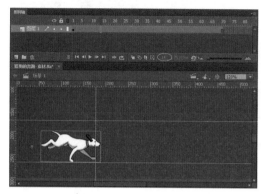

图 3-116　在第 14 帧从标尺处拉出垂直和水平参考线　　图 3-117　在第 15 帧调整"奔跑"元件的位置

②同理，在第 28 帧移动垂直参考线的位置，如图 3-118 所示。然后在第 29 帧移动"奔跑"元件的位置，如图 3-119 所示。

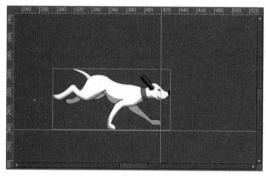

图 3-118　在第 28 帧移动垂直参考线的位置　　图 3-119　在第 29 帧移动"奔跑"元件的位置

③同理，在第 42 帧移动垂直参考线的位置，如图 3-120 所示。然后在第 43 帧移动"奔跑"元件的位置，如图 3-121 所示。

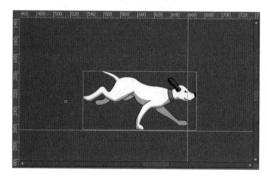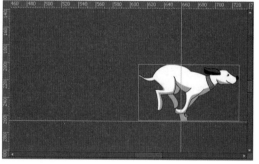

图 3-120　在第 42 帧移动垂直参考线的位置　　图 3-121　在第 43 帧移动"奔跑"元件的位置

④同理，在第 56 帧移动垂直参考线的位置，如图 3-122 所示。然后在第 57 帧移动"奔跑"元件的位置，如图 3-123 所示。

⑤至此,整个猎狗奔跑的动画制作完毕。下面执行菜单中的"控制 | 测试"命令,打开播放器窗口,即可看到猎狗奔跑的效果。

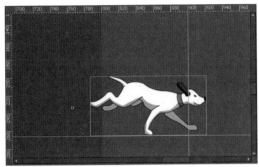

图 3-122 在第 56 帧移动垂直参考线的位置

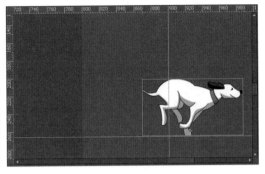

图 3-123 在第 57 帧移动"奔跑"元件的位置

3.7.5 镜头的应用

制作要点

本例将制作飞机从左上方飞入舞台,然后旋转着冲向镜头,再掉头逐渐飞远的不同效果,如图 3-124 所示。通过本例学习影视中的镜头语言与 Animate CC 2015 中动画补间的综合应用。

图 3-124 飞机飞行的不同镜头效果

操作步骤:

①执行菜单中的"文件 | 打开"命令,打开"文件 | 打开"命令,打开的"素材及结果 \3.7.5 镜头的应用 \ 飞机 – 素材 .fla"文件。"文件。

②从"库"面板中将"背面""侧面""正面"和"天空"元件拖入舞台,然后同时在舞台中选择这 4 个元件并右击,从弹出的快捷菜单中选择"分散到图层"命令,此时 4 个元件

会被分散到 4 个不同的层上，并根据元件的名称自动命名其所在图层，如图 3-125 所示。

③删除多余的"图层 1"。方法：选择"图层 1"，单击 🗑 按钮，即可将其进行删除，此时时间轴分布如图 3-126 所示。

图 3-125　将元件分散到不同图层

图 3-126　删除"图层 1"

④同时选中 4 个图层的第 135 帧，按快捷键【F5】，插入普通帧，从而使 4 个图层的总长度延长到第 135 帧。

⑤制作飞机加速从远方逐渐飞进的效果。方法：为了便于操作，下面锁定"天空"图层，隐藏"背面"和"正面"图层。然后在"侧面"图层的第 70 帧，按快捷键【F6】，插入关键帧。再在第 1 帧，将舞台中的"侧面"元件移动到舞台左上角，并适当缩小，如图 3-127 所示。接着在第 70 帧，将舞台中的"侧面"元件移动到舞台右侧中间部分，并适当缩小和旋转一定角度，如图 3-128 所示。再单击"侧面"图层第 1~70 帧之间的任意一帧，在"属性"面板中将"补间"设为"动画"，"缓动"设为"-100"，最后在"侧面"层的第 71 帧，按快捷键【F7】，插入空白关键帧。此时时间轴分布如图 3-129 所示。

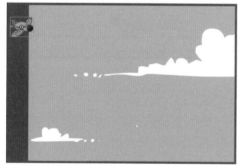

图 3-127　第 1 帧飞机的位置

图 3-128　第 70 帧飞机的位置

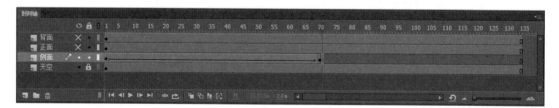

图 3-129　时间轴分布

⑥制作飞机旋转着冲向镜头的效果。方法：显现"正面"图层，然后将"正面"图层的第 1 帧移动到第 75 帧，再调整"正面"元件的位置和大小，如图 3-130 所示。接着在第 95 帧按快捷键【F6】，插入关键帧，再调整"正面"元件的位置和大小，如图 3-131 所示。最后在"正面"层的第 96 帧，按快捷键【F7】，插入空白关键帧，此时时间轴分布如图 3-132 所示。

图 3-130　第 75 帧飞机的位置

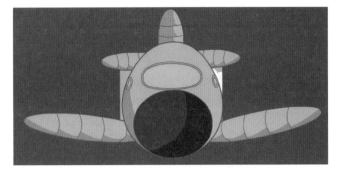

图 3-131　第 95 帧飞机的位置

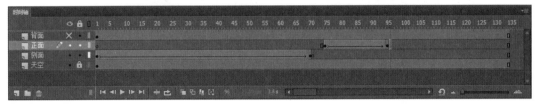

图 3-132　时间轴分布

⑦制作飞机掉头逐渐飞远的效果。方法：显现"背面"图层，然后将"背面"图层的第 1 帧移动到第 96 帧，再调整"背面"元件的位置和大小，如图 3-133 所示。接着在第 135 帧按快捷键【F6】，插入关键帧，再调整"背面"元件的位置和大小，如图 3-134 所示，此时时间轴分布如图 3-135 所示。

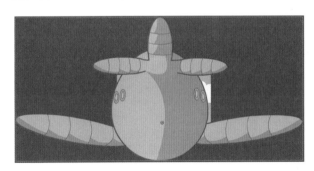

图 3-133　在第 1 帧调整"背面"元件的位置和大小

图 3-134　调整"背面"元件的位置和大小

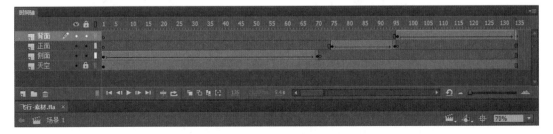

图 3-135　时间轴分布

⑧执行菜单中"控制|测试"命令，就可以看到飞机从左上方飞入舞台，然后旋转着冲向镜头，再掉头逐渐飞远的效果。

3.7.6 制作颤动着行驶的汽车效果

 制作要点

本例将制作一个夸张的冒着黑烟颤动着行驶的汽车效果，如图3-136所示。学习本例，读者应掌握动作补间中旋转动画和位移动画的制作方法。

图3-136 颤动着行驶的汽车效果

操作步骤：

① 打开配套资源中的"素材及结果\3.7.6 制作颤动着行驶的汽车动画\汽车—素材.fla"文件。

② 制作颤动的车体效果。方法：双击库中的"车体"元件，进入编辑状态，如图3-137所示。然后选择"图层1"的第3帧，执行菜单中的"插入|时间轴|关键帧"命令，插入关键帧。接着利用工具箱中的任意变形工具按钮，适当旋转舞台中的元件，如图3-138所示。最后在第4帧，按快捷键【F5】，插入普通帧，从而使时间轴的总长度延长到4帧。

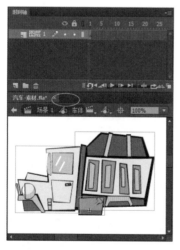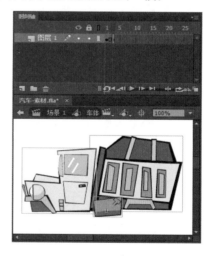

图3-137 进入"车体"编辑状态　　　　图3-138 在第3帧旋转元件

③ 制作转动的车轮效果。方法：执行菜单中的"插入|新建元件"命令，在弹出的对话框中进行如图3-139所示的设置，单击"确定"按钮。然后从库中将"轮胎"元件拖入舞台，并利用对齐面板将其中心对齐，如图3-140所示。并在"轮胎－转动"元件的第4帧，按快捷键【F6】，插入关键帧。最后右击第1帧和第4帧的任意一帧，从弹出的快捷菜单中选择"创建传统补间"命令，在"属性"面板中设置参数，如图3-141所示。此时按【Enter】键，即可看到车轮原

地转动的效果。

图 3-139　新建"轮胎-转动"元件

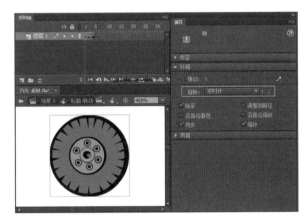

图 3-140　设置对齐参数　　　　　　图 3-141　设置轮胎旋转参数

④制作排气管的变形颤动的动画。方法：双击库中的"排气管"元件，进入编辑状态，如图 3-142 所示。然后选择"图层 1"的第 3 帧，执行菜单中的"插入|时间轴|关键帧"命令，插入关键帧。利用工具箱中的任意变形工具按钮，单击封套按钮，在舞台中调整排气管的形状，如图 3-143 所示。最后在第 4 帧，按快捷键【F5】，插入普通帧，从而使时间轴的总长度延长到 4 帧。此时按【Enter】键，即可看到排气管变形颤动的效果。

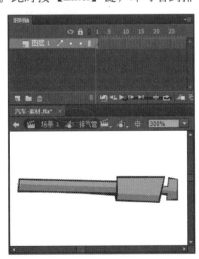

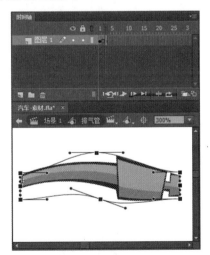

图 3-142　进入"排气管"元件编辑状态　　图 3-143　在第 3 帧调整"排气管"元件的形状

⑤制作排气管排放尾气的动画。方法：新建"烟"图形元件，然后利用工具箱中的椭圆工具按钮，设置笔触颜色为▨（无色），填充颜色为黑色，再在舞台中绘制圆形，并中心对齐，

如图 3-144 所示。接着在第 2 帧，按快捷键【F6】，插入关键帧，并将圆形适当放大，如图 3-145 所示。

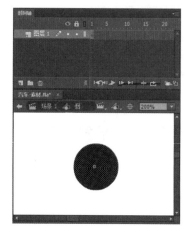

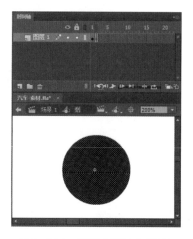

图 3-144　进入"烟"元件编辑状态　　　图 3-145　在第 2 帧放大圆形

新建"烟-扩散"元件，从库中将"烟"元件拖入舞台，中心对齐，并在"属性"面板中将其 Alpha 设为 60%，如图 3-146 所示。然后在第 6 帧按快捷键【F6】，插入关键帧，再将舞台中的"烟"元件放大并向右移动，同时在属性面板中将其 Alpha 设为 20%，如图 3-147 所示。最后右击第 1 帧和第 6 帧之间的任意一帧，从弹出的快捷菜单中选择"创建补间动画"命令。此时按【Enter】键，即可看到尾气从左向右移动并逐渐放大消失的效果。

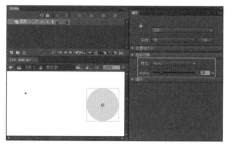

图 3-146　将 Alpha 值设为 60%　　　图 3-147　将 Alpha 值设为 20%

复制尾气烟雾。方法：单击时间轴下方的新建图层按钮，新建"图层 2""图层 3"和"图层 4"，同时选择这 3 个图层，按快捷键【Shift+F5】，删除这 3 个图层的所有帧。然后右击"图层 1"的时间轴，从弹出的快捷菜单中选择"复制帧"命令。最后分别右击"图层 2"的第 3 帧、"图层 3"的第 5 帧和"图层 4"的第 7 帧，从弹出的快捷菜单中选择"粘贴帧"命令，此时时间轴分布如图 3-148 所示。

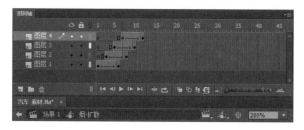

图 3-148　时间轴分布

此时按【Enter】键，播放动画，会发现尾气自始至终朝着一个方向移动，并没有发散效果。这是错误的，下面就来解决这个问题。方法：分别选择 4 个图层的最后 1 帧，将舞台中的"烟"元件向上或向下适当移动即可，如图 3-149 所示。

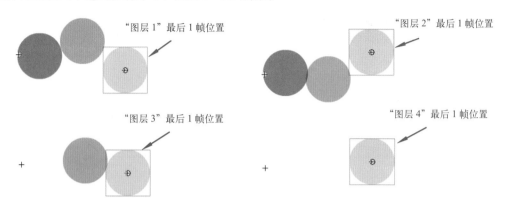

图 3-149   4 个图层的最后 1 帧的位置

⑥组合汽车。方法：新建"小卡车"图形元件。然后从库中分别将"轮胎-转动""车体""烟-扩散"和"排气管"元件拖入舞台并进行组合，最后在"车"层的第 12 帧按快捷键【F5】，插入普通帧，从而将时间轴的总长度延长到 12 帧，如图 3-150 所示。

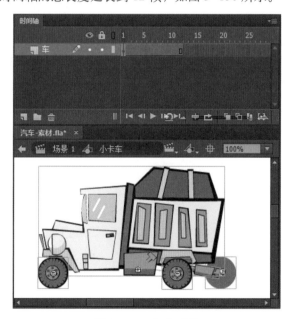

图 3-150   组合元件

⑦制作汽车移动动画。方法：单击 ![场景1] 按钮，回到"场景 1"，从库中将"小卡车"图形元件拖入舞台。在第 60 帧按快捷键【F6】，插入关键帧。然后分别在第 1 帧和第 60 帧调整"小卡车"的位置，如图 3-151 所示。最后右击第 1 帧和第 60 帧之间的任意一帧，从弹出的快捷菜单中选择"创建传统补间"命令。

⑧至此，整个动画制作完毕。下面执行菜单中的"控制|测试"命令，打开播放器窗口，即可看到冒着黑烟颤动着行驶的汽车效果。

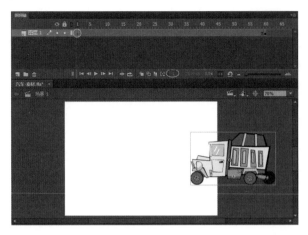

（a）第 1 帧"小卡车"图形元件的位置

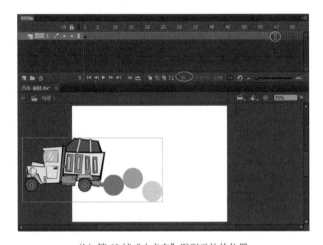

（b）第 60 帧"小卡车"图形元件的位置

图 3-151　不同帧的"小卡车"图形元件位置

3.7.7　制作广告条动画

制作要点

本例将制作一个大小为 700 像素 ×60 像素的网页广告条效果，如图 3-152 所示。通过本例学习应掌握利用"模糊"滤镜和 Alpha 值制作网页广告条的方法。

图 3-152　广告条效果

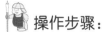 **操作步骤：**

1. 制作文字"热烈欢迎天美 2018 级新生入学"淡入后再淡出的效果

① 启动 Animate CC 2015 软件，新建一个 ActionScript 3.0 文件。

② 设置文档大小。方法：执行菜单中的"修改"|"文档"命令，在弹出的"文档设置"对话框中设置"舞台大小"为 700 像素 ×60 像素，"舞台颜色"为白色（#FFFFFF），如图 3-153 所示，单击"确定"按钮。

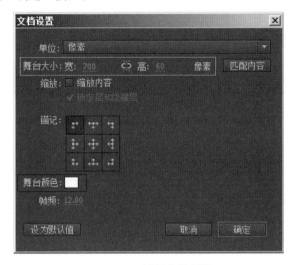

图 3-153　设置文档属性

③ 选择工具箱上的文本工具，并在"属性"面板中设置相关参数，然后在舞台中单击后输入文字，并将其居中对齐，如图 3-154 所示。接着按快捷键【F8】，在弹出的对话框中设置如图 3-155 所示，单击"确定"按钮，从而将其转换为"元件 1"影片剪辑元件。

图 3-154　输入文字

图 3-155　将文字转换为"元件 1"元件

第 3 章　Animate CC 2015 的基础动画

121

④分别在"图层 1"的第 6 帧、第 40 帧和第 46 帧按快捷键【F6】，插入关键帧。然后分别单击第 1 帧和第 46 帧，将舞台中的"元件 1"的 Alpha 设为 0%，如图 3-156 所示。接着分别在第 1~6 帧、第 40~46 帧之间创建传统补间动画，此时时间轴分布如图 3-157 所示。最后按【Enter】键播放动画，即可看到文字淡入后再淡出的效果，如图 3-158 所示。

图 3-156　将第 1 帧和第 46 帧
Alpha 值设置为 0%

图 3-157　时间轴分布

热烈欢迎天美2018级新生入学
热烈欢迎天美2018级新生入学
热烈欢迎天美2018级新生入学

图 3-158　文字淡入后再淡出的效果

2. 制作文字"注册 天美社区 赢取幸运大奖"从右侧进入舞台中央，并从模糊变清晰，然后开始抖动，接着向右略微移动后再向从左侧离开舞台，从清晰变模糊的效果

①输入并对齐文字。方法：单击时间轴下方的新建图层命令，新建"图层 2"。然后在"图层 2"的第 47 帧按快捷键【F7】，插入空白的关键帧。接着选择工具箱上的文本工具，设置字号为 39，输入文字"注册 天美社区 赢取幸运大奖"，文字中心对齐。再为文字指定不同的颜色，结果如图 3-159 所示。

注册 天美社区 赢取幸运大奖

图 3-159　输入文字

②制作文字发光效果。方法：选择舞台中的文字，然后在"属性"面板"滤镜"下拉菜单中单击 （添加滤镜）按钮，从弹出的快捷菜单中选择"发光"命令，接着设置参数如图 3-160 所示，结果如图 3-161 所示。

③制作文字模糊效果。方法：选择文字，按快捷键【F8】，在弹出的对话框中设置如图 3-162 所示，单击"确定"按钮，从而将其转换为"元件 2"影片剪辑元件。然后在"属性"面板"滤镜"下拉列表中单击添加滤镜按钮，从弹出的快捷菜单中选择"模糊"命令，接着设置参数如图 3-163 所示，结果如图 3-164 所示。

④制作文字从舞台右侧向左运动到舞台中央，且由模糊到清晰的渐显效果。方法：在"图

层 2"的第 51 帧按快捷键【F6】，插入关键帧，并将该帧的"模糊 X"设为 0（即第 51 帧没有模糊效果）。然后在第 47 帧选择舞台中的文字，在"属性"面板中将其 Alpha 值设为 0%。接着将其移动到舞台右侧，如图 3-165 所示。最后在"图层 2"的第 47~51 帧之间创建传统补间动画。

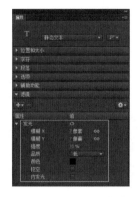

图 3-160　设置"发光"参数

图 3-161　发光效果

图 3-162　将文字转换为"元件 2"元件

图 3-163　设置"模糊"参数

图 3-164　模糊效果

图 3-165　在第 47 帧设置文字 Alpha 值为 0% 并移动位置

⑤制作文字抖动效果。方法：按快捷键【Ctrl+F8】，在弹出的对话框中设置如图 3-166 所

示，单击"确定"按钮，进入"元件 2-2"的影片剪辑编辑状态。然后从库中将"元件 2"拖入舞台并中心对齐，接着分别对"元件 2-2"中"图层 1"的第 2~5 帧，按快捷键【F6】，插入关键帧。并将第 2 帧的文字坐标设为 X、Y（0.0，−2.0）；第 3 帧的文字坐标设为 X、Y（0.0，2.0）；第 3 帧的文字坐标设为 X、Y（−2.0，0.0）；第 4 帧的文字坐标设为 X、Y（2.0，0.0），此时时间轴分布如图 3-167 所示。最后单击 场景 1 按钮，回到场景 1。然后在"图层 2"的第 52 帧按快捷键【F7】，插入空白的关键帧。接着从库中将"元件 2-2"拖入舞台并与前一帧的文字中心对齐。

图 3-166　创建"元件 2-2"元件

图 3-167　元件 2-2 的时间轴分布

⑥制作文字抖动后向右略微移动后再向左移出舞台并逐渐消失的效果。方法：右击"图层 2"的第 51 帧，从弹出的快捷菜单中选择"复制帧"命令，再在"图层 2"的第 82 帧右击，从弹出的快捷菜单中选择"粘贴帧"命令。然后在"图层 2"的第 85 帧按快捷键【F6】，插入关键帧，并将该帧舞台中的文字向右移动，将文字坐标设为 X、Y（423.0，30.0）。接着在"图层 2"的第 89 帧按快捷键【F6】，插入关键帧，将文字向左移动出舞台，并将该帧的 Alpha 值设为 0%，如图 3-168 所示。最后在"图层 2"的第 82~89 帧之间创建传统补间动画，此时时间轴分布如图 3-169 所示。

图 3-168　在第 89 帧将文字向左移出舞台并将 Alpha 值设为 0%

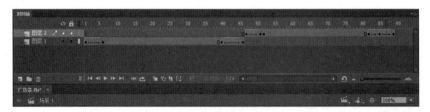

图 3-169　时间轴分布

3. 制作文字"每月一部 Apple iPodShuffle"从舞台上方进入舞台中央，并从模糊变清晰，然后开始抖动，接着略微向上移动后再向下移动出舞台，并从清晰变模糊的效果

①输入并对齐文字。方法：单击时间轴下方的新建图层命令，新建"图层 3"。然后在"图

层 3"的第 90 帧按快捷键【F7】，插入空白的关键帧。然后选择工具箱上的文本工具，设置字号为 39，输入文字"每月一部 Apple iPodShuffle"，并中心对齐。接着为文字指定不同的颜色，结果如图 3-170 所示。

每月一部 Apple iPodShuffle

图 3-170　输入文字

②制作文字发光效果。方法：选择舞台中的文字，然后在"属性"面板"滤镜"下拉项中单击添加滤镜按钮，从弹出的快捷菜单中选择"发光"命令，接着设置参数如图 3-171 所示，结果如图 3-172 所示。

图 3-171　设置"发光"参数　　　　　　图 3-172　发光效果

③制作文字模糊效果。方法：选择文字，按快捷键【F8】，在弹出的对话框中设置如图 3-173 所示，单击"确定"按钮，从而将其转换为"元件 3"影片剪辑元件。然后在"属性"面板"滤镜"下拉列表中单击添加滤镜按钮，从弹出的快捷菜单中选择"模糊"命令，接着设置参数如图 3-174 所示，结果如图 3-175 所示。

图 3-173　将文字转换为"元件 3"元件　　　　图 3-174　设置"模糊"参数

图 3-175　模糊效果

④制作文字从舞台上方运动到舞台中央，且由模糊到清晰的效果。方法：在"图层 2"的第 94 帧按快捷键【F6】，插入关键帧，并将该帧的"模糊 X"和"模糊 Y"均设为 0（即第 94 帧没有模糊效果）。接着在第 90 帧将其移动到舞台上方，如图 3-176 所示。最后在"图层 3"的第 90~94 帧之间创建传统补间动画。

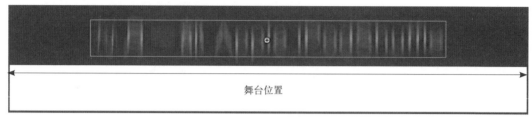

图 3-176 在"图层 2"的第 90 帧将文字移动到舞台上方

⑤制作文字抖动效果。方法：按快捷键【Ctrl+F8】，在弹出的对话框中设置如图 3-177 所示，单击"确定"按钮，进入"元件 3-3"的影片剪辑编辑状态。然后从库中将"元件 3"拖入舞台并中心对齐，接着分别"元件 3-3"中"图层 1"的第 2~5 帧，按快捷键【F6】，插入关键帧。并将第 2 帧的文字坐标设为 X、Y（0.0，-2.0）；第 3 帧的文字坐标设为 X、Y（0.0，2.0）；第 3 帧的文字坐标设为 X、Y（-2.0，0.0）；第 4 帧的文字坐标设为 X、Y（2.0，0.0），此时时间轴分布如图 3-178 所示。最后单击 场景1 按钮，回到场景 1。然后在"图层 3"的第 95 帧按快捷键【F7】，插入空白的关键帧。接着从库中将"元件 3-3"拖入舞台并与前一帧的文字中心对齐。

图 3-177 创建"元件 3-3"元件

图 3-178 "元件 3-3"时间轴分布

⑥制作文字抖动后向上略微移动后再向下移出舞台的效果。方法：右击"图层 3"的第 94 帧，从弹出的快捷菜单中选择"复制帧"命令，再在"图层 2"的第 125 帧右击，从弹出的快捷菜单中选择"粘贴帧"命令。然后在"图层 3"的第 128 帧按快捷键【F6】，插入关键帧，并将该帧舞台中的文字向上移动，将文字坐标设为 X、Y（350.0，16.0）。接着在"图层 3"的第 132 帧按快捷键【F6】，插入关键帧，将文字向下移动出舞台，并在"滤镜"面板中将"模糊 X"设为 0，"模糊 Y"设为 27，结果如图 3-179 所示。最后在"图层 3"的第 125~132 帧之间创建传统补间动画，此时时间轴分布如图 3-180 所示。

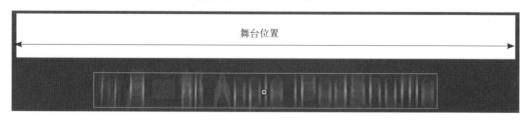

图 3-179 在第 132 帧将文字向下移出舞台并调整模糊数值

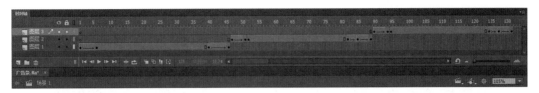

图 3-180　时间轴分布

4. 制作文字"教育基金 ￥2000 元 等你来拿！"从舞台左侧进入舞台中央，并从模糊变清晰，然后开始抖动，接着略微向左移动后再向右移动出舞台，并从清晰变模糊的效果。

①输入并对齐文字。方法：单击时间轴下方的新建图层命令，新建"图层 4"。然后在"图层 4"的第 133 帧按快捷键【F7】，插入空白的关键帧。然后选择工具箱上的文本工具，设置字号为 39，输入文字"教育基金￥2000 元等你来拿！"，并中心对齐。接着为文字指定不同的颜色，结果如图 3-181 所示。

教育基金　￥2000 元　等你来拿！

图 3-181　输入文字

②制作文字发光效果。方法：选择舞台中的文字，然后在"属性"面板"滤镜"下拉列表中单击添加滤镜按钮，从弹出的快捷菜单中选择"发光"命令，接着设置参数如图 3-182 所示，结果如图 3-183 所示。

教育基金　￥2000 元　等你来拿！

图 3-182　设置"发光"参数　　　　　图 3-183　发光效果

③制作文字模糊效果。方法：选择文字，按快捷键【F8】，在弹出的对话框中设置如图 3-184 所示，单击"确定"按钮，从而将其转换为"元件 4"影片剪辑元件。然后在"属性"面板"滤镜"下拉列表中单击添加滤镜按钮，从弹出的快捷菜单中选择"模糊"命令，接着设置参数如图 3-185 所示，结果如图 3-186 所示。

④制作文字从舞台左侧向右运动到舞台中央，且由模糊到清晰的渐显效果。方法：在"图层 4"的第 137 帧按快捷键【F6】，插入关键帧，并将该帧的"模糊 X"设为 0（即第 137 帧没有模糊效果）。然后在第 133 帧选择舞台中的文字，在属性面板中将其 Alpha 值设为 0%。接着将其移动到舞台左侧，如图 3-187 所示。最后在"图层 4"的第 133~137 帧之间创建传统补间动画。

图 3-184　设置"发光"参数

图 3-185　发光效果

图 3-186　模糊效果

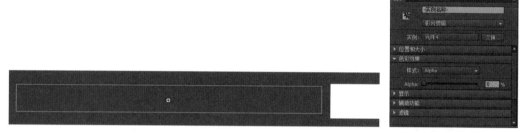

图 3-187　在第 133 帧设置文字 Alpha 值为 0% 并移动位置

⑤制作文字抖动效果。方法：按快捷键【Ctrl+F8】，在弹出的对话框中设置如图 3-188 所示，单击"确定"按钮，进入"元件 4-4"的影片剪辑编辑状态。然后从库中将"元件 4"拖入舞台并中心对齐，接着分别"元件 4-4 中"图层 1"的第 2~5 帧，按快捷键【F6】，插入关键帧。并将第 2 帧的文字坐标设为 X、Y (0.0，-2.0)；第 3 帧的文字坐标设为 X、Y (0.0，2.0)；第 3 帧的文字坐标设为 X、Y (-2.0，0.0)；第 4 帧的文字坐标设为 X、Y (2.0，0.0)，此时时间轴分布如图 3-189 所示。最后单击 场景 1 按钮，回到场景 1。然后在"图层 4"的第 138 帧按快捷键【F7】，插入空白的关键帧。接着从库中将"元件 4-4"拖入舞台并与前一帧的文字中心对齐。

图 3-188　创建"元件 4-4"元件

图 3-189　"元件 4-4"时间轴分布

⑥制作文字抖动后向左略微移动后再向右移出舞台并逐渐消失的效果。方法：右击"图层 4"的第 137 帧，从弹出的快捷菜单中选择"复制帧"命令，再在"图层 4"的第 168 帧右击，从弹出的快捷菜单中选择"粘贴帧"命令。然后在"图层 4"的第 171 帧按快捷键【F6】，

插入关键帧，并将该帧舞台中的文字向左移动，将文字坐标设为 X、Y（330.0，30.0）。接着在"图层 4"的第 175 帧按快捷键【F6】，插入关键帧，将文字向右移动出舞台，并将该帧的 Alpha 值设为 0%，如图 3-190 所示。最后在"图层 4"的第 168~175 帧之间创建传统补间动画，此时时间轴分布如图 3-191 所示。

图 3-190　在第 175 帧将文字向右移出舞台并将 Alpha 值设为 0%

图 3-191　时间轴分布

⑦ 至此，整个动画制作完毕。下面执行菜单中的"控制"|"测试"命令，打开播放器窗口，即可看到动画效果。

课后练习

1. 填空题

1）Animate CC 2015 中的基础动画可以分为 _____、_____ 和 _____ 3 种类型。

2）"插入帧"的快捷键是 _____；"删除帧"的快捷键是 _____；"插入关键帧"的快捷键是 _____；"插入空白关键帧"的快捷键是 _____；"清除关键帧"的快捷键是 _____。

2. 选择题

1）在"时间轴"面板中创建的传统补间动画会以（　　）显示。

A. 浅绿色背景　　　B. 浅紫色背景　　　　C. 浅黄色背景　　D. 浅红色背景

2）将舞台中的对象转换为元件的快捷键是（　　）。

A.【F6】　　　　　B.【F8】　　　　　C.【F5】　　　　D.【F4】

3）Animate CC 2015 中无法为（　　）添加滤镜效果。

A. 文本　　　　　B. 影片剪辑元件　　　C. 按钮元件　　D. 图形元件

3. 问答题

1）简述"时间轴"面板的组成。

2）简述创建补间形状动画和传统补间动画的方法。

3）简述为对象添加滤镜效果的方法。

4. 操作题

1）练习 1：制作如图 3-192 所示的火鸡头部动画效果。

图 3-192　火鸡头部的一些基本动作

2）练习 2：制作图 3-193 所示的字母变形动画效果。

图 3-193　字母变形效果

3）练习 3：制作如图 3-194 所示的水滴落水动画效果。

图 3-194　水滴落水动画

第 **4** 章

Animate CC 2015 的高级动画

前一章讲解了 Animate CC 2015 基础动画的创建方法，本章将在前一章的基础上讲解遮罩动画、引导层动画等高级动画的制作方法。通过学习本章，读者可掌握利用 Animate CC 2015 制作高级动画的方法。

本章内容包括：

- 遮罩动画
- 引导层动画
- 分散到图层
- 场景动画

4.1 遮罩动画

利用遮罩动画能够制作出许多独特的 Animate CC 动画效果，比如聚光灯效果、结尾黑场效果等。在日常浏览网页时，经常会看到一些 Animate CC 动画的网站，然而有些动画是不可能在一个平面视觉上展示的，只能通过不同变化的遮罩动画来体现。下面就来讲解遮罩动画的制作方法。

4.1.1 遮罩动画的概念

遮罩动画就是限制动画的显示区域。在实际动画制作中，遮罩的作用非常大，不少动画制作经常会用到此功能。

遮罩动画的创建至少需要两个图层，即遮罩层和被遮罩层。其中遮罩层位于上方，用于设置待显示区域的图层；而被遮罩层位于遮罩层的下方，用来插入待显示区域对象的图层，图 4-1 即为遮罩效果的示意图。一般情况下，一个遮罩动画中可以同时存在多个被遮罩图层。

4.1.2 创建遮罩动画

在了解了遮罩动画的基本概念后，下面通过一个实例来讲解创建遮罩动画的方法。具体操作步骤如下：

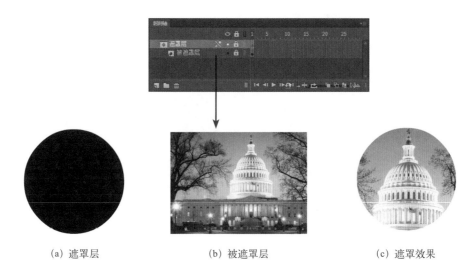

(a) 遮罩层　　　　　　　　(b) 被遮罩层　　　　　　　　(c) 遮罩效果

图 4-1　遮罩效果的示意图

①启动 Animate CC 2015 软件，新建一个 ActionScript 3.0 文件。

②执行菜单中的"修改 | 文档"命令，在弹出的"文档属性"对话框中设置"舞台颜色"为黑色（#000000），单击"确定"按钮。

③执行菜单中的"文件 | 导入 | 导入到舞台"命令，导入配套资源中的"素材及结果 \4.1.2 创建遮罩动画 \ 背景 .jpg"文件，并利用"对齐"面板将其居中对齐，如图 4-2 所示。

图 4-2　将图片居中对齐

④选择"图层 1"的第 60 帧，按快捷键【F5】，插入普通帧，此时时间轴分布如图 4-3 所示。

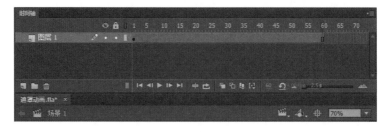

图 4-3　时间轴分布

⑤单击时间轴下方的新建图层按钮，新建"图层 2"。然后利用工具箱中的椭圆工具按钮，配合【Shift】键，绘制一个笔触颜色为 （无色）、填充色为绿色的正圆形，并调整位置，如图 4-4 所示。

➕ 提 示

为了便于查看圆形所在的位置，可以单击"图层 2"后面的颜色框，将圆形以线框的方式进行显示，如图 4-5 所示。

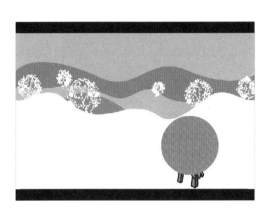

图 4-4　绘制圆形

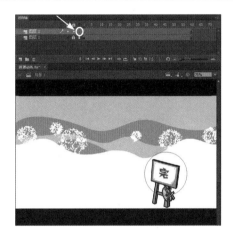

图 4-5　线框显示

⑥执行菜单中的"修改 | 转换为元件"命令，将其转换为元件，效果如图 4-6 所示。

⑦选择"图层 2"的第 35 帧，按快捷键【F6】，插入关键帧。

⑧利用工具箱中的任意变形工具按钮，将第 1 帧的圆形元件放大，如图 4-7 所示。

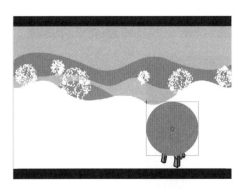

图 4-6　将圆形转换为元件

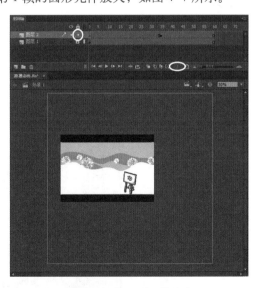

图 4-7　将圆形元件放大

⑨在"图层 2"的第 1 帧和第 10 帧之间右击，从弹出的快捷菜单中选择"创建传统补间"命令，此时时间轴分布如图 4-8 所示。然后按【Enter】键，播放动画，即可看到圆形从大变小的动画效果。

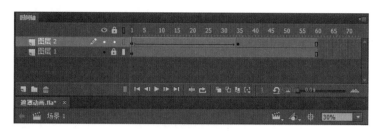

图 4-8　时间轴分布

⑩右击"图层 2",从弹出的快捷菜单中选择"遮罩层"命令,此时时间轴分布如图 4-9 所示。

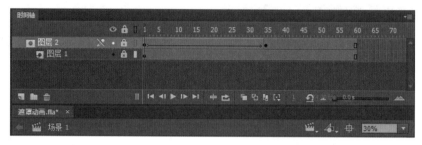

图 4-9　时间轴分布

⑪按【Enter】键播放动画,即可看到图片可视区域逐渐变小的效果。

⑫至此,动画制作完成。执行菜单中的"控制 | 测试"命令,即可观看到遮罩动画效果,如图 4-10 所示。

图 4-10　结尾黑场动画效果

4.2 引导层动画

利用引导层动画能够制作出一个物体沿着指定路径运动的效果，比如飞机沿路径飞行的效果。下面就讲解引导层动画的制作方法。

4.2.1 引导层动画的概念

前面讲解了多种类型的动画效果，大家一定注意到这些动画的运动轨迹都是直线。可是在实际中，有很多运动轨迹是圆形的、弧形的，甚至是不规则曲线的，比如围绕太阳旋转的行星运动轨迹等。在 Animate CC 2015 中可以通过引导层动画来实现这些运动轨迹的动画效果。

要制作引导层动画至少需要两个图层，即引导层和被引导层。其中引导层位于上方，在这个图层中有一条辅助线作为运动路径，引导层中的对象在动画播放时是看不到的；而被引导层位于引导层的下方，用来放置沿路径运动的动画。图 4-11 所示为引导层和被引导层的示意图。

图 4-11　引导层和被引导层的示意图

4.2.2 创建引导层动画

在了解了引导层动画的基本概念后，通过一个实例讲解创建引导层动画的方法。具体操作步骤如下：

①启动 Animate CC 2015 软件，新建一个 ActionScript 3.0 文件。

②选择工具箱中的椭圆工具按钮，在笔触颜色选项中选择 ⬜（无色），填充颜色选项中选择 ⬛（黑－绿径向渐变）按钮，然后在舞台中绘制正圆形。

③执行菜单中的"修改|转换为元件"命令，在弹出的"转换为元件"对话框中进行设置，如图 4-12 所示，然后单击"确定"按钮。

④在时间轴的第 30 帧按快捷键【F6】，插入一个关键帧。然后右击第 1 帧，在弹出的快捷菜单中选择"创建传统补间"命令，时间轴分布如图 4-13 所示。

图 4-12　"转换为元件"对话框

图 4-13　创建补间动画的时间轴分布

⑤在时间轴中右击"图层 1"，从弹出的快捷菜单中选择"添加传统运动引导层"命令，为"图层 1"添加引导层，如图 4-14 所示。

图 4-14　添加引导层

⑥选择工具箱中的椭圆工具按钮，笔触颜色设为■■（黑色），填充颜色设为▨（无色），然后在工作区中绘制椭圆，效果如图 4-15 所示。

⑦选择工具箱中的选择工具按钮，框选椭圆的下半部分，按【Delete】键删除，效果如图 4-16 所示。

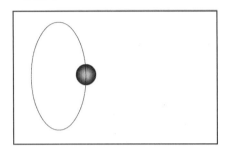

图 4-15　绘制椭圆

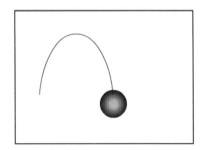

图 4-16　删除椭圆的下半部分

＋ 提 示

每两个椭圆间只能有一个点相连接，如果相接的不是一个点而是线，小球则会沿直线运动，而不是沿圆形路径运动。

⑧同理，绘制其余的 3 个椭圆并删除下半部分。

⑨利用工具箱中的选择工具按钮，将 4 个圆相接。然后回到"图层 1"，在第 1 帧放置小球，如图 4-17 所示；在第 30 帧放置小球，如图 4-18 所示。

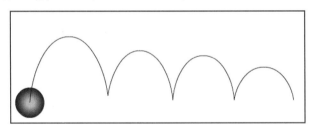

图 4-17　在第 1 帧放置小球的位置

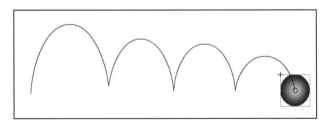

图 4-18　在第 30 帧放置小球的位置

⑩执行菜单中"控制|测试"命令，即可看到小球依次沿 4 个椭圆运动的效果。

4.3 分散到图层

利用分散到图层可以将同一图层上的多个对象分散到多个图层当中。下面通过一个实例讲解分散到图层的方法。具体操作步骤如下：

① 启动 Animate CC 2015 软件，新建一个 ActionScript 3.0 文件。

② 选择工具箱中的文本工具按钮，在舞台中输入文字"Flash"，如图 4-19 所示。

③ 利用工具箱中的选择工具按钮选中文字，然后执行菜单中的"修改|分离"命令，将整个单词分离为单个字母，如图 4-20 所示。

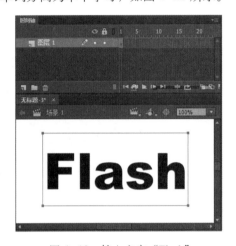

图 4-19 输入文字"Flash"

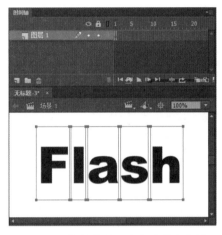

图 4-20 将整个单词分离为单个字母

④ 执行菜单中的"修改|时间轴|分散到图层"命令，即可将分离后的单个字母分散到不同图层中，如图 4-21 所示。

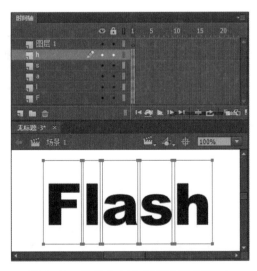

图 4-21 将单个字母分散到不同图层中

第 4 章 Animate CC 2015 的高级动画

4.4　场景动画

要制作多场景动画，首先要创建场景，然后在场景中制作动画。Animate CC 在播放影片时，会按照场景排列次序依次播放各场景中的动画。所以，在播放影片前，一定要调整好场景的排列次序并删除无用的场景。

4.4.1　创建场景

执行菜单中的"窗口|其他面板|场景"命令，调出"场景"面板，如图 4-22 所示。然后单击"场景"面板左下角的 按钮，即可添加一个场景，如图 4-23 所示。如果需要复制场景，可以选中要复制的场景（此时选择的是"场景 2"），单击"场景"面板左下角的 按钮，即可复制出一个场景，如图 4-24 所示。

图 4-22　"场景"面板　　　　图 4-23　添加场景　　　　图 4-24　复制场景

4.4.2　选择当前场景

在制作多场景动画时，经常需要修改某场景中的动画，此时应该将该场景设置为当前场景。具体操作步骤为：单击舞台上方的 按钮，从弹出的下拉列表中选择要编辑的场景，如图 4-25 所示，即可进入该场景的编辑状态。

图 4-25　选择要编辑的场景

4.4.3　调整场景动画播放顺序

在制作多场景动画时，经常需要调整各场景动画播放的先后顺序。下面执行菜单中的"窗口|其他面板|场景"命令，调出"场景"面板，然后创建 4 个场景，如图 4-26（a）所示。接着选择要改变顺序的"场景 4"，将其拖动到"场景 2"的上方，此时会出现一个场景图标，并在"场景 2"上方出现一个带圆环头的绿线，其所在位置为"场景 4"移动后的位置，如

图 4-26（b）所示。最后释放鼠标，即可将"场景 4"移动到"场景 2"的上方，如图 4-26（c）所示。此时播放动画，"场景 4"中的动画会先于"场景 2"中的动画播放。

| （a）调出"场景"面板 | （b）移动"场景 4" | （c）移动"场景 4"后的效果 |

图 4-26　调整场景动画播放顺序

4.4.4　删除场景

在制作 Animate CC 动画的过程中，经常需要删除多余的场景。此时可以在"场景"面板中选择要删除的场景（此时选择的是"场景 2"），如图 4-27（a）所示，然后单击"场景"面板左下方的 （删除场景）按钮，在弹出的如图 4-27（b）所示的提示对话框中单击"确定"按钮，即可将选择的场景删除，如图 4-27（c）所示。

| （a）选择要删除的场景 | （b）提示对话框 | （c）删除"场景 2"后的效果 |

图 4-27　删除场景

4.5　3D 动画

3D 动画其实就是三维立体动画，相对于 2D 动画而言多了一条 Z 轴，使其能够进行立体透视，所以创建 3D 动画是在 2D 动画上来实现的。下面通过一个实例来讲解制作 3D 动画的方法。具体操作步骤如下：

①启动 Animate CC 2015 软件，新建一个 ActionScript 3.0 文件。

②选择工具箱中的文本工具按钮，在"属性"面板中设置文字属性，如图 4-28 所示。然后在舞台中输入文字"Animate CC 2015"，接着利用"对齐"面板将文字中心对齐，如图 4-29 所示。

③将文字转换为影片剪辑元件。方法：执行菜单中的"修改 | 转换为元件"命令，在弹出的"转换为元件"对话框中设置参数，如图 4-30 所示，单击"确定"按钮。

图 4-28　设置文字属性

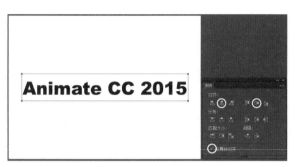

图 4-29　输入文字并中心对齐

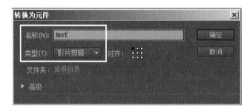

图 4-30　设置转换为元件参数

➕ 提 示

　　此时将文字转换为影片剪辑元件而不是图形元件，是因为 3D 旋转工具按钮只能对影片剪辑元件进行操作而不能对图形元件进行操作。

　　④在"图层 1"的第 30 帧按快捷键【F5】，插入普通帧，如图 4-31 所示。然后右击时间轴"图层 1"的第 1~30 帧之间的任意一帧，从弹出的快捷菜单中选择"创建补间动画"命令，此时时间轴分布如图 4-32 所示。

图 4-31　在"图层 1"的第 30 帧插入普通帧

图 4-32　时间轴分布

⑤将时间定位在第 20 帧，然后利用工具箱中的 3D 旋转工具按钮，将文字沿绿色的 Y 轴旋转一定角度，此时在时间轴"图层 1"的第 20 帧会自动出现一个关键帧，效果如图 4-33 所示。

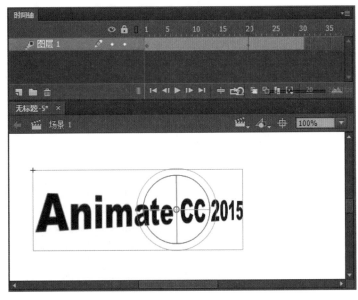

图 4-33　将文字沿绿色的 Y 轴旋转一定角度

⑥将时间定位在第 30 帧，然后利用工具箱中的 3D 旋转工具按钮，再将文字沿红色的 X 轴旋转一定角度，效果如图 4-34 所示。

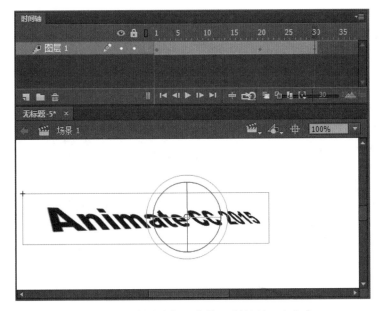

图 4-34　再将文字沿红色的 X 轴旋转一定角度

⑦执行菜单中"控制 | 测试"命令，可以发现文字沿 Y 轴旋转的同时也沿 X 轴旋转。而我们需要的是文字先沿 Y 轴旋转，然后在第 20 帧后再沿 X 轴旋转。下面利用动画编辑器来解决这个问题。

⑧右击时间轴"图层 1"的第 1~30 帧之间的任意一帧，从弹出的快捷菜单中选择"调整补间"命令，如图 4-35 所示，调出动画编辑器，如图 4-36 所示。

图 4-35 选择"调整补间"命令

图 4-36 调出动画编辑器

⑨选择动画编辑器右下方的 ✍（在图形上添加锚点）工具，然后在 X 轴曲线的第 20 帧单击，从而添加一个锚点，如图 4-37 所示。

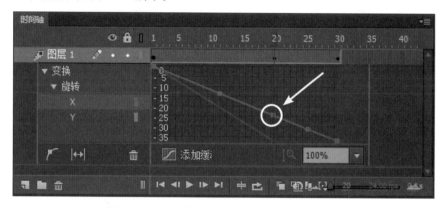
图 4-37 在 X 轴曲线的第 20 帧添加一个锚点

⑩此时添加的锚点为带有曲率的贝塞尔锚点，而我们需要添加的是不带曲率的角点。下面按住键盘上的【Alt】键，单击 X 轴曲线第 20 帧的贝塞尔锚点，从而将贝塞尔锚点转换为角点，如图 4-38 所示。

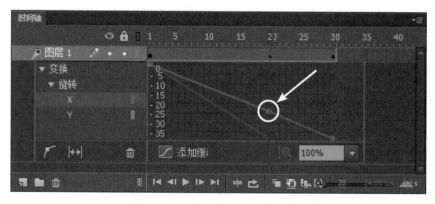
图 4-38 将贝塞尔锚点转换为角点

⑪将 X 轴第 20 帧的锚点移动到与第 1 帧水平坐标一致的位置（即水平坐标为 0），如图 4-39 所示。

⑫执行菜单中"控制|测试"命令，即可看到文字先沿 Y 轴旋转，然后在第 20 帧后再沿 X 轴旋转的动画效果。

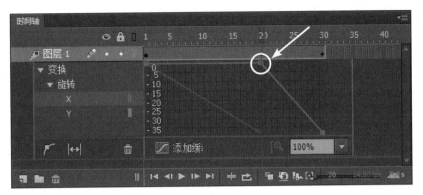

图 4-39　将 X 轴第 20 帧的锚点移动到与第 1 帧水平坐标一致的位置

4.6　实例讲解

　　本节将通过 7 个实例来对 Animate CC 2015 高级动画方面的相关知识进行具体应用，旨在帮助读者快速掌握 Animate CC 2015 高级动画方面的相关知识。

4.6.1　制作蓝天中翱翔的飞机效果

制作要点

　　本例制作在蓝天中翱翔的飞机效果，如图 4-40 所示。学习本例，读者应掌握动态背景的制作和引导层动画的应用。

图 4-40　蓝天中翱翔的飞机

操作步骤：

1. 创建动态背景

　　① 启动 Animate CC 2015 软件，新建一个 ActionScript 3.0 文件。

　　② 执行菜单中的"文件 | 导入 | 打开外部库"命令，打开配套资源中的"素材及结果 \4.6.1 制作蓝天中翱翔的飞机效果 \ 飞机翱翔 .fla"文件。然后从打开的外部"库"面板中将"蓝天白云 .jpg"拖入舞台，如图 4-41 所示。

　　③ 执行菜单中的"修改 | 文档"命令，在弹出的"文档设置"对话框中单击"匹配内容"

按钮（见图 4-42），从而使文档与"蓝天白云 .jpg"等大，然后单击"确定"按钮。

图 4-41　从"库"面板中将"蓝天白云 .jpg"拖入舞台　　　　图 4-42　单击"匹配内容"按钮

　　④创建"云 1"图形元件。方法：选择舞台中的"蓝天白云 .jpg"，按快捷键【F8】，在弹出的"转换为元件"对话框中进行设置，如图 4-43 所示，单击"确定"按钮。

图 4-43　转换为"云 1"图形元件

　　⑤创建"云 2"图形元件。方法：从"库"面板中将"云 1"图形元件拖入舞台，并将其"X"坐标设为 15，"Y"坐标设为 0。然后选择上方的"云 1"图形元件，在"属性"面板中将 Alpha 设为 20%，从而产生动感模糊的效果，如图 4-44 所示。接着按快捷键【Ctrl+A】，全选舞台中的两个元件，然后按快捷键【F8】，将其转换为"云 2"图形元件。

图 4-44　设置坐标和 Alpha 值

⑥创建"云3"图形元件。方法：从"库"面板中将"云2"图形元件拖入舞台，然后执行菜单中的"修改|变形|水平翻转"命令，将其水平翻转。接着将其放置到左侧，与原来的"云2"图形元件左对齐，如图4-45所示。最后按快捷键【Ctrl+A】全选，再按快捷键【F8】，将其转换为"云3"图形元件。

图4-45　拖入"云2"元件并调整位置

⑦创建动态背景。方法：在"图层1"的第50帧按快捷键【F6】，插入关键帧。然后将舞台中的"云3"图形元件向左移动，右击"图层1"第1帧到第50帧之间的任意一帧，从弹出的快捷菜单中选择"创建传统补间"命令。最后按【Enter】键，播放动画，即可看到背景从右向左移动的效果。

2.创建翱翔的飞机

①单击时间轴下方的新建图层按钮，新建"飞机"层，然后从打开的外部"库"面板中将"蓝天的飞机"元件拖入舞台。

②执行菜单中的"修改|变形|水平翻转"命令，将其水平翻转。然后利用工具箱中的任意变形工具按钮将其适当缩小，并将其放置到舞台的左上角，如图4-46所示。

图4-46　拖入"蓝天的飞机"元件并调整位置和大小

③选择"飞机"层并右击，从弹出的快捷菜单中选择"添加传统运动引导层"命令，为"飞机"层添加一个引导层，然后选择工具箱中的铅笔工具按钮，在该层上绘制一条比较圆滑的螺旋线，作为飞机飞行的路线，如图4-47所示。

图4-47　绘制飞机飞行的路线

④回到"飞机"层，在第1帧将"蓝天的飞机"元件拖到螺旋线的起点位置，如图4-48所示，然后在第50帧按快捷键【F6】，插入关键帧。将"蓝天的飞机"元件拖到螺旋线的结束点位置，如图4-49所示。在"飞机"层创建补间动画，此时时间轴分布如图4-50所示。

图 4-48　在第1帧将"蓝天的飞机"元件拖到螺旋线的起点位置

图 4-49　在第50帧将"蓝天的飞机"元件拖到螺旋线的结束点位置

图 4-50　时间轴分布

⑤按【Enter】键，播放动画，会发现飞机沿螺旋线运动时，方向是一致的，如图4-51所示，这是不正确的。下面选中"飞机"层第1到50帧之间的任意一帧，在"属性"面板选中"调整到路径"复选框，如图4-52所示。此时飞机即可沿路径的方向飞行了，如图4-53所示。

图 4-51　飞机沿螺旋线运动方向不变的效果

图 4-52　选中"调整到路径"复选框

图 4-53　飞机沿路径的方向飞行的效果

⑥至此，整个动画制作完毕。执行菜单中的"控制|测试"命令，打开播放器窗口，即可看到在蓝天中翱翔的飞机效果。

4.6.2　制作寄信动画效果

制作要点

本例将制作寄信动画效果，如图 4-54 所示。通过学习本例，应掌握将元件分散到不同图层、动作补间动画和遮罩动画的综合应用。

图 4-54　寄信动画效果

操作步骤：

①执行菜单中的"文件|打开"命令，打开"配套资源\素材及结果\4.6.2 寄信动画效果\寄信 – 素材 .fla"文件。

②从"库"面板中将"信封"和"信箱"两个元件拖入舞台，如图 4-55 所示。然后同时选中这两个元件并右击，从弹出的快捷菜单中选择"分散到图层"命令，此时两个元件会被分配到两个新的图层中，且图层的名称和元件的名称相同，如图 4-56 所示。

③同时选择 3 个图层，在第 30 帧按快捷键【F5】，插入普通帧，从而使这 3 个层的总长度延长到第 30 帧。然后在"信封"层的第 30 帧按快捷键【F6】，插入关键帧，此时时间轴分布如图 4-57 所示。

④制作信封移动动画。方法：在第 1 帧将"信封"移动到图 4-58 所示，在第 30 帧帧将信封移动到图 4-59 所示的位置。然后右击"信封"层第 1~30 帧之间的任意一帧，在弹出的快捷菜单中选择"创建传统补间"命令，如图 4-60 所示，此时时间轴分布如图 4-61 所示。

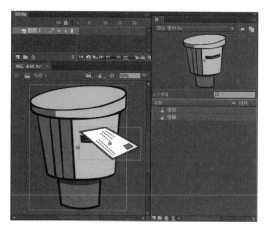

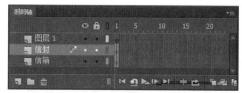

图 4-56　将元件分散到不同图层

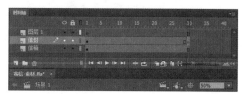

图 4-55　将元件拖入舞台

图 4-57　时间轴分布

图 4-58　第 1 帧"信封"元件的位置

图 4-59　第 30 帧"信封"元件的位置

图 4-60　选择"创建传统补间"命令

图 4-61　时间轴分布

⑤利用遮罩制作信封进入信箱后消失动画。方法：利用钢笔工具按钮绘制图形并调整形状，如图 4-62 所示。然后选择"图层 1"并右击，从弹出的快捷菜单中选择"遮罩层"命令，此时时间轴分布如图 4-63 所示。

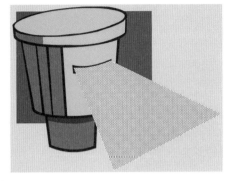

图 4-62　绘制作为遮罩的图形

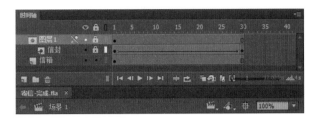

图 4-63　时间轴分布

提　示

使用遮罩层后只有遮罩图形以内的区域能被显示出来。

⑥执行菜单中"控制|测试"命令，即可看到信封进入邮箱后消失的动画。

4.6.3　制作光影文字效果

制作要点

制作动感十足的光影文字效果，如图 4-64 所示。通过本例的学习，读者应掌握包含15 个以上颜色渐变控制点图形的创建方法以及蒙版的使用。

图 4-64　光影文字

 操作步骤：

①启动 Animate CC 2015 软件，新建一个 ActionScript 3.0 文件。

②执行菜单中的"修改|文档"命令，在弹出的"文档属性"对话框中设置"舞台颜色"为深蓝色（#000066），设置其余参数如图 4-65 所示，然后单击"确定"按钮。

③选择工具箱上的矩形工具按钮，设置笔触颜色为▨，并设置填充为黑－白线性渐变，如图 4-66 所示，然后在工作区中绘制一个矩形，如图 4-67 所示。

图 4-65　设置文档属性

图 4-66　设置渐变参数

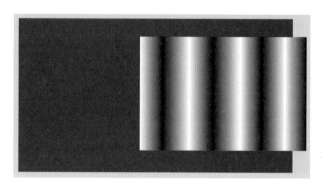

图 4-67　绘制矩形

　　④选择工具箱上的选择工具按钮选取绘制的矩形，然后同时按住键盘上的【Shift】键和【Alt】键，用鼠标向左拖动选取的矩形，这时将复制出一个新矩形，如图 4-68 所示。

　　⑤执行菜单中的"修改 | 变形 | 水平翻转"命令，将复制后的矩形水平翻转，然后使用选择工具按钮将翻转后的矩形与原来的矩形相接，结果如图 4-69 所示。

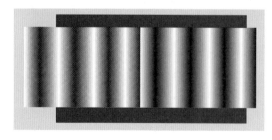

图 4-68　复制矩形

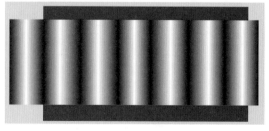

图 4-69　水平翻转矩形

　　⑥框选两个矩形，执行菜单中的"修改 | 转换为元件"命令，在弹出的对话框中设置参数，如图 4-70 所示，然后单击"确定"按钮。此时连在一起的两个矩形被转换为"矩形"元件。

⑦单击时间轴下方的新建图层按钮，在"图层1"的上方添加一个"图层2"，如图4-71所示。

图4-70 转换为"矩形"元件

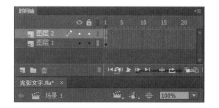

图4-71 添加"图层2"

⑧选择工具箱上的文本工具按钮，设置参数如图4-72所示，然后在工作区中单击，输入文字"数码"。

⑨按快捷键【Ctrl+K】，调出"对齐"面板，将文字中心对齐，结果如图4-73所示。

图4-72 设置文本属性

图4-73 将文字中心对齐

⑩单击时间轴下方的新建图层按钮，在"图层2"的上方添加"图层3"，如图4-74所示。

⑪返回到"图层2"，选中文字，然后执行菜单中的"修改|分离"命令两次，将文字分离为图形，如图4-75所示。接着执行菜单中的"编辑|复制"（快捷键【Ctrl+C】）命令。

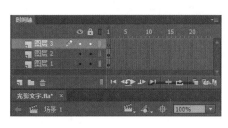

图4-74 添加"图层3"

图4-75 将文字分离为图形

⑫回到"图层3"，执行菜单中的"编辑|粘贴到当前位置"（快捷键【Ctrl+Shift+V】）命令，此时"图层3"将复制"图层2"中的文字图形。

⑬回到"图层2"，执行菜单中的"修改|形状|柔化填充边缘"命令，在弹出的"柔化

填充边缘"对话框中设置参数,如图 4-76 所示,然后单击"确定"按钮,结果如图 4-77 所示。

图 4-76　设置"柔化填充边缘"参数　　　　　图 4-77　"柔化填充边缘"效果

⑭ 按住【Ctrl】键,依次单击时间轴中"图层 2"和"图层 3"的第 30 帧,然后按键盘上的【F5】键,使两个图层的帧数增加至 30 帧。

⑮ 制作"矩形"元件的运动。方法:单击时间轴中"图层 1"的第 1 帧,利用选择工具按钮向左移动"矩形"元件,如图 4-78 所示。

图 4-78　在第 1 帧移动"矩形"元件

⑯ 右击"图层 1"的第 30 帧,从弹出的菜单中选择"插入关键帧"命令,在第 30 帧处插入一个关键帧。然后利用选择工具按钮向右移动"矩形"元件,如图 4-79 所示。

图 4-79　在第 30 帧移动"矩形"元件

⑰ 选择时间轴中的"图层 1",然后在右侧帧控制区中右击,从弹出的快捷菜单中选择"创建传统补间"命令。这时,矩形将产生从左到右的运动变形。

⑱ 单击时间轴中"图层 3"的名称,选中该图层的文字图形。然后选择工具箱的颜料桶工具按钮,设置填充色为与前面矩形相同的黑－白线性渐变色,接着在"图层 3"的文字图形上单击,这时文字图形将被填充为黑－白线性渐变色,如图 4-80 所示。

⑲ 选择工具箱上的渐变变形工具按钮，单击文字图形，这时文字图形的左右将出现两条竖线。然后将鼠标拖动到右方竖线上端的圆圈处，光标将变成 4 个旋转的小箭头，按住鼠标并将它向左方拖动，两条竖线将绕中心旋转，在将它们旋转到图 4-81 所示的位置时，释放鼠标。此时，文字图形的黑 - 白渐变色填充将被旋转一个角度。

图 4-80　对"图层 3"上的文字进行黑 - 白线性填充

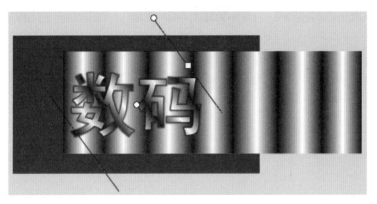

图 4-81　调整文字渐变方向

⑳ 制作蒙版。方法：右击"图层 2"的名称栏，然后从弹出的菜单中选择"遮罩层"命令，结果如图 4-82 所示。

㉑ 执行菜单中的"控制 | 测试"命令，打开播放器窗口，可以看到文字光影变幻的效果。此时时间轴如图 4-83 所示。

图 4-82　遮罩效果

图 4-83　时间轴分布

➕ 提 示

在"图层 3"复制"图层 2"中的文字图形，是为了使"图层 2"转换成蒙版层后，"图层 3"中的文字保持显示状态，从而产生文字边框光影变换的效果。

4.6.4 制作旋转的球体效果

制作要点

本例将制作三维旋转的球体效果。当球体旋转到正面时，球体上的图案的颜色加深；当旋转到后面时，球体上的图案颜色变浅，如图 4-84 所示。通过本例的学习，读者应掌握利用 Alpha 控制图像的不透明度的方法，以及蒙版的应用。

图 4-84　旋转的球体

操作步骤：

1. 新建文件

①启动 Animate CC 2015 软件，新建一个 ActionScript 3.0 文件。

②执行菜单中的"修改 | 文档"命令，在弹出的"文档属性"对话框中设置参数，如图 4-85 所示，然后单击"确定"按钮。

2. 创建"图案"元件

①执行菜单中的"插入 | 新建元件"命令，在弹出的"创建新元件"对话框中设置参数，如图 4-86 所示，然后单击"确定"按钮，进入"图案"图形元件的编辑模式。

图 4-85　设置文档属性

图 4-86　创建"图案"元件

②在"图案"元件中使用工具箱上的画笔工具按钮绘制图形，结果如图 4-87 所示。

图 4-87　绘制图形

3. 创建"球体"元件

①执行菜单中的"插入 | 新建元件"命令，在弹出的"创建新元件"对话框中设置参数，如图 4-88 所示，然后单击"确定"按钮，进入"球体"图形元件的编辑模式。

②选择工具箱上的椭圆工具按钮，设置笔触颜色为 ，在"颜色"面板中设置填充如图 4-89 所示。然后按住【Shift】键，在工作区中绘制一个正圆形，参数设置如图 4-90 所示，结果如图 4-91 所示。

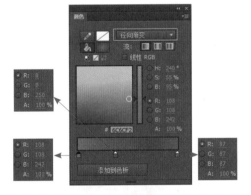

图 4-88　创建"球体"元件

图 4-89　设置填充色

图 4-90　设置圆形参数

图 4-91　圆形效果

③单击工具箱上的对齐按钮，在弹出的"对齐"面板中选中"与舞台对齐"选项，然后再单击垂直中齐和水平中齐按钮，如图 4-92 所示，将正圆形中心对齐。

④制作球体立体效果。选择工具箱上的渐变变形工具按钮，单击工作区中的圆形，调整渐变色方向如图 4-93 所示，从而形成向光面和背光面。

4. 创建"旋转的球体"元件

①执行菜单中的"插入 | 新建元件"命令，在弹出的"创建新元件"对话框中设置参数，

如图 4-94 所示，然后单击"确定"按钮，进入"旋转的球体"元件的编辑模式。

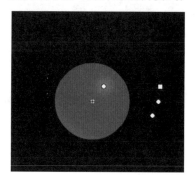

图 4-92　设置填充色　　　　　　　图 4-93　设置圆形参数

➕ 提 示

如果此时类型选"图形"，则在回到"场景 1"后，必须将时间轴总长度延长到第 35 帧，否则不能产生动画效果。

②将库中的"球体"元件拖入"旋转的球体"元件中，并将图层命名为"球体 1"，如图 4-95 所示。

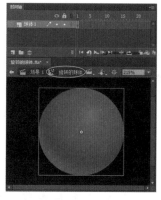

图 4-94　创建"旋转的球体"元件　　　图 4-95　将"球体"元件拖入"旋转的球体"元件

③新建"图案 1"图层，将"图案"元件拖入"旋转的球体"元件中，然后在"属性"面板中将"图案"实例的 Alpha 设为 50%，并调整位置如图 4-96 所示。

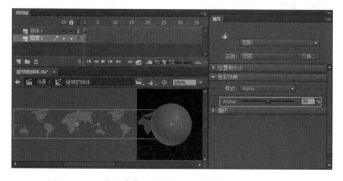

图 4-96　"图案"元件拖入"旋转的球体"元件

④右击"球体 1"层的第 35 帧，在弹出菜单中选择"插入关键帧"命令。然后右击"图案 1"层的第 35 帧，在弹出的快捷菜单中选择"插入关键帧"命令，接着将"图案 1"元件中心对齐。最后在"图案 1"层创建传统补间动画，使其从左往右运动，结果如图 4-97 所示。

⑤新建"球体 2"和"图案 2"图层，如图 4-98 所示。选择"球体 1"图层，右击并在弹出的快捷菜单中选择"复制帧"（快捷键【Ctrl+Alt+C】）命令，然后选择"球体 2"层，在弹出的快捷菜单中选择"粘贴帧"（快捷键【Ctrl+Alt+V】）命令，将"球体 1"层上的所有帧原地粘贴到"球体 2"上。

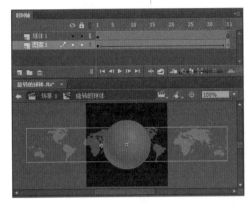

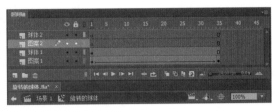

图 4-97　在第 35 帧将"图案 1"元件中心对齐　　　图 4-98　新建"球体 2"和"图案 2"图层

⑥同理，将"图案 1"图层上的所有帧原地粘贴到"图案 2"上，然后选择"图案 2"图层的所有帧，右击从弹出的快捷菜单中选择"翻转帧"命令，从而使"图案 2"上"图案"实例从左往右运动变为从右往左运动。此时整体效果如图 4-99 所示。

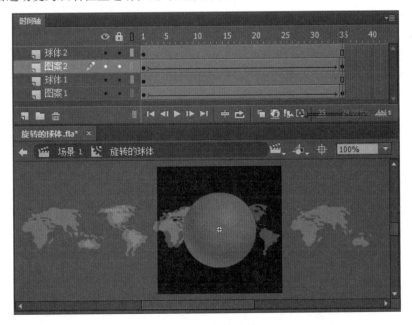

图 4-99　整体效果

⑦制作蒙版。方法：分别在时间轴中"球体 1"和"球体 2"的名称上右击，在弹出的快捷菜单中选择"遮罩层"命令，此时整体效果如图 4-100 所示。

第 4 章　Animate CC 2015 的高级动画

157

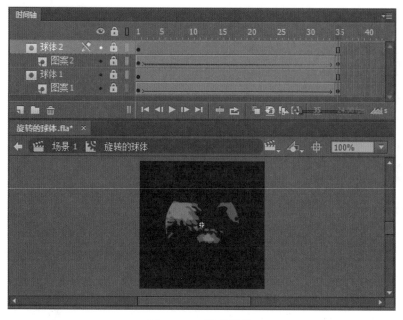

图 4-100　整体效果

⑧在"球体 1"层的上方新建"球体 3"层，然后从库中将"球体"元件拖入到"旋转的球体"元件中，并调整中心对齐。再将其 Alpha 值设为 70%。接着重新锁定"球体 1"层，结果如图 4-101 所示。至此，"旋转的球体"元件制作完毕。

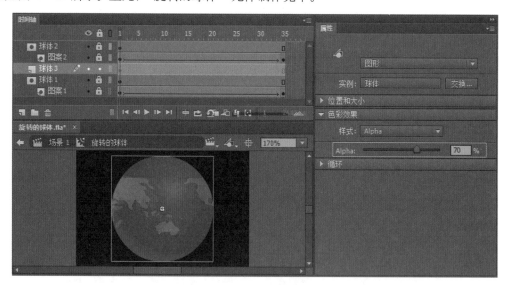

图 4-101　最终效果

5. 合成场景

①单击时间轴上方的 ▤ 场景 1 按钮，回到"场景 1"，从库中将"旋转的球体"元件拖入到场景中心。

②至此，整个动画制作完成。执行菜单中的"控制 | 测试"命令打开播放器，即可观看效果。

4.6.5 制作迪士尼城堡动画

 制作要点

本例将制作类似迪士尼影片开场时卡通城堡的动画效果，如图4-102所示。通过本例学习应掌握利用导引线制作滑过天空的星星、利用Alpha值制作城堡阴影随灯光移动而变化和利用遮罩制作星星的拖尾效果。

图4-102 城堡动画

操作步骤：

1. 制作闪烁的星星效果

①打开配套资源中"素材及结果\4.6.5制作迪尼斯城堡动画|城堡－素材.fla"文件。

②设置文档的相关属性。方法：执行菜单中的"修改|文档"命令，在弹出的"文档属性"对话框中设置"舞台颜色"为深蓝色（#000066），设置其余参数如图4-103所示，然后单击"确定"按钮。

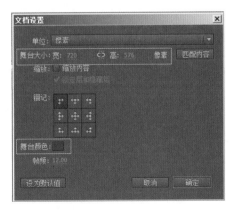

图4-103 设置文档的属性

③执行菜单中的"插入|新建元件"命令，在弹出的对话框中设置如图4-104所示，单击"确定"按钮，进入"闪烁"图形元件的编辑状态。然后从"库"面板中将"星星"元件拖入舞台，如图4-105所示。

④在"图层1"的第6帧按快捷键【F6】，插入关键帧。然后利用工具箱中的任意变形工具将舞台中的星星放大200%，接着选中舞台中的星星，在"属性"面板中将Alpha值设为

20%，如图 4-106 所示。

图 4-104　新建"闪烁"元件

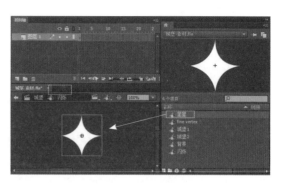

图 4-105　将"星星"元件拖入舞台

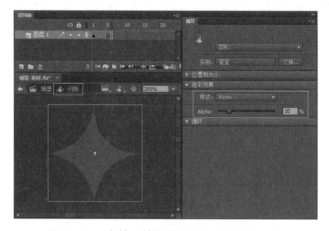

图 4-106　在第 6 帧调整元件大小和不透明度

⑤右击"图层 1"的第 1 帧，从弹出的快捷菜单中选择"复制帧"命令，然后单击时间轴下方的新建图层命令，新建"图层 2"。接着右击"图层 2"的第 1 帧，从弹出的快捷菜单中选择"粘贴帧"命令。最后在"图层 1"创建动作补间动画，此时时间轴分布及舞台效果，如图 4-107 所示。

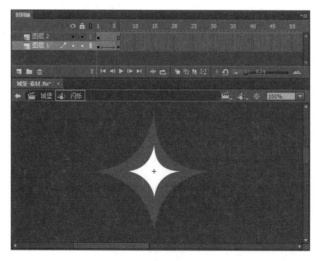

图 4-107　"闪烁"元件的时间轴分布及舞台效果

2. 制作城堡阴影变化的效果

①单击时间轴下方的 场景1 按钮，然后从"库"面板中将"背景""城堡 1"和"城堡 2"元件拖入舞台并调整位置，如图 4-108 所示。

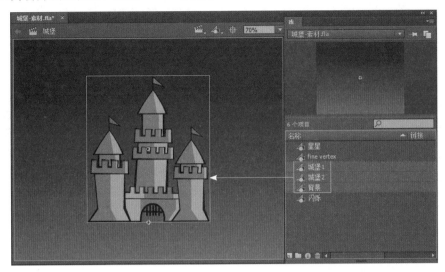

图 4-108　将"背景""城堡 1"和"城堡 2"元件拖入舞台并调整位置

②将不同元件分散到不同图层。方法：全选舞台中的对象并右击，从弹出的快捷菜单中选择"分散到图层"命令，此时时间轴如图 4-109 所示。

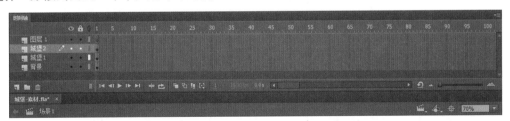

图 4-109　时间轴分布

③同时选择 4 个图层的第 100 帧，按快捷键【F5】，从而将这 4 个图层的总帧数增加到 100 帧，如图 4-110 所示。

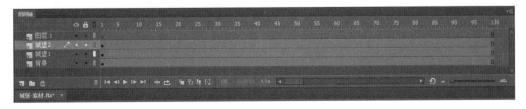

图 4-110　将 4 个图层的总帧数增加到 100 帧

④制作"城堡 2"元件的透明度变化动画。方法：将"城堡 2"层的第 1 帧移动到第 6 帧，然后在"城堡 2"的第 60 帧，按快捷键【F6】，插入关键帧。接着单击"城堡 2"层的第 1 帧，选择舞台中的"城堡 2"实例，在"属性"面板中将其 Alpha 值设为 20%。最后在"城堡 2"的第 6~60 帧之间创建传统补间动画。此时时间轴分布如图 4-111 所示，按键盘上的【Enter】键播放动画，即可看到城堡阴影从左逐渐到右的效果，如图 4-112 所示。

第 4 章　Animate CC 2015 的高级动画

161

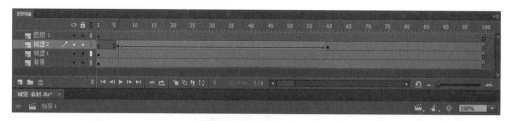

图 4-111　时间轴分布

图 4-112　将 4 个图层的总帧数增加到 100 帧

3. 制作滑过天空的星星效果

①为了便于操作,下面将"图层 1"以外的其余图层进行锁定。

②制作星星的运动路径。方法:将"图层 1"命名为"路径",然后利用工具箱中的椭圆工具按钮绘制一个笔触颜色为任意色(此时选择的是绿色),填充为 ▨ 的圆形,如图 4-113 所示。接着利用工具箱中的选择工具按钮框选圆形下半部分,然后按【Delete】键进行删除,结果如图 4-114 所示。

图 4-113　绘制圆形

图 4-114　删除圆形下半部分

③制作星星飞过天空时产生的轨迹效果。方法:右击"路径"层的第 1 帧,从弹出的快捷菜单中选择"复制帧"命令,然后单击时间轴下方的新建图层按钮,新建"轨迹"层,接着右击"轨迹"层的第 1 帧,从弹出的快捷菜单中选择"粘贴帧"命令。最后选择复制后的圆形线段,在"属性"面板中将笔触颜色改为白色,并设置笔触样式,如图 4-115 所示,结果如图 4-116 所示。

④制作星星沿路径运动的效果。方法:从"库"面板中将"闪烁"元件拖入舞台,然后右击,从弹出的快捷菜单中选择"分散到图层"命令,将其分散到"闪烁"层。接着在第 1 帧将"闪烁"

实例移到弧线左侧端点处，如图 4-117 所示。再在"闪烁"层第 60 帧按快捷键【F6】，插入关键帧，将"闪烁"元件移到弧线右侧端点处，如图 4-118 所示。

图 4-115　设置笔触样式

图 4-116　星星飞过天空时产生的轨迹效果

图 4-117　在第 1 帧将"闪烁"
元件移到左侧端点处

图 4-118　在第 60 帧将"闪烁"
元件移到右侧端点处

⑤右击时间轴左侧"路径"层名称，从弹出的快捷菜单中选择"属性"命令，如图 4-119 所示。然后在弹出的对话框中选择"引导层"选项，如图 4-120 所示。接着在时间轴左侧选择"闪烁"层，将其拖入"路径"图层，使其成为被引导层，此时时间轴分布如图 4-121 左图所示。

图 4-119　选择"属性"命令

图 4-120　选择"引导层"

第 4 章　Animate CC 2015 的高级动画

163

⑥为了使星星的运动与城堡阴影变化同步，下面将"闪烁"层的第 1 帧移动到第 6 帧，并在"闪烁"层的第 6~60 帧之间创建传统补间动画。此时时间轴分布如图 4-121 右图所示。

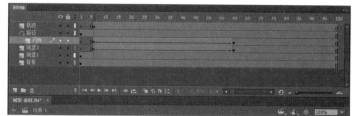

图 4-121　时间轴分布

⑦制作星星沿路径运动的同时顺时针旋转两次的效果。方法：右击"闪烁"层的第 6 帧，然后在"属性"面板中设置，如图 4-122 所示。

图 4-122　设置旋转属性

4. 制作星星滑过天空时的拖尾效果

①将"轨迹"以外的层进行锁定，然后将"闪烁"层进行轮廓显示，如图 4-123 所示。

图 4-123　将"闪烁"层进行轮廓显示

②在"轨迹"层上方新建"遮罩"层，然后在第 6 帧按快捷键【F7】，插入空白的关键帧，利用工具箱中的画笔工具按钮绘制图形作为遮罩后显示区域，如图 4-124 所示。接着在第 8 帧按快捷键【F6】，插入关键帧，绘制图形如图 4-125 所示。

图 4-124　在"遮罩"层第 6 帧绘制效果　　　　图 4-125　在"遮罩"层第 8 帧绘制效果

③同理，分别在"遮罩"层的第 10、12、14、16、18、20、22、24、26、28、30、32、34、36、38、40、42、44、46、48、50、52、54、56、58、60 帧按快捷【F6】，插入关键帧，并分别沿路径逐步绘制图形。图 4-126 为部分帧的效果。

第 14 帧　　　　　　　　　　第 40 帧　　　　　　　　　　第 60 帧

图 4-126　沿路径逐步绘制图形

④恢复"闪烁"层正常显示，然后右击"遮罩"层，从弹出的快捷菜单中选择"遮罩层"命令，此时时间轴分布如图 4-127 所示。

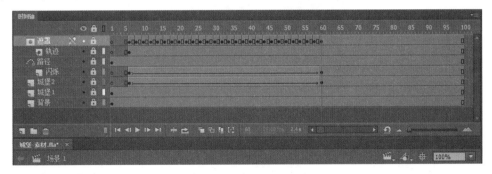

图 4-127　时间轴分布

⑤此时按键盘上的【Enter】键播放动画，可以看到星星从城堡前面滑过天空的效果，如图 4-128 所示。下面在时间轴中将"城堡 1"和"城堡 2"层拖动到最上方，从而制作出星星从城堡后面滑过天空的效果，如图 4-129 所示。

5. 制作文字逐渐显现效果

①新建"文字"层，然后从"库"面板中将"fine vertex"元件拖入舞台，然后将"文字"

165

第 4 章　Animate CC 2015 的高级动画

层的第 1 帧移动到第 47 帧。

图 4-128　星星从城堡前面滑过天空　　　　图 4-129　星星从城堡后面滑过天空

②制作文字淡入效果。方法：在"文字"层的第 65 帧按快捷键【F6】，插入关键帧。然后在"属性"面板中将第 47 帧文字的 Alpha 值设为 0%，如图 4-130（a）所示。接着在第 47~65 帧创建传统补间动画。最后按键盘上的【Enter】键预览动画，即可看到文字在第 47~65 帧之间的淡入效果，如图 4-130（b）所示。

③至此，整个动画制作完毕，此时时间轴分布如图 4-130（c）所示。下面执行菜单中的"控制 | 测试"命令，打开播放器窗口，即可看到类似迪士尼影片开场时卡通城堡的动画效果。

（a）将第 47 帧文字的 Alpha 值设为 0%

（b）文字在第 47~65 帧之间的淡入效果

图 4-130　制作文字淡入效果

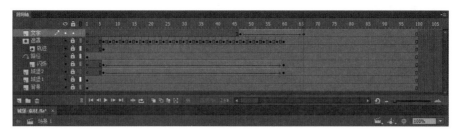

(c) 时间轴分布

图 4-130　制作文字淡入效果（续）

4.6.6　制作跳转画面效果

制作要点

　　本例将制作单击按钮后跳转到不同画面的效果，如图 4-131 所示。学习本例，读者应掌握"按钮"元件的创建方法，以及"在此帧处停止""单击以转到下一场景并播放"和"单击以转到场景并播放"命令的应用。

图 4-131　单击按钮后跳转到不同画面的效果

操作步骤：

1. 创建基本页面

　　①打开配套资源中的"素材及结果 \4.6.6 制作跳转画面效果 \ 跳转画面 - 素材 .fla"文件。
　　②从库中将"页面 1"元件拖入舞台，并利用对齐面板将其居中对齐，如图 4-132 所示。然后右击时间轴的第 1 帧，从弹出的快捷菜单中选择"动作"命令，进入"动作"面板。接着单击 <> （代码片段）按钮，如图 4-133 所示，调出"代码片段"面板，如图 4-134 所示。

图 4-132　将"页面 1"元件拖入舞台

图 4-133　进入"动作"面板

图 4-134 调出"代码片段"面板

③在"代码片段"面板中，选择"ActionScript | 时间轴导航 | 在此帧处停止"命令，如图 4-135 所示，然后双击，此时该命令相对应的代码会自动添加到"动作"面板中，如图 4-136 所示。同时在时间轴面板中会自动创建一个名称为"Actions"的图层，如图 4-137 所示。

图 4-135 选择"在此帧处停止"命令　　　　图 4-136 将"在此帧处停止"
　　　　　　　　　　　　　　　　命令相对应的代码添加到"动作"面板中

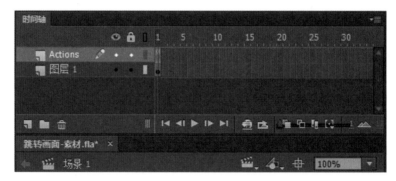

图 4-137 自动创建一个名称为"Actions"的图层

（＋提 示）

在第 1 帧添加"在此帧处停止"命令代码，是为了使画面静止，以便用按钮进行交互控制。

④执行菜单中的"窗口 | 其他面板 | 场景"命令，调出"场景"面板，然后单击面板下方的添加场景按钮，新建"场景 2"和"场景 3"，如图 4-138 所示。

图 4-138 新建"场景 2"和"场景 3"

⑤在"场景"面板中单击"场景 2",进入"场景 2"的编辑状态,从库中将"页面 2"拖入舞台并中心对齐。然后在时间轴的第 1 帧添加"在此帧处停止"命令(方法与在"场景 1"的时间轴第 1 帧添加"在此帧处停止"命令相同),此时画面效果如图 4-139 所示。

⑥同理,从库中将"页面 3"拖入"场景 3",并中心对齐。然后在时间轴的第 1 帧添加"在此帧处停止"命令,此时画面效果如图 4-140 所示。

图 4-139 "场景 2"画面效果

图 4-140 "场景 3"画面效果

2. 创建按钮

本例包括"next"和"back"两个按钮。

(1)创建"next"按钮

①执行菜单中的"插入 | 新建元件"命令,在弹出的对话框中进行设置,如图 4-141 所示,单击"确定"按钮。

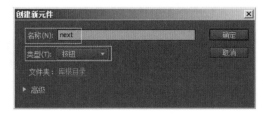

图 4-141 新建"next"按钮

②制作"next"按钮的底色效果。方法：从库中将"底色 1"元件拖入舞台，并中心对齐，如图 4-142 所示。然后在时间轴"点击"状态下按快捷键【F5】，插入普通帧，结果如图 4-143 所示。

图 4-142　将"底色 1"元件拖入舞台并中心对齐　　图 4-143　插入普通帧后的时间轴分布

③制作"next"按钮上的文字效果。方法：单击时间轴下方的新建图层按钮，新建"图层 2"，然后从库中将"next-text"元件拖入舞台并中心对齐，如图 4-144 所示。为了增加动感，下面分别在"图层 2"的"指针经过""按下"状态下按快捷键【F6】，插入关键帧，再将"指针经过"状态下"next-text"元件旋转一定角度，效果如图 4-145 所示。

图 4-144　将"next-text"元件拖入舞台并中心对齐　图 4-145　将"next-text"元件旋转一定角度

（2）创建"back"按钮

①执行菜单中的"插入|新建元件"命令，在弹出的对话框中进行设置，如图 4-146 所示，单击"确定"按钮。

图 4-146　新建"back"按钮

②制作"back"按钮的底色效果。方法：从库中将"底色2"元件拖入舞台，并中心对齐，然后在时间轴"点击"状态下按快捷键【F5】，插入普通帧。

③制作"back"按钮上的文字效果。方法：单击时间轴下方的新建图层按钮，新建"图层2"，然后从库中将"back-text"元件拖入舞台并中心对齐，如图4-147所示。为了增加动感，下面分别在"图层2"的"指针经过""按下"状态下按快捷键【F6】，插入关键帧，再将"指针经过"状态下"back-text"元件旋转一定角度，效果如图4-148所示。

图4-147 将"back-text"元件拖入
舞台并中心对齐

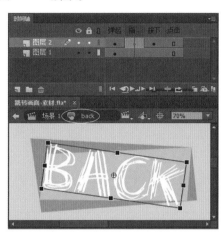

图4-148 将"back-text"
元件旋转一定角度

3. 创建交互效果

①单击时间轴上方的 ![按钮] 按钮，从弹出的快捷菜单中选择"场景1"，如图4-149所示。然后新建"next"层，从库中将"next"元件拖入舞台，放置位置如图4-150所示。

图4-149 选择"场景1"　　　图4-150 从库中将"next"元件拖入舞台

②选择舞台中的"next"实例，然后在"代码片段"面板中，选择"ActionScript | 时间轴导航 | 单击以转到下一场景并播放"命令，如图4-151所示，双击，此时该命令相对应的代码会自动添加到"动作"面板中，如图4-152所示。

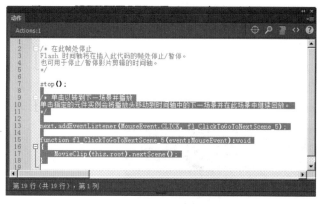

图 4-151　选择"单击以转到　　　　图 4-152　将"单击以转到下一场景并播放"
　　　下一场景并播放"命令　　　　　　命令相对应的代码添加到"动作"面板中

⊕ 提示1

　　添加该命令代码的作用是为了单击"next"按钮后跳转到下一个场景。

　　③同理，进入"场景 2"，然后新建"图层 2"，从库中将"next"元件拖入舞台，放置位置如图 4-153 所示。接着为"next"元件设置与上一步相同的动作。

　　④同理，进入"场景 3"，然后新建"back"层，从库中将"back"元件拖入舞台，放置位置如图 4-154 所示。接着选择舞台中的"back"实例，然后在"代码片段"面板中，选择"ActionScript | 时间轴导航 | 单击以转到场景并播放"命令，如图 4-155 所示，双击，此时该命令相对应的代码会自动添加到"动作"面板中，如图 4-156 所示。

图 4-153　将"next"元件拖入舞台　　　图 4-154　将"back"元件拖入舞台

　　⑤将"动作"面板中的"MovieClip(this.root).gotoAndPlay(1, "场景 3");"代码改为"MovieClip(this.root).gotoAndPlay(1, "场景 1");"，从而使单击该按钮后能够跳转到"场景 1"画面。

　　⑥至此，整个动画制作完毕。下面执行菜单中的"控制 | 测试"命令，打开播放器窗口，然后单击不同按钮，即可产生相应的跳转效果。

图 4-155　选择"单击以转到
场景并播放"命令

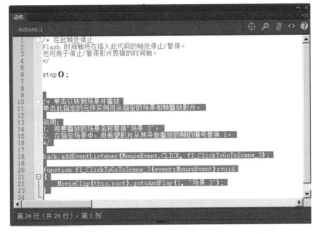

图 4-156　将"单击以转到场景并播放"命令相对
应的代码添加到"动作"面板中

4.6.7　制作落叶效果

制作要点

　　本例将制作秋天的落叶效果，如图 4-157 所示。学习本例，读者应掌握动作补间动画和 3D 旋转工具按钮的应用。

图 4-157　落叶效果

 操作步骤：

　　①打开配套资源中的"素材及结果 \4.6.7 制作落叶效果 \ 落叶效果 – 素材 .fla"文件。

　　②执行菜单中的"插入 | 新建元件"命令，在弹出的对话框中设置如图 4-158 所示，单击"确定"按钮，进入"叶子"影片剪辑元件的编辑状态。然后从"库"面板中将"图层 1"叶子素材拖入舞台，如图 4-159 所示。

　　③调整图片大小。方法：选择舞台中的"图层 1"叶子素材，然后在属性面板中将其"宽""高"均设为 50，并中心对齐，如图 4-160 所示。

　　④执行菜单中的"插入 | 新建元件"命令，在弹出的对话框中设置如图 4-161 所示，单击"确定"按钮，进入"落叶 1"影片剪辑元件的编辑状态。然后从"库"面板中将"叶子"影片剪辑元件拖入舞台，接着在时间轴"图层 1"的第 60 帧按快捷键【F5】，插入普通

帧，如图 4-162 所示。

图 4-158　新建"叶子"影片剪辑元件

图 4-159　从"库"面板中将"图层 1"
图片素材拖入舞台

图 4-160　将叶子素材的"宽"
"高"均设为 50，并中心对齐

图 4-161　新建"落叶 1"
影片剪辑元件

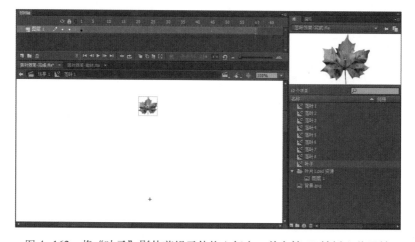

图 4-162　将"叶子"影片剪辑元件拖入舞台，并在第 60 帧插入普通帧

⑤右击时间轴"图层 1"的第 1~60 帧之间的任意一帧，从弹出的快捷菜单中选择"创建补间动画"命令，此时时间轴分布如图 4-163 所示。

图 4-163　在第 1~60 帧创建补间动画

⑥将时间轴定位在第 60 帧，然后将舞台中的"叶子"实例拖动到合适位置，接着利用工具箱中的选择工具按钮调整路径的形状，如图 4-164 所示。

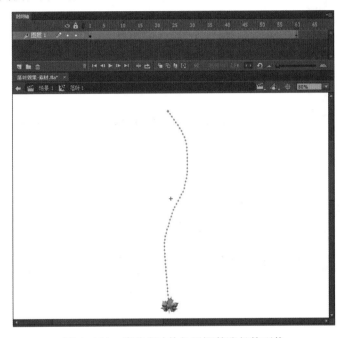

图 4-164　移动落叶的位置调整路径的形状

⑦在时间轴"图层 1"的第 1~60 帧之间的任意一帧，从弹出的快捷菜单中选择"3D 补间"命令，如图 4-165 所示。

图 4-165　移动落叶的位置调整路径的形状

（＋）提 示

要在动画补间基础上创建 3D 动画，必须保证补间动画不是传统补间动画。

⑧在第 60 帧，利用工具箱中的 3D 旋转工具按钮调整"叶子"实例的旋转角度，如图 4-166 所示。

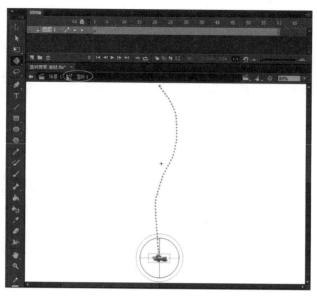

图 4-166　在第 60 帧调整"叶子"的旋转角度

⑨同理，新建"落叶 2"影片剪辑元件，然后调整路径的形状，并调整"叶子"实例的位置和旋转角度。图 4-167 分别为第 1 帧和第 60 帧时"落叶 2"影片剪辑的舞台效果。

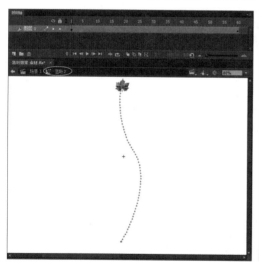
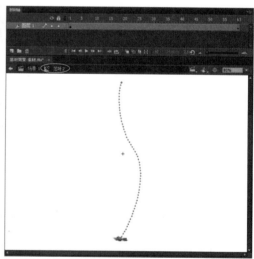

（a）第 1 帧　　　　　　　　　　　　　　　（b）第 60 帧

图 4-167　第 1 帧和第 60 帧时"落叶 2"影片剪辑的舞台效果

➕ 提 示

　　读者可根据自己的喜好来制作落叶的运动路径和角度效果。

⑩同理，新建"落叶 3"影片剪辑元件，然后调整路径的形状，并调整"叶子"实例的位置和旋转角度。图 4-168 分别为第 1 帧和第 60 帧时"落叶 3"影片剪辑的舞台效果。

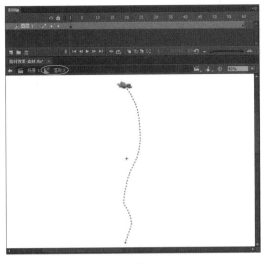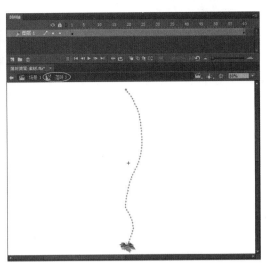

（a）第 1 帧   （b）第 60 帧

图 4-168　第 1 帧和第 60 帧时"落叶 3"影片剪辑的舞台效果

⑪ 同理，新建"落叶 4"影片剪辑元件，然后调整路径的形状，并调整"叶子"实例的位置和旋转角度。图 4-169 分别为第 1 帧和第 60 帧时"落叶 4"影片剪辑的舞台效果。

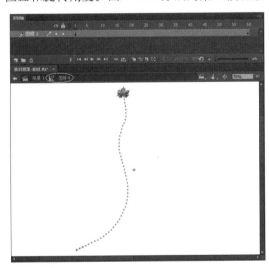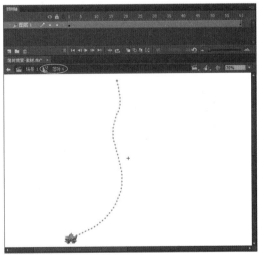

（a）第 1 帧   （b）第 60 帧

图 4-169　第 1 帧和第 60 帧时"落叶 4"影片剪辑的舞台效果

⑫ 同理，新建"落叶 5"影片剪辑元件，然后调整路径的形状，并调整"叶子"实例的位置和旋转角度。图 4-170 分别为第 1 帧和第 60 帧时"落叶 5"影片剪辑的舞台效果。

⑬ 同理，新建"落叶 6"影片剪辑元件，然后调整路径的形状，并调整"叶子"实例的位置和旋转角度。图 4-171 分别为第 1 帧和第 60 帧时"落叶 6"影片剪辑的舞台效果。

⑭ 同理，新建"落叶 7"影片剪辑元件，然后调整路径的形状，并调整"叶子"实例的位置和旋转角度。图 4-172 分别为第 1 帧和第 60 帧时"落叶 7"影片剪辑的舞台效果。

⑮ 同理，新建"落叶 8"影片剪辑元件，然后调整路径的形状，并调整"叶子"实例的位置和旋转角度。图 4-173 分别为第 1 帧和第 60 帧时"落叶 8"影片剪辑的舞台效果。

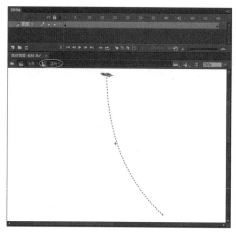
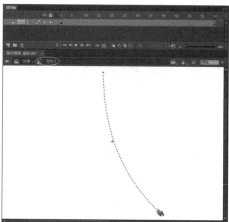

(a) 第 1 帧   (b) 第 60 帧

图 4-170   第 1 帧和第 60 帧时"落叶 5"影片剪辑的舞台效果

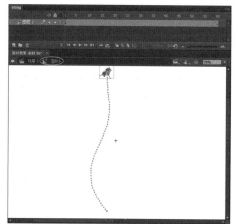
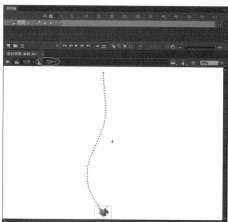

(a) 第 1 帧   (b) 第 60 帧

图 4-171   第 1 帧和第 60 帧时"落叶 6"影片剪辑的舞台效果

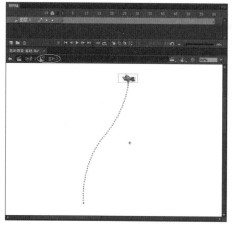
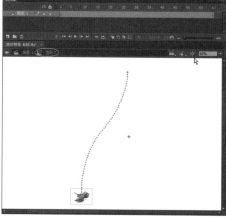

(a) 第 1 帧   (b) 第 60 帧

图 4-172   第 1 帧和第 60 帧时"落叶 7"影片剪辑的舞台效果

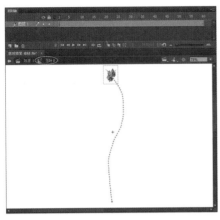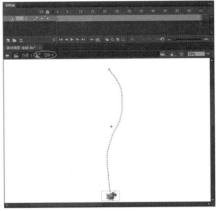

(a) 第 1 帧 　　　　　　　　　　　　　(b) 第 60 帧

图 4-173　第 1 帧和第 60 帧时"落叶 8"影片剪辑的舞台效果

⑯ 单击 场景 1 按钮,回到场景 1,然后在时间轴左下方单击新建图层按钮,新建"落叶 1"图层,接着从"库"面板中将"落叶 1"影片剪辑元件拖入舞台,放置位置如图 4-174 所示。最后同时选择"背景"和"落叶 1"图层的第 60 帧,按快捷键【F5】,从而将"背景"和"落叶 1"图层的总帧数延长到第 60 帧,此时时间轴分布如图 4-175 所示。

图 4-174　将"落叶 1"影片剪辑元件拖入舞台

图 4-175　时间轴分布

⑰ 在时间轴左下方单击新建图层按钮，新建"落叶 2"图层，然后在第 3 帧按快捷键【F7】，插入空白关键帧。接着从库中将"落叶 2"影片剪辑元件拖入舞台，放置位置如图 4-176 所示。

图 4-176 将"落叶 2"影片剪辑元件拖入舞台

⑱ 同理，分别新建"落叶 3"~"落叶 8"图层，然后分别在第 5 帧、第 7 帧、第 9 帧、第 11 帧、第 13 帧和第 15 帧按快捷键【F7】，插入空白关键帧。接着分别从"库"面板中将"落叶 3"~"落叶 8"影片剪辑元件拖入对应图层中，并调整位置和大小，此时时间轴分布如图 4-177 所示。

图 4-177 时间轴分布

> **⊕ 提示**
>
> 在"场景 1"中调整"落叶 3"~"落叶 8"影片剪辑元件大小应本着近大远小的原则。

⑲ 至此,整个动画制作完毕。下面执行菜单中的"控制 | 测试"(快捷键【Ctrl+Enter】)命令,打开播放器窗口,即可观看秋叶飘落的效果。

课 后 练 习

1. 填空题

1)遮罩动画的创建需要两个图层,即 _____ 和 _____;引导层动画的创建也需要两个图层,即 _____ 和 _____。

2)利用 _____ 命令可以将同一图层上的多个对象分散到多个图层当中。

2. 选择题

1)下列( )属于 Animate CC 2015 中的高级动画?

A. 遮罩动画   B. 场景动画   C. 逐帧动画   D. 引导层动画

2)下列( )属于遮罩动画?

A. 聚光灯效果   B. 结尾黑场效果

C. 猎狗奔跑效果   D. 飞机沿路径飞行效果

3. 问答题

1)简述创建遮罩动画的方法。

2)简述调整场景动画播放顺序的方法。

4. 操作题

1)练习 1:制作如图 4-178 所示的结尾动画效果。

图 4-178 结尾黑场的动画效果

2)练习 2:制作如图 4-179 所示的随风飘落的花瓣效果。

图 4-179 飘落的花瓣效果

第 **5** 章

图像、声音与视频

Animate CC 作为著名的多媒体动画制作软件，支持多种格式的图像、声音和视频的导入，并可以对它们进行一系列操作和处理。学习本章，读者应掌握 Animate CC 2015 图像、声音与视频方面的相关知识。

本章内容包括：

■ 导入图像

■ 应用声音效果

■ 压缩声音

■ 导入视频

5.1 导入图像

在 Animate CC 2015 中可以很方便地导入其他程序制作的位图图像和矢量图形文件。

5.1.1 导入位图图像

在 Animate CC 2015 中导入位图图像会增加 Animate CC 文件的大小，但可以通过设置图像属性对图像进行压缩处理。

导入位图图像的具体操作步骤如下：

①执行菜单中的"文件 | 导入 | 导入到舞台"命令。

②在弹出的"导入"对话框中选择配套资源中的"素材及结果 \ 玫瑰 .bmp"位图图像文件，如图 5-1 所示，然后单击 打开⑩ 按钮。

③在舞台和库中即可看到导入的位图图像，如图 5-2 所示。

④为减小图像的大小，选中库中的"玫瑰 .bmp"文件，右击，从弹出的快捷菜单中选择"属性"命令。然后在弹出的对话框中单击"自定义"单选按钮，如图 5-3 所示，并在"品质"文本框中设定 0~100 的数值来控制图像的质量。输入的数值越高,图像压缩后的质量越高,图像也就越大。设置完毕后，单击"确定"按钮，即可完成图像压缩。

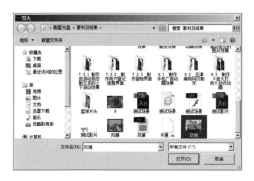

图 5-1　选择要导入的位图图像

图 5-2　导入的位图图像

图 5-3　单击"自定义"

> **➕ 提 示**

在导入图像时，如果输入的文件的名称是以数字结尾，而且该文件夹中还有同一序列的其他文件，单击"打开"按钮，就会出现提示是否导入序列中的所有图像的对话框，单击"是"按钮，将输入全部序列，此时时间轴的每一帧会放置一张序列图片；单击"否"按钮，则只输入选定文件。

5.1.2　导入矢量图形

Animate CC 2015 还可导入其他软件中创建的矢量图形，并可对其进行编辑使之成为可以生成动画的元素。导入矢量图形的具体操作步骤如下：

①执行菜单中的"文件|导入|导入到舞台"命令。

②在弹出的"导入"对话框中选择配套资源中的"素材及结果\卡通 .ai"矢量图形文件，如图 5-4 所示，然后单击 打开(0) 按钮。

③在弹出的"将'卡通 .ai'导入到舞台"对话框中使用默认参数，如图 5-5 所示，单击"确定"按钮。

④在舞台和库中即可看到导入的矢量图形，如图 5-6 所示。

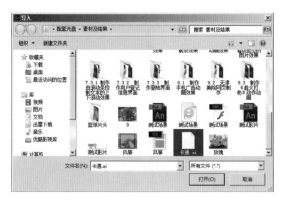

图 5-4　选择要导入的矢量图形

图 5-5　使用默认参数

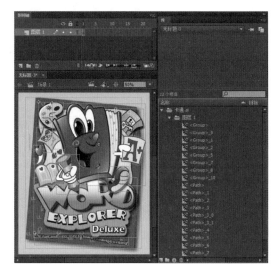

图 5-6　导入的矢量图形

5.2　应用声音效果

为动画片添加声音效果，可以使动画具有更强的感染力。Animate CC 提供了许多使用声音的方式，既可以使动画与声音同步播放，也可以设置淡入淡出效果使声音更加柔美。

打开配套资源"素材及结果\篮球片头\篮球介绍-完成.fla"文件，然后按【Ctrl+Enter】键，测试动画，此时伴随节奏感很强的背景音乐，动画开始播放，最后伴随着动画的结束音乐淡出，最后出现一个"3 WORDS"按钮，当按下按钮时会听到提示声音。

声音效果的产生是因为加入了背景音乐并为按钮加入了音效。下面就来讲解添加声音的方法。

5.2.1　导入声音

下面通过一个小实例来讲解导入声音的方法，具体操作步骤如下：

①执行菜单中的"文件|打开"命令，打开配套资源"素材及结果\篮球片头\篮球介绍－素材 .fla"文件。

②执行菜单中的"文件|导入|导入到库"命令，在弹出的对话框中选择配套资源中的"素材及结果\篮球片头\背景音乐 .wav"和"sound.mp3"声音文件，如图 5-7 所示，单击 打开(O) 按钮，将其导入到库。

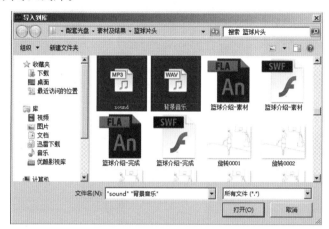

图 5-7　导入声音文件

③选择"图层 8"，单击新建图层按钮，在"图层 8"上方新建一个图层，并将其重命名为"音乐"，然后从库中将"背景音乐 .wav"拖入该层，此时"音乐"层上出现了"背景音乐 .wav"详细的波形，如图 5-8 所示。

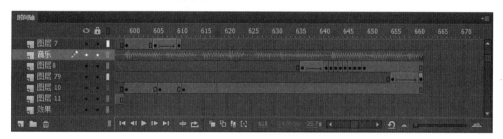

图 5-8　将"背景音乐 .wav"拖入"音乐"层

④ 按【Enter】键，即可听到音乐效果。

5.2.2　声音的淡出效果

①选择"音乐"层，打开"属性"面板，如图 5-9 所示。

在"属性"面板中有很多设置和编辑声音对象的参数。

单击"名称"下拉列表，在这里可以选择要引用的声音对象，只要是导入到库中的声音都将显示在下拉列表中，这是另一种导入库中声音的方法，如图 5-10 所示。

单击"效果"下拉列表，从中可以选择一些内置的声音效果，比如声音的淡入、淡出等效果，如图 5-11 所示。

单击"效果"右侧的 按钮，弹出如图 5-12 所示的"编辑封套"对话框。

- ![](（放大）按钮：单击该按钮，可以放大声音的显示，如图 5-13 所示。

图 5-9　声音的"属性"面板　　图 5-10　"名称"下拉列表　　图 5-11　"效果"下拉列表

图 5-12　"编辑封套"对话框　　　　　图 5-13　放大后效果

- 　（缩小）按钮：单击该按钮，可以缩小声音的显示，如图 5-14 所示。
- 　（秒）按钮：单击该按钮，可以将声音切换到以秒为单位。
- 　（帧）按钮：单击该按钮，可以将声音切换到以帧为单位，如图 5-15 所示。

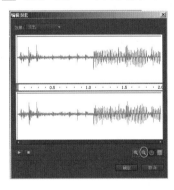 

图 5-14　缩小后效果　　　　　　图 5-15　以帧为单位显示效果

- 　（播放声音）按钮：单击该按钮，可以试听编辑后的声音。
- 　（停止声音）按钮：单击该按钮，可以停止正在试听声音的播放。

单击"同步"下拉列表，可以设置"事件""开始""停止"和"数据流"4 个同步选项，如图 5-16 所示。

- 事件：选中该项后，会将声音与一个事件的发生过程同步起来。事件声音是独立于时间轴播放的完整声音，即使动画文件停止也继续播放。

- 开始：该选项与"事件"选项的功能相近，但如果声音正在播放，使用"开始"选项不会播放新的声音。
- 停止：选中该项后，将使指定的声音静音。
- 数据流：选中该项后，将同步声音，强制动画和音频流同步，即音频随动画的停止而停止。

在"同步"下拉列表中，还可以设置"重复"和"循环"属性，如图5-17所示。

图5-16　"同步"下拉列表

图5-17　"重复"和"循环"属性

②在"效果"下拉列表中选择"淡出"选项，然后单击右侧的编辑声音封套按钮，此时音量指示线上会自动添加节点，产生淡出效果，如图5-18所示。

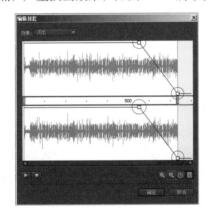

图5-18　默认淡出效果

③这段动画在600帧之后就消失了，而后出现了"3 WORDS"按钮。为了使声音随动画结束而淡出，下面单击🔍按钮放大视图，如图5-19所示。然后在第600帧音量指示线上单击，添加一个节点，并向下移动，如图5-20所示，单击"确定"按钮。

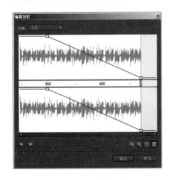

图5-19　放大视图

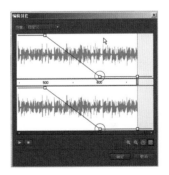

图5-20　添加并移动节点

第 5 章　图像、声音与视频

5.2.3 给按钮添加声效

①在第 661 帧，双击舞台中的"3 WORDS"按钮，如图 5-21 所示，进入按钮编辑模式，如图 5-22 所示。

图 5-21 双击舞台中的"3 WORDS"按钮   图 5-22 进入按钮编辑模式

②单击新建图层按钮，新建"图层 2"，如图 5-23 所示。然后在该层"按下"的下方按快捷键【F7】，插入空白关键帧，从库中将"sound.mp3"拖入该层，结果如图 5-24 所示。

③执行菜单中的"控制|测试"命令，测试动画，即可测试出当动画结束按钮出现后，按下按钮就会出现提示音的效果。

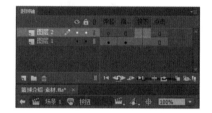

图 5-23 新建"图层 2"   图 5-24 在"按下"的下方添加声音

5.3 压缩声音

Animate CC 动画在网络上流行的一个重要原因是因为它的文件相对比较小，这是因为 Animate CC 在输出时会对文件进行压缩，包括对文件中的声音进行压缩。Animate CC 的声音压缩主要是在"库"面板中进行的，下面就来讲解对 Animate CC 2015 导入的声音进行压缩的方法。

5.3.1 声音属性

打开"库"面板，然后用双击声音左边的 图标或单击 按钮，此时弹出"声音属性"对话框，如图 5-25 所示。

在"声音属性"对话框中，可以对声音进行"压缩"处理，打开"压缩"下拉列表，其中有"默认""ADPCM""MP3""Raw"和"语音"5种压缩模式，如图5-26所示。

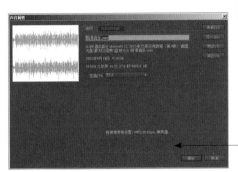

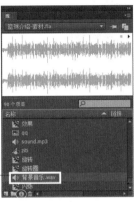

图5-25 调出"声音属性"对话框　　　　　图5-26 压缩模式

在这里，重点介绍最为常用的"MP3"压缩选项，通过对它的学习达到举一反三，掌握其他压缩选项的设置。

5.3.2 压缩设置

在"声音属性"对话框中，打开"压缩"下拉列表，选择"MP3"选项，如图5-27所示。

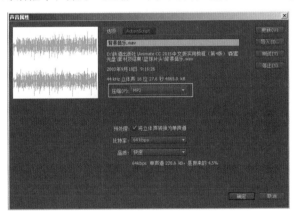

图5-27 选择"MP3"

- 预处理：该项只有在选择的比特率为20 kbit/s或更高时才可用。选中"将立体声转换为单声道"，表示将混合立体声转换为单声（非立体声）。
- 比特率：用于确定导出的声音文件每秒播放的位数。Flash支持8~160 kbit/s，如图5-28所示。比特率越低，声音压缩的比例就越大，但是在设置时一定要注意，导出音乐时，需要将比特率设为16 kbit/s或更高，如果设得过低，将很难获得令人满意的声音效果。
- 品质：该项用于设置压缩速度和声音品质。它有"快速""中等"和"最佳"3个选项可供选择，如图5-29所示。"快速"表示压缩速度较快，声音品质较低；"中等"表示压缩速度较慢，声音品质较高；"最佳"表示压缩速度最慢，声音品质最高。

图 5-28　设置比特率　　　　　　　　　　　　　图 5-29　设置品质

5.4　导入视频

在 Animate CC 2015 中，除了可以导入图像和声音，还可以导入视频文件。

5.4.1　支持的视频类型

如果要将视频导入到 Animate CC 2015 中，必须使用 FLV 或 F4V（H.264）视频格式。这两种格式具有技术和创意优势，允许用户将视频、数据、图形、声音和交互性控件融合在一起。下面具体讲解 Animate CC 2015 支持导入的 FLV 视频格式。

FLV 格式是 Flash 视频格式，全称为 Flash Vedio，是主流的视频格式之一。它的出现有效地解决了视频文件导入 Animate CC 后过大的问题。FLV 视频格式主要有以下几个特点。

① FLV 视频文件体积小，占用的 CPU 资源较低。一般情况下，100 min 清晰的 FLV 电影视频的大小约为 100 MB。

② FLV 是一种流媒体格式文件，用户可以在下载的同时观看视频。尤其对于网络速度较快的情况，在线观看几乎不需要等待时间。

③只要安装了 Flash Player 播放器就能看 FLV 格式的视频，而无须使用本地的播放器播放视频。

④ FLA 视频文件可以十分方便地导入到 Animate CC 中进行再次编辑，包括对其品质设置、裁剪视频大小、音频编码设置等操作，从而使其更符合用户的需要。

5.4.2　导入视频的方法

Animate CC 2015 导入视频有在 Animate CC 文件中嵌入视频、从 Web 服务器渐进式下载视频和使用 Flash Media Server 流式加载视频三种方法。

1. 在 Animate CC 文件中嵌入视频

当在 Animate CC 文件中嵌入视频文件时，所有视频数据都将添加到 Animate CC 文件中，这会导致 Animate CC 文件以及随后生成的 SWF 文件比较大，因此该方法仅适合于小的视频文件（文件的时间长度通常小于 10 s）。对于播放时间较长、文件较大的视频文件，可以使用

后面的从 Web 服务器渐进式下载视频和使用 Flash Media Server 流式加载视频两种方法导入视频。在 Animate CC 文件中嵌入视频的具体操作步骤如下。

①执行菜单中的"文件 | 导入 | 导入视频"命令，弹出"导入视频"对话框，如图 5-30 所示。

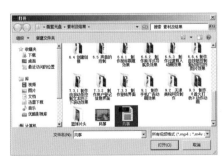

图 5-30 "导入视频"对话框

②在该对话框中选择"在您的计算机上"选项后，有以下 3 个选项可供选择。

- 使用播放组件加载外部视频：选择该项，将导入视频并创建一个 FLVPlayback 组件实例来控制视频播放。
- 在 SWF 中嵌入 FLV 并在时间轴中播放：选择该项，会将 FLV 视频嵌入 Animate CC 文档，并将其放在时间轴中。
- 将 H.264 视频嵌入时间轴（仅用于设计时间，不能导出视频）：选择该项，会将 H.264 视频嵌入 Animate CC 文档，此时视频会被放置在舞台中，作为设计阶段制作动画的参考。在拖动或播放时间轴时，视频中的帧将呈现在舞台中，相关帧的音频也会同时播放。

③选择"使用播放组件加载外部视频"选项，然后在"导入视频"对话框中单击 按钮，接着在弹出的"打开"对话框中选择配套资源中的"素材及结果 \ 风筝 .flv"文件，如图 5-31(a) 所示，单击"打开"按钮，回到"导入视频"对话框，如图 5-31(b) 所示。

(a) 选择要添加的"风筝 .flv"文件   (b) 在"导入视频"对话框中添加视频

图 5-31 导入视频

提示

如果计算机上安装了 Adobe Media Encoder，且想使用它将视频转换为另一种格式，可以单击 转换视频... 按钮转换格式。

④单击 下一步 > 按钮，弹出如图 5-32 所示的对话框。然后从"外观"右侧的下拉列表中选择一种样式。

图 5-32　从"外观"右侧的下拉列表中选择一种样式

⑤单击 下一步 > 按钮，此时会显示出要导入的视频文件的相关信息，如图 5-33 所示。

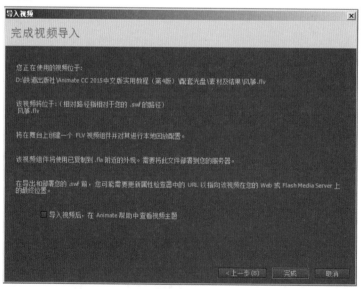

图 5-33　要导入的视频文件的相关信息

⑥单击 完成 按钮，即可获取元数据，如图 5-34 所示。元数据获取完成后，会在舞台中显示播放界面，如图 5-35 所示。

图 5-34 获取元数据　　　　图 5-35 在舞台中显示播放界面

⑦选择舞台中嵌入的视频实例，然后在"属性"面板中的"位置和大小"标签下可以对其"宽""高""X"和"Y"参数进行设置，如图 5-36 所示，从而重新确定舞台中视频的位置和大小；在"组件参数"标签下可以重新设置视频组件的相关参数，如图 5-37 所示。

图 5-36 在"位置和大小"标签下设置参数　图 5-37 在"组件参数"标签下设置参数

⑧执行菜单中的"控制|测试"命令，即可看到效果，如图 5-38 所示。

2. 从 Web 服务器渐进式下载视频

从 Web 服务器渐进式下载视频的效果比实时效果差（Flash Media Server 可以提供实时效果）。但是用户可以使用相对较大的独立于 Animate CC 的视频，同时将所发布的 SWF 文件大小保持为最小。

在 Animate CC 文件中"从 Web 服务器渐进式下载视频"与"在 Animate CC 文件中嵌入视频文件"的方法类似，只是在执行菜单中的"文件|导入|导入视频"命令后，在弹出的"导入视频"对话框中选择"已经部署到 Web 服务器、FlashVideo Streaming Service 或 Flash Media Server"选项，然后在下方的"URL："右侧文本框中输入视频所在地址，如图 5-39 所示。

图 5-38　测试效果

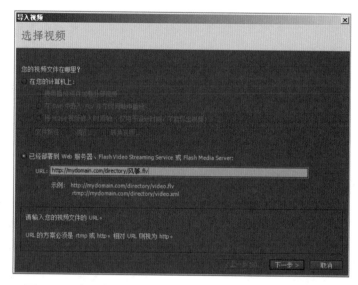

图 5-39　在下方的"URL:"右侧文本框中输入视频所在地址

3. 使用 Flash Media Server 流式加载视频

Flash Media Server 是专门针对传送实时媒体而优化的服务器，它将媒体流实时传送到 Flash Player 和 AIR。与前两种导入视频的方法相比，使用 Flash Media Server 导入视频有以下优点。

- 使用流视频进行播放视频的开始时间更早。
- 由于客户端无须下载整个文件，因此流传送使用的客户端内存和磁盘空间较少。
- 由于只有用户查看的视频部分才会传送给客户端，因此网络资源的使用变得更加有效。
- 由于在传送媒体流时，媒体不会保存在客户端的缓存中，因此媒体传送更加安全。
- 流视频具有更好的跟踪、报告和记录能力。
- 流传送可以传送实时视频和音频演示文稿，或者通过 Web 摄像头或数码摄像机捕获视频。
- Flash Media Server 为视频聊天、视频信息和视频会议应用程序提供多向和多用户的流传送。

5.5 实例讲解

本节将通过两个实例来对 Animate CC 2015 的图像、声音与视频相关知识进行具体应用，旨在帮助读者快速掌握 Animate CC 2015 对于图像、声音与视频等应用方面的相关知识。

5.5.1 制作电话铃响的效果

制作要点

本例将制作伴随着电话铃响听筒不断跳动的夸张效果，如图 5-40 所示。学习本例，应掌握在 Flash 中添加并处理声音、调用外部库、将不同元件分散到不同图层、复制和交换元件的方法。

图 5-40 电话铃响效果

操作步骤：

1. 组合图形

①启动 Animate CC 2015 软件，新建一个 ActionScript 3.0 文件。

②执行菜单中的"修改|文档"命令，在弹出的"文档设置"对话框中进行设置，如图 5-41 所示，单击"确定"按钮。

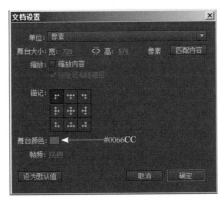

图 5-41 设置文档属性

③执行菜单中的"文件|导入|打开外部库"命令，在弹出的"作为库打开"对话框中选择配套资源中的"素材及结果\5.5.1 制作电话铃响的效果\电话来了.fla"文件，单击"打开"按钮。

④从打开的"电话来了.fla"外部库中将"电话""架子""铃"和"座机"图形元件拖入舞台。此时调用的"电话来了.fla"库中的4个元件会自动添加到正在编辑文件的"库"面板中，如图5-42所示。

⑤选中舞台中的所有实例，右击，从弹出的快捷菜单中选择"分散到图层"命令，将不同实例分散到不同图层上。然后在舞台中调整各个元件的位置，如图5-43所示。

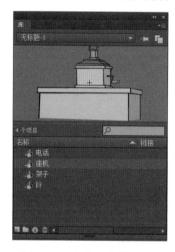

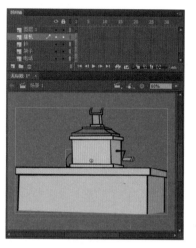

图5-42　当前文件的库面板　　　　　　图5-43　在舞台中调整元件的位置

⑥删除多余的"图层1"。方法：在时间轴上选中"图层1"，然后单击 🗑 按钮，将其删除。

2. 制作电话跳动的效果

①在"库"面板中，右击"电话"元件，从弹出的快捷菜单中选择"直接复制"命令，然后在弹出的"创建新元件"对话框中进行设置（见图5-44），单击"确定"按钮。

图5-44　复制元件

②在"库"面板中双击"电话－来电"元件，进入编辑状态。然后利用工具箱中的任意变形工具按钮旋转元件，如图5-45所示。接着在第2帧按快捷键【F6】，插入关键帧，再旋转元件，如图5-46所示。

③在第2帧，利用工具箱中的线条工具按钮绘制并调整线条的形状，然后进行复制，效果如图5-47所示。

3. 制作铃跳动的效果

①在"库"面板中，右击"铃"元件，从弹出的快捷菜单中选择"直接复制"命令，然后在弹出的"直接复制元件"对话框中进行设置（见图5-48），单击"确定"按钮。

②在"库"面板中双击"铃－来电"元件，进入编辑状态。在第2帧按快捷键【F6】，插

入关键帧，利用工具箱中的任意变形工具按钮放大元件，然后利用工具箱中的线条工具按钮绘制并调整线条形状，如图 5-49 所示。

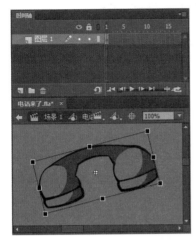

图 5-45　在第 1 帧旋转元件

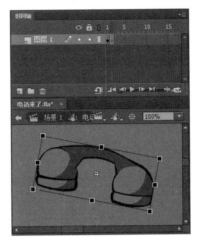

图 5-46　在第 2 帧旋转元件

图 5-47　绘制线条

图 5-48　复制元件

图 5-49　放大元件、绘制并调整线条形状

4. 添加声音效果

①单击时间轴上方的 按钮，回到"场景 1"，然后同时选中 4 个图层的第 80 帧，按快捷键【F5】，插入普通帧。

②在"铃"层的第 15 帧按快捷键【F6】，插入关键帧。然后右击舞台中的"铃"实例，从弹出的快捷菜单中选择"交换元件"命令。接着在弹出的对话框中选择"铃－来电"元件，如图 5-50 所示，单击"确定"按钮。

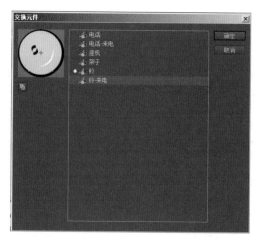

图 5-50　选择"铃－来电"元件

③选中"铃"层的第 15 帧，从"电话来了.fla"外部库中将"铃声.wav"拖入舞台，此时时间轴如图 5-51 所示。

图 5-51　调入"铃声.wav"声音文件

④按【Enter】键，播放动画，可以发现铃声响的时间过长，下面就来解决这个问题。方法：在时间轴上单击声音波浪线，此时"属性"面板中将显示出它的属性，然后单击编辑声音封套按钮，弹出如图 5-52 所示的"编辑封套"对话框。接着将 35 帧以后的声音去除，并创建第 32~35 帧之间的声音淡出效果，如图 5-53 所示。

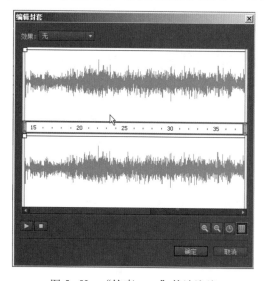

图 5-52　"铃声.wav"的波浪线

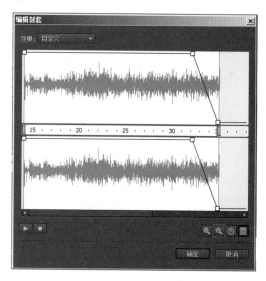

图 5-53　处理后的波浪线

5. 制作电话和铃的循环效果

①制作铃响的循环效果。方法：右击"铃"层的第1帧，从弹出的快捷菜单中选择"复制帧"命令，然后右击该层的第36帧，从弹出的快捷菜单中选择"粘贴帧"命令。

②同理，将第15帧复制到第45帧。然后将第1帧复制到第65帧，此时时间轴分布如图5-54所示。

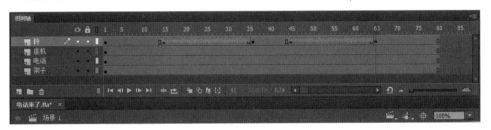

图5-54 时间轴分布

③制作电话随铃声跳起的循环效果。方法：在"电话"层的第15帧按快捷键【F6】，插入关键帧。然后右击舞台中的"电话"实例，从弹出的快捷菜单中选择"交换元件"命令。接着在弹出的对话框中选择"电话-来电"元件，如图5-55所示，单击"确定"按钮。

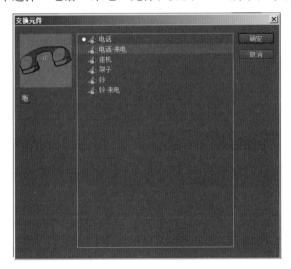

图5-55 替换元件

④将"电话"层的第1帧复制到第36帧和第65帧。再将第15帧复制到第45帧，此时时间轴分布如图5-56所示。

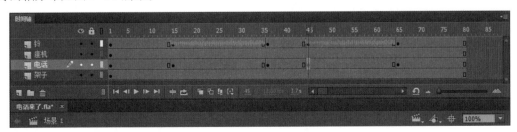

图5-56 时间轴分布

⑤至此，整个动画制作完毕。下面执行菜单中的"控制|测试"命令，即可看到效果。

5.5.2 带有声音的螺旋桨转动效果

 制作要点

本例将制作伴随着声音螺旋桨越转越快的效果，如图 5-57 所示。学习本例，应掌握在 Flash 中添加并处理声音、调用外部库、将不同元件分散到不同图层、控制物体加速和减速旋转以及利用 Alpha 值来控制元件的不透明度的方法。

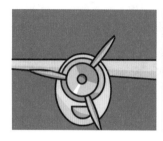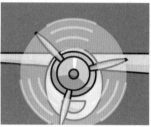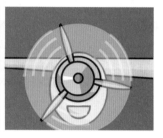

图 5-57　螺旋桨转动效果

操作步骤：

1. 组合图形

①启动 Animate CC 2015 软件，新建一个 ActionScript 3.0 文件。

②执行菜单中的"修改 | 文档"命令，在弹出的"文档设置"对话框中进行设置（见图 5-58），单击"确定"按钮。

③执行菜单中的"文件 | 导入 | 打开外部库"命令，在弹出的"作为库打开"对话框中选择配套资源中的"素材及结果 \5.5.2 带有声音的螺旋桨转动效果 \ 螺旋桨 .fla"文件，如图 5-59 所示，单击"打开"按钮，效果如图 5-60 所示。

图 5-58　设置文档属性

图 5-59　选择库文件

 提　示

利用"打开外部库"命令，可以方便地将其他 Animate CC 文件的库调入正在制作的 Animate CC 文件中，从而实现资源共享。

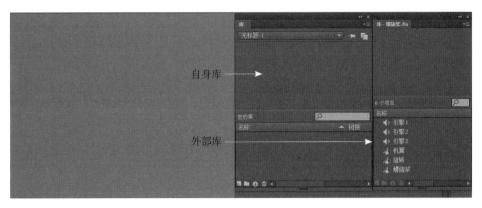

图 5-60　调出库

④从打开的"螺旋桨 .fla"外部库中将"机翼""螺旋桨"和"旋转"图形元件拖入舞台，放置位置如图 5-61 所示。此时调用的"螺旋桨 .fla"库中的 3 个元件会自动添加到正在编辑的文件中，如图 5-62 所示。

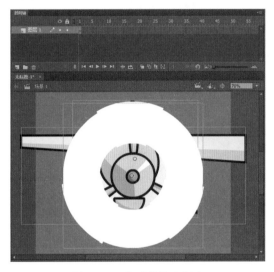

图 5-61　将元件拖入舞台

图 5-62　当前文件的库面板

⑤将元件分散到不同图层。方法：同时选中舞台中的 3 个实例，然后右击，从弹出的快捷菜单中选择"分散到图层"命令，此时 3 个实例会被分散到 3 个图层中，而且图层名称与元件名称相同，如图 5-63 所示。

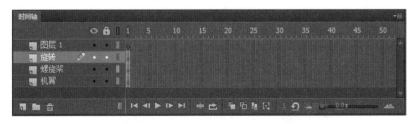

图 5-63　将元件分散到不同图层

⑥选择舞台中的"旋转"实例，然后在"属性"面板中将 Alpha 值设为 50%，如图 5-64 所示。

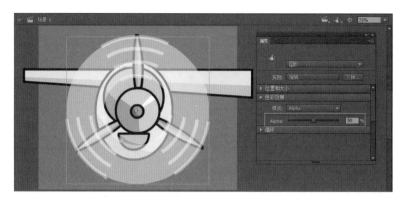

图 5-64　调整"旋转"元件的 Alpha 值

⑦为了便于选取，下面隐藏"旋转"层，然后将其他层的"机翼"和"螺旋桨"元件进行位置调整，如图 5-65 所示。

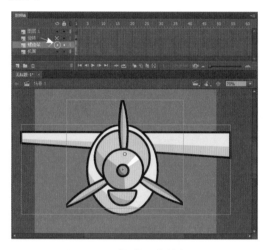

图 5-65　调整元件的位置

⑧单击"旋转"层的 ⊠ 按钮，恢复该层的显示，然后调整"旋转"元件的位置，如图 5-66 所示。

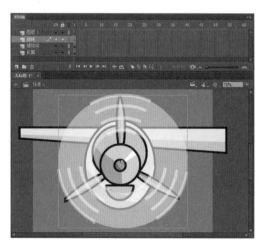

图 5-66　调整"旋转"元件的位置

2. 添加并处理声音

①将"图层1"重命名为"音效"，然后同时选中4个图层的第115帧，按快捷键【F5】，插入普通帧，此时时间轴分布如图5-67所示。

图 5-67　同时选中 4 个图层的第 115 帧

②从"螺旋桨.fla"外部库中将"引擎1.wav"拖入舞台，如图5-68所示。

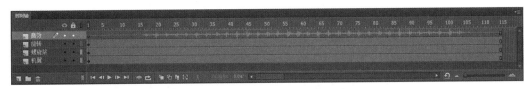

图 5-68　将"引擎 1.wav"拖入舞台

③此时从时间轴上观察，"引擎1.wav"开始和结束时音频线是水平的，这表示静音。下面我们将静音部分去除。

提示

按【Enter】键播放动画可以清楚地检测到"引擎1.wav"开始和结束时的静音效果。

④在"音效"层的"引擎1.wav"音频线中单击，此时"属性"面板中将显示出"引擎1.wav"的属性，如图5-69所示。然后单击编辑声音封套按钮，进入音频编辑状态，如图5-70所示。拖动滑块将开始时静音部分去除，如图5-71所示，此时被去除的部分将以浅灰度显示。同理将结束时静音部分去除，如图5-72所示，单击"确定"按钮。

⑤添加"引擎2.wav"音效。方法：在"音效"层的第48帧按快捷键【F7】，插入空白关键帧，然后从"螺旋桨.fla"外部库中将"引擎2.wav"拖入舞台，如图5-73所示。接着在"属性"面板中对"引擎2.wav"开始时的静音进行去除，如图5-74所示，单击"确定"按钮，此时时间轴分布如图5-75所示。

图 5-69　"引擎 1.wav"的属性面板

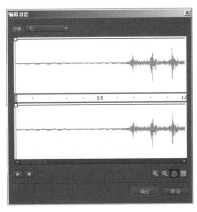

图 5-70　"引擎 1.wav"的编辑状态

第 5 章　图像、声音与视频

203

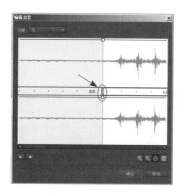 

图 5-71　将"引擎 1.wav"开始时静音部分去除　　图 5-72　将"引擎 1.wav"结束时静音部分去除

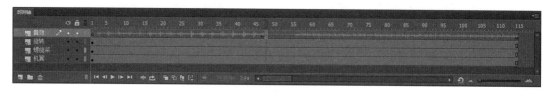

图 5-73　将"引擎 2.wav"拖入舞台

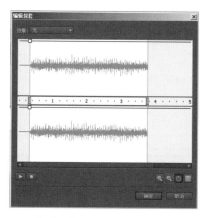

图 5-74　将"引擎 2.wav"开始时静音部分去除

图 5-75　时间轴分布

⑥添加"引擎 3.wav"音效。方法：在"音效"层的第 89 帧按快捷键【F7】，插入空白关键帧，然后从"螺旋桨 .fla"外部库中将"引擎 3.wav"拖入舞台，如图 5-76 所示。

图 5-76　将"引擎 3.wav"拖入舞台

⑦按【Enter】键，播放动画，会发现音乐在第 108 帧后消失了，这是因为时间轴的总长度过长，下面同时选择 4 个图层中 108 帧之后的帧，按快捷键【Shift+F5】进行删除，此时时间轴分布如图 5-77 所示。

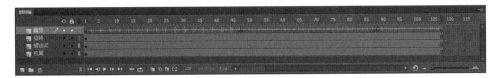

图 5-77　去除多余帧的时间轴分布

3. 制作随螺旋桨旋转而带动的空气旋转效果

①制作螺旋桨的转动效果。方法：在"螺旋桨"层的第 108 帧按快捷键【F6】，插入关键帧，然后右击该层第 1 ~ 108 帧之间的任意一帧，从弹出的快捷菜单中选择"创建传统补间"命令，接着在"属性"面板中设置"旋转"为"顺时针"、"15"次，如图 5-78 所示，此时时间轴分布如图 5-79 所示。

图 5-78　在"属性"面板中设置参数

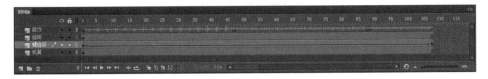

图 5-79　时间轴分布

②此时按【Enter】键，播放动画，会发现螺旋桨在旋转的过程中位置发生了偏移，如图 5-80 所示，这是因为轴心点不正确的原因，下面就来解决这个问题。方法：利用工具箱中的任意变形工具按钮选中第 1 帧的螺旋桨，如图 5-81 所示，然后将其轴心点移动到图 5-82 所示的位置。

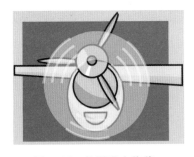

图 5-80　位置发生偏移

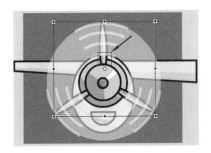

图 5-81　选中螺旋桨

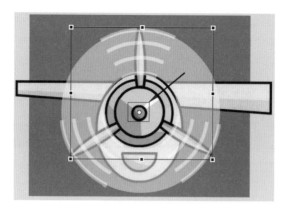

图 5-82　调整螺旋桨的轴心点

③同理，对该层的第 108 帧的"螺旋桨"进行轴心点处理。

4. 制作螺旋桨加速旋转效果

①此时螺旋桨的转动是匀速的，下面制作螺旋桨逐渐加速旋转的效果。方法：单击"螺旋桨"层第 1 ~ 108 帧之间的任意一帧，在"属性"面板中设置"缓动"为"-50"，如图 5-83 所示。

图 5-83　设置螺旋桨加速旋转的效果

②制作随螺旋桨旋转不断加速而带动的空气旋转的效果。方法：在"旋转"层的第 1 帧将"旋转"元件的 Alpha 设为 0%，然后在第 57 帧按快捷键【F6】，插入关键帧，将"旋转"元件的 Alpha 值设为 50%。接着在"旋转"层创建动作补间。此时时间轴分布如图 5-84 所示。

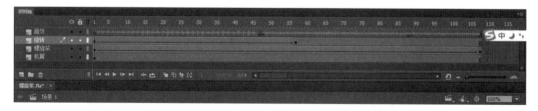

图 5-84　时间轴分布

 提　示

"旋转"元件本身带有旋转动画，因此不用再制作它的旋转动画。

③制作在"引擎 2.wav"声音出现后的空气旋转效果。方法：选中"旋转"层的第 1 帧，将其拖动到"引擎 2.wav"开始出现的第 49 帧即可，此时时间轴分布如图 5-85 所示。

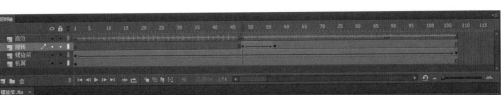

图 5-85　时间轴分布

④执行菜单中的"控制 | 测试"命令，即可看到效果。

课 后 练 习

1. 填空题

1）在时间轴中选择相关声音后，在其属性面板"同步"下拉列表中有 _____、_____、_____ 和 _____ 4 个同步选项可供选择。

2）在 Animate CC 2015 的"声音属性"对话框中，可以对声音进行"压缩"处理。打开"压缩"下拉列表，其中有 _____、_____、_____、_____ 和 _____ 5 种压缩模式。

3）Animate CC 2015 导入视频有 _____、_____ 和 _____ 3 种方法。

2. 选择题

1）将视频导入到 Animate CC 2015 中，必须使用（　　）视频格式。

A. AVI　　　　　　B. MOV　　　　　C. FLV　　　　　D. F4V（H.264）

2）在编辑封套对话框中单击（　　）按钮，可以以帧为单位显示音频。

A. 🔍　　　　　　B. 🔍　　　　　C. 🕐　　　　　D. ▦

3. 问答题

1）简述导入矢量图形的方法。

2）简述编辑声音的方法。

3）简述 FLV 视频格式的主要特点。

4）简述使用 Flash Media Server 导入视频的优点。

4. 操作题

1）练习 1：制作如图 5-86 所示的带有声音的汽车刹车的动画效果。

图 5-86　带有声音的汽车刹车的动画效果

2）练习 2: 制作如图 5-87 所示的 MTV 效果。

图 5-87　MTV 效果

第**6**章

交互动画

Animate CC 2015 动画存在着交互性，可以通过对按钮的更改来控制动画的播放形式。学习本章，读者应掌握 Animate CC 2015 中关于交互动画方面的相关知识。

本章内容包括：

■ 初识动作脚本

■ 动画的跳转控制

■ 按钮交互的实现

■ 创建链接

■ 类与绑定

6.1 初识动作脚本

动作脚本是 Animate CC 2015 具有强大交互功能的灵魂所在。使用动作脚本可以与 Animate CC 2015 后台数据库进行交流，结合动作脚本，可以制作出交互性强、动画效果更加绚丽的动画。动作脚本是一种编程语言，Animate CC 2015 使用的是 ActionScript 3.0 版本的动作脚本。Animate CC 2015 动画之所以具有交互性，是通过对按钮、关键帧和影片剪辑设置动作脚本来实现的。

6.1.1 "动作"面板

通过"动作"面板可以输入和调用动作脚本。执行菜单中的"窗口|动作"命令（快捷键【F9】），可以调出"动作"面板，如图 6-1 所示。"动作"面板由脚本导航器、工具栏和"脚本"窗格 3 部分组成。

1. 脚本导航器

脚本导航器用于显示包含脚本的 Animate CC 元素（影片剪辑、帧和按钮等）的分层列表。使用脚本导航器可在 Animate CC 2015 文档中的各个脚本之间快速移动。如果单击脚本导航器中的某一项目，与该项目相关联的脚本将显示在脚本窗口中。

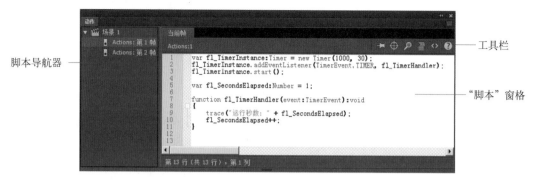

脚本导航器

工具栏

"脚本"窗格

图 6-1　"动作"面板

2. 工具栏

"动作"面板工具栏位于"脚本"窗格上方,包含 6 个工具按钮,这些按钮的具体作用如下:

- ⊶(固定脚本)按钮:单击该按钮后会显示为 ⊶ 状态,此时可以固定当前帧当前图层的脚本。

- ⊕(插入实例路径和名称)按钮:单击该按钮,打开"插入目标路径"对话框,如图 6-2 所示,从中可以选择插入按钮或影片剪辑元件的目录路径。

图 6-2　"插入目标路径"对话框

- 🔍(查找)按钮:单击该按钮,将展开高级选项,如图 6-3 所示,在文本框中输入内容,可以进行查找与替换。

图 6-3　"插入目标路径"对话框

- ☰(设置代码格式)按钮:单击该按钮,可以为写好的脚本提供默认的代码格式。

- <>(代码片段)按钮:单击该按钮,可以调出"代码片段"面板,如图 6-4 所示,从中可以选择预设的 ActionScript 语言。

- ❓(帮助)按钮:单击该按钮,可以打开链接网页,在该网页中提供了 ActionScript 语言的帮助信息。

图 6-4　"代码片段"面板

3. "脚本"窗格

"脚本"窗格用来输入动作语句，除了可以在动作工具箱中通过双击语句的方式在脚本窗口中添加动作脚本外，还可以在这里直接用键盘进行输入。

6.1.2　理解动作脚本编程术语

Animate CC 2015 使用的 ActionScript 3.0 中有许多术语，都与其他脚本编程语言相类似。以下是经常出现在 ActionScript 3.0 中的术语。

1. 变量

变量是包含信息的容器。容器本身不会改变，但其内容可以更改。第一次定义变量时，最好为变量定义一个已知值，即初始化变量，通常在 SWF 文件的第 1 帧中完成。每一个影片剪辑对象都有自己的变量，而且不同的影片剪辑对象中的变量相互独立且互不影响。

变量中可以存储的常见信息类型包括 URL、用户名、数字运算的结果、时间发生的次数等。为变量命名必须遵循以下 3 个规则：

①变量名在其作用范围内必须是唯一的。

②变量名不能是关键字或布尔值（true 或 false）。

③变量名必须以字母或下画线开始，由字母、数字、下画线组成，其间不能包括空格（变量名没有大小写的区别）。

变量的范围是指变量在其中已知并且可以引用的区域，它包含 3 种类型。

（1）本地变量

本地变量在声明它们的函数体（由大括号括起）内可用。本地变量的使用范围只限于它的代码块，在该代码块结束时到期，其余的本地变量会在脚本结束时到期。如果要声明本地变量，可以在函数体内部使用 var 语句。

（2）时间轴变量

时间轴变量可用于时间轴上的任意脚本。要声明时间轴变量，应在时间轴的所有帧上都初始化这些变量。应先初始化变量，再尝试在脚本中访问它。

（3）全局变量

全局变量对于文档中的每个时间轴和范围均可见。如果要创建全局变量，可以在变量名称前使用 _global 标识符，不使用 var 语法。

2. 常量

常量在程序中是始终保持不变的量，它分为数值型、字符串型和逻辑型 3 种类型。

211

①数值型常量：由数值表示，例如"setProperty(zhang,_alpha,100);"中，100 就是数值型常量。

②字符串型常量：由若干字符构成的数值，它必须在常量两端引用标号，但并不是所有包含引用标号的内容都是字符串，因为 Animate CC 2015 会根据上下文的内容来判断一个值是字符串还是数值。

③逻辑型常量：又称为布尔型，表示条件是否成立。如果条件成立，在脚本语言中用 1 或 true 表示；如果条件不成立，则用 0 或 false 表示。

3. 关键字

Animate CC 2015 的动作脚本保留了一些单词用于该语言中的特定用途，因此不能将它们用作变量、函数或标签的名称。如果在编写程序的过程中使用了关键字，动作编辑框中的关键字会以蓝色显示。为了避免冲突，在命名时可以展开动作工具箱中的 Index 域，检查是否使用了已定义的关键字。

4. 参数

参数常出现在代码的圆括号之内，可以为某个命令提供一些特定的详细信息，比如代码"gotoAndPlay(1);"中，参数可以指导脚本转入第 1 帧。

5. 函数

函数是用来对常量、变量等进行某种运算的方法，如产生随机数、进行数值运算、获取对象属性等。函数是一个动作脚本代码块，它可以在影片中的任何位置上重新使用。如果将值作为参数传递给函数，则函数将对这些值进行操作。此外函数也可以返回值。

调用函数可以用一行代码来代替一个可执行的代码块。函数可以执行多个动作，并为它们传递可选项。函数必须要有唯一的名称，以便在代码行中可以知道访问的是哪一个函数。Animate CC 2015 具有内置的函数，可以访问特定的信息或执行特定的任务，例如，获得 Flash 播放器的版本号等。

每个函数都具备自己的特性，而且某些函数需要传递特定的值。如果传递的参数多于函数的需要，则多余的值将被忽略。如果传递的参数少于函数的需要，则空的参数会被指定为 undefined 数据类型，这在导出脚本时，可能会出现错误。如果要调用函数，该函数必须存在于播放头到达的帧中。

动作脚本提供了自定义函数的方法，用户可以自行定义参数，并返回结果。在主时间轴上或影片剪辑时间轴的关键帧中添加函数，即是在定义函数。所有的函数都有目标路径。所有的函数都需要在名称后跟一对括号 ()，但括号中是否有参数是可选的。一旦定义了函数，就可以从任何一个时间轴中调用它，包括加载了 SWF 文件的时间轴。

6. 对象

在 ActionScript 3.0 中，可以使用对象来完成任务，比如 Sound 对象可用于控制声音。Date 对象可用于管理与时间相关的数据。

在编写环境中创建的对象（与那些在 ActionScript 中创建的对象不同），只要它们拥有唯一性的实例名称也可以在 ActionScript 中被引用。

7. 方法

方法是产生行为的命令。方法可以在 ActionScript 中产生真正的行为，而每一个对象都有它自己的方法集。因此，了解 ActionScript 需要学习每一类对象对应的方法，比如与 MovieClip 对象关联的两种方法就是 stop( ) 和 gotoAndPlay( )。

6.1.3 使用动作脚本编程语法

动作脚本拥有一套自己的语法规则和标点符号，下面就来具体介绍。

1. 点运算符

在动作脚本中，点（.）用于表示与对象或影片剪辑相关联的属性或方法，也可以用于标识影片剪辑或变量的目标路径。点运算符表达式以影片或对象的名称开始，中间为点运算符，最后是要指定的元素。例如，_x 影片剪辑属性指示影片剪辑在舞台上的 X 轴位置，而表达式 tankMC._x 则引用了影片剪辑实例 tankMC 的 _x 属性。

2. 界定符

界定符包括大括号、分号和圆括号。

- 大括号：动作脚本中的语句会被大括号包括起来组成语句块，例如下面的语句。

```
on (release){
    myDate=new Date( )
    currentMonth=myDate.getMonth( );
}
```

- 分号：动作脚本中的语句通常由一个分号结尾，例如下面的语句。

```
var column=passedDate.getDay( );
```

- 圆括号：在定义函数时，任何参数定义都必须放在一对圆括号内，例如下面的语句。

```
function myFunction(name,age,reader){
}
```

在调用函数时，需要被传递的参数也必须放在一对圆括号内，例如下面的语句。

```
myFunction("Steve",10,true)
```

3. 区分大小写

在区分大小写的编程语言中，大小写不同的变量名（book 和 Book）被视为互不相同。ActionScript 3.0 中标识符会区分大小写。例如，下面两行语句是不同的。

```
cat.hilite=true;
CAT.hilite=true;
```

对于关键字、类名、变量、方法名等，要严格区分大小写。如果关键字大小写出现错误，在编写程序时就会有错误信息提示。如果采用了彩色语法模式，那么正确的关键字将以深蓝色显示。

4. 注释

在"动作"面板中，使用注释语句可以在一个帧或者按钮的脚本中添加说明，从而增加程序的易读性。注释语句以双斜线"//"开始，斜线显示为灰色，注释内容可以不考虑长度和语法，注释语句不会影响 Animate CC 2015 动画输出时的文件量。例如下面的语句。

```
on(release){
    // 创建新的 Data 对象
    myDate=new Date( );
    currentMonth=myDate.getMonth( );
    // 将月份数转换为月份名称
    monthName=calcMonth(currentMonth);
    year=myDate.getFullYear( );
    currentDate=myDate.getDate( );
}
```

6.2 动画的跳转控制

关于动画的跳转控制，我们将通过下面的实例进行讲解，具体操作步骤如下：

①打开配套资源中的"素材及结果\6.2 动画的跳转控制\动画跳转控制－素材.fla"文件，如图 6-5 所示。

图 6-5　打开素材文件

②执行菜单中"控制|测试"命令，可以看到两幅图片连续切换播放的效果。

③制作动画播放到结尾第20帧时停止播放的效果。方法：将时间定位在第20帧，然后执行菜单中的"窗口|动作"面板，调出"动作"面板，如图6-6所示。接着在"动作"面板中单击右上角的代码片段按钮，调出"代码片段"面板，如图6-7所示。

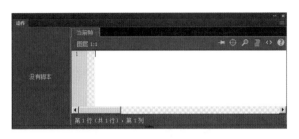

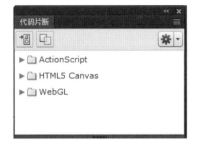

图6-6　调出"动作"面板　　　　　　　图6-7　调出"代码片段"面板

④在"代码片段"面板的"ActionScript|时间轴导航|在此帧处停止"命令处双击，如图6-8所示，此时在"动作"面板中会自动输入动作脚本，如图6-9所示。同时会自动创建一个名称为"Actions"的图层，并且第20帧处多出了一个字母"a"，如图6-10所示。

图6-8　在"在此帧处停止"　　　　　图6-9　自动输入动作脚本
　　　　命令处双击

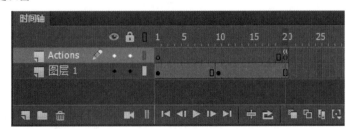

图6-10　自动创建一个名称为"Actions"的图层

⑤执行菜单中的"控制|测试"命令，即可看到当动画播放到第20帧时，动画停止的效果。

⑥制作动画播放到结尾再跳转到第1帧后停止播放的效果。方法：在"动作"面板中删除注释和脚本，然后输入脚本"gotoAndStop（1）"。接着执行菜单中的"控制|测试"命令，即可看到当动画播放到第20帧时，自动跳转到第1帧循环播放的效果。

6.3 按钮交互的实现

除了在关键帧中可以设置动作脚本外，在按钮中也可以设置动作脚本，从而实现按钮交互动画。下面通过一个实例进行讲解，具体操作步骤如下：

① 打开配套资源中的"素材及结果 \6.3 按钮交互的实现 \ 按钮交互的实现 − 素材 .fla"文件。

② 创建写有文字"海边别墅"的"元件 1"按钮元件和写有文字"海景"的"元件 2"按钮元件，如图 6−11 所示。

图 6−11　创建两个按钮元件

③ 单击时间轴下方的新建图层按钮，新建"图层 2"。然后将库面板中的"元件 2"按钮拖入舞台右下方，接着在"属性"面板中将其实例名称命名为"hj"，如图 6−12 所示。

图 6−12　将"元件 2"按钮拖入舞台并将其实例名称命名为"hj"

④ 在"图层 2"的第 10 帧按快捷键【F7】，插入一个空白关键帧，再将库面板中的"元件 1"按钮拖入舞台右下方，接着在"属性"面板中将其实例名称命名为"hbbs"，如图 6−13 所示。

图 6-13 将"元件 2"按钮拖入舞台并将其实例名称命名为"hbbs"

⑤执行菜单中的"控制|测试影片"命令，可以看到画面自动切换的效果。这是不正确的，我们需要的是画面静止在第 1 帧，然后通过单击相应按钮跳转到相应画面的效果。下面首先通过制作画面静止在第 1 帧的效果。

⑥将时间定位在第 1 帧，然后执行菜单中的"窗口|动作"面板，调出"动作"面板，如图 6-14 所示。接着在"动作"面板中单击右上角的代码片段按钮，调出"代码片段"面板，如图 6-15 所示。

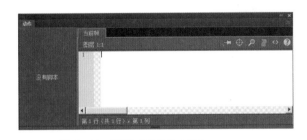

图 6-14 调出"动作"面板

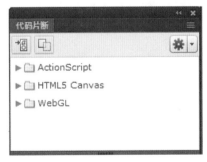

图 6-15 调出"代码片段"面板

⑦在"代码片段"面板的"ActionScript|时间轴导航|在此帧处停止"命令处双击，如图 6-16 所示，此时在"动作"面板中会自动输入动作脚本，如图 6-17 所示。同时会自动创建一个名称为"Actions"的图层，并且第 1 帧处多出了一个字母"a"，在如图 6-18 所示。

⑧设置按下"元件 2"（即"海景"）按钮跳转到第 10 帧画面的效果。方法：在第 1 帧选择舞台中的"元件 2"（即"海景"）按钮实例，然后在"代码片段"面板的"ActionScript|时间轴导航|单击以转到帧并停止"命令处双击，如图 6-19 所示，此时在"动作"面板中会自动输入动作脚本。接着在动作脚本中将最后一行脚本改为"gotoAndStop（10）"，如

217

第 6 章 交互动画

图 6-20 所示。

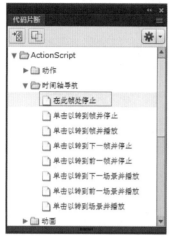

图 6-16　在"在此帧处停止"
命令处双击

图 6-17　自动输入动作脚本

图 6-18　自动创建一个名称为"Actions"的图层

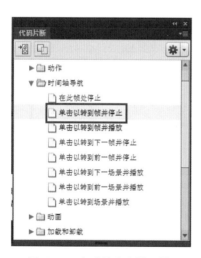

图 6-19　在"单击以转到帧
并停止"命令处双击

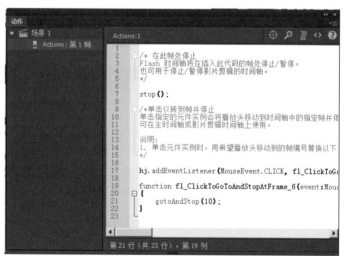

图 6-20　将最后一行脚本
改为"gotoAndStop（10）"

⑨设置按下"元件 1"（即"海边别墅"）按钮跳转到第 1 帧画面的效果。方法：在第 10 帧选择舞台中的"元件 1"（即"海边别墅"）按钮实例，然后在"代码片段"面板的"ActionScript|时间轴导航|单击以转到帧并停止"命令处双击，此时在"动作"面板中会自动

输入动作脚本。接着在动作脚本中将最后一行脚本改为"gotoAndStop（1）"，如图 6-21 所示。此时时间轴分布如图 6-22 所示。

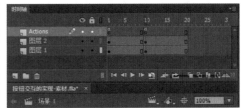

图 6-21　将最后一行脚本改为"gotoAndStop（1）"　　　　图 6-22　时间轴分布

⑩执行菜单中的"控制|测试"命令，即可看到按下"海景"按钮后跳转到第 10 帧的画面，按下"海边别墅"按钮后跳转到第 1 帧画面的效果。

6.4　创建链接

在大多数网页中，我们常常看到"使用帮助""与我联系"等类的文字，单击这些文字可链接到指定的网页，如图 6-23 所示。本节将具体讲解网站中常见的多种链接的方法。

图 6-23　链接页面效果

6.4.1　创建文本链接

我们将通过下面的实例来具体说明创建文本链接，具体操作步骤如下：

①打开配套资源中的"素材及结果 \6.4 创建链接 \ 创建文本链接 - 素材 .fla"文件。

②在时间轴中选择 Text 图层，然后单击时间轴下方的新建图层按钮，新建"文本链接"层，如图 6-24 所示。然后选择工具箱中的文本工具按钮，在舞台中单击，并在"属性"面板中设置文本类型为"静态文本"、字体为"幼圆"、字体大小为 12 磅，颜色为 #FF0000、文字对齐方式为左对齐。接着在舞台中输入文字"教学课堂"，如图 6-25 所示。

③此时文字在动画开始的时候就显示出来了，而我们需要的是文字在动画结束的时候显现，为此，将"文本链接"层的第 1 帧移动到第 65 帧，如图 6-26 所示。

④同理，在舞台中输入文字"使用帮助"和"联系我们"。

⑤对齐三组文字。方法：利用选择工具按钮，配合【Shift】键同时选中三组文字，然后按快捷键【Ctrl+K】，打开对齐面板，单击左对齐按钮和垂直居中分布按钮（见图 6-27），

结果如图 6-28 所示。

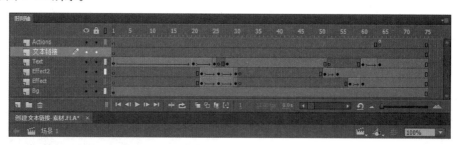

图 6-24　新建"文本链接"层

图 6-25　输入文字"教学课堂"

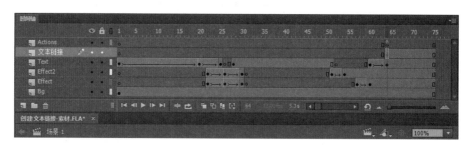

图 6-26　将"文本链接"层的第 1 帧移动到第 65 帧

图 6-27　设置对齐参数

图 6-28　对齐后的文字效果

⑥创建文字"教学课堂"的文本链接。方法：在舞台中选中文字"教学课堂"，然后在"属性"面板的"链接"文本框中输入链接地址，并在"目标"后的下拉列表框中选择"_blank"，如图6-29所示。

图6-29　创建文字"教学课堂"的文本链接

➕ 提 示

"目标"下拉列表框中有4个选项。"_blank"，表示在新的浏览器中加载链接的文档；"_parent"，表示在父页或包含该链接的窗口中加载链接的文档；"_self"，表示将链接的文档加载到自身的窗口中；"_top"，表示将在整个浏览器窗口中加载链接的文档。

⑦同理，创建文字"使用帮助"的文本链接，并在"目标"后的下拉列表框中选择"_blank"，如图6-30所示。

图6-30　创建文字"使用帮助"的文本链接

⑧同理，创建文字"联系我们"的文本链接，并在"目标"后的下拉列表框中选择"_blank"，如图6-31所示。

图6-31　创建文字"联系我们"的文本链接

⑨执行菜单中的"控制 | 测试"命令，打开播放器，即可测试单击"教学课堂"和"使用帮助"文字后跳转到所链接网站的效果。

6.4.2　创建按钮链接

在网站中，导航的对象不一定都是文字，有时候会是图形。在这种情况下就需要将图形转换为按钮，利用 Animate CC 2015 提供的动作脚本完成网页或邮件的链接。

下面通过一个实例来具体讲解将文字转为按钮，并创建按钮链接的方法，具体操作步骤如下：

①删除前面创建的文字"教学课堂""使用帮助"和"联系我们"三组文字的文本链接。

②选择舞台中的文字"教学课堂"，然后执行菜单中的"修改 | 转换为元件"命令，在弹出的"转换为元件"对话框中进行设置（见图 6-32），单击"确定"按钮。

图 6-32　设置"转换为元件"对话框

③双击舞台中的"教学课堂"按钮元件，进入按钮编辑模式，如图 6-33 所示。然后选中"点击"帧，按快捷键【F6】，插入关键帧，并利用矩形工具按钮绘制出按钮的相应区，如图 6-34 所示。

图 6-33　进入按钮编辑模式

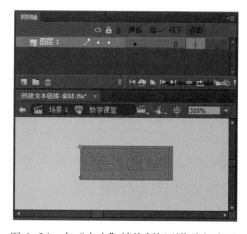

图 6-34　在"点击"帧绘制矩形作为相应区

④创建"教学课堂"按钮的链接。方法：单击 场景1 按钮，回到场景 1。然后选择第 64 帧舞台中的"教学课堂"按钮实例，在"属性"面板中将其实例名称设置为"jxpt"，如图 6-35 所示。再执行菜单中的"窗口 | 动作"面板，调出"动作"面板。接着在"动作"面板中单击右上角的代码片段按钮，调出"代码片段"面板所示。最后在"代码片段"面板的"ActionScript | 动作 | 单击以转到 Web 页"命令处双击，如图 6-36 所示，此时在"动作"面板中会自动输入动作脚本，如图 6-37 所示。

图 6-35 在"属性"面板中将"教学课堂"按钮实例名称修改为"jxpt"

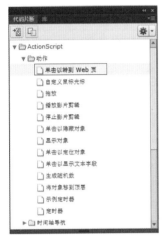

图 6-36 在"单击以转到
Web 页"命令处双击

图 6-37 在"动作"面板中
会自动输入动作脚本

⑤将动作脚本最后一行脚本改为"navigateToURL(new URLRequest("http://www.sina.com"), "_blank");"。

⑥同理,创建"使用帮助"按钮元件,并将其实例名称命名为"sybz"。然后赋予该按钮"代码片段"面板中的"ActionScript|动作|单击以转到 Web 页"命令,最后在"动作"面板中将最后一行脚本改为"navigateToURL(new URLRequest("http://www.sohu.com"), "_blank");"。

⑦同理,创建"联系我们"按钮元件,并将其实例名称命名为"Lxwm"。然后赋予该按钮"代码片段"面板中的"ActionScript|动作|单击以转到 Web 页"命令,最后在"动作"面板中将最后一行脚本改为"navigateToURL(new URLRequest("http://www.qq.com"), "_blank");"。

⑧执行菜单中的"文件|发布设置"命令,然后在弹出的"发布设置"对话框中选中"HTML 包装器"复选框,再将"输出文件"右侧输入文件名称"创建按钮链接-完成.html",如图 6-38 所示。接着单击█按钮,在弹出的"选择发布目标"对话框中设置文件发布的位置,如图 6-39 所示,单击"保存"按钮,回到"发布设置"对话框,再单击"发布"按钮,进行发布。最后打开发布后的"按钮链接.html"文件,即可测试单击"教学课堂""使用帮助"和"联系我们"按钮后跳转到相应链接网站的效果。

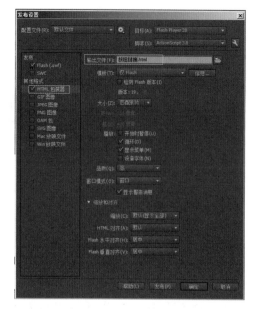

图 6-38 选中"HTML 包装器"复选框

图 6-39 设置文件发布的位置

6.5 类与绑定

类绑定是 ActionScript 3.0 代码与 Animate CC 2015 结合的重要途径。在 ActionScript 3.0 中,每一个显示对象都是一个具体类的实例,使用 Animate CC 2015 制作的动画也不例外。采用类和库中的影片剪辑绑定,可以使漂亮的动画具备程序模块式的功能。一旦影片和类绑定后,放进舞台的这些影片就被视为该类的实例。当一个影片和类绑定后,影片中的子显示对象和帧播放都可以被类中定义的代码控制。

类文件有什么含义呢?例如,用户想让一个影片剪辑对象有很多功能,比如支持拖动、支持双击等,可以先在一个类文件中写清楚这些实现的方法,然后用这个类在舞台上创建许多实例,此时这些实例全部具有类文件中已经写好的功能。只需写一次,就能使用很多次,最重要的是它还可以通过继承来重复使用很多代码,为将来制作动画节省很多时间。

一个类包括类名和类体两部分。

1. 定义类名

在 ActionScript 3.0 中,可以使用 class 关键字定义类,其后跟类名,类体要放在大括号"{}"内,且放在类名后面。例如:

```
public className{
// 类体
}
```

2. 类体

类体放在大括号"{}"内,用于定义类的变量、常量和方法。例如,声明 Adobe Flash Play

API 中的 Accessibility 类。

```
public final class
Accessibility{
public static function get
active();Boolean;
public static function
updateproperties();void;
}
```

关于类的具体应用请参见本书中的"6.6.5　在小窗口中浏览大图像效果"和"6.6.6　礼花绽放效果"。

6.6　实例讲解

本节将通过 6 个实例来对 Flash CS6 交互动画方面的相关知识进行具体应用，旨在帮助读者快速掌握 Animate CC 2015 交互动画方面的相关知识。

6.6.1　鼠标跟随效果

制作要点

本例将制作鼠标跟随效果，如图 6-40 所示。通过本例的学习，读者应掌握"代码片段"面板中"Mouse Over 事件""在此帧处停止"命令和 gotoAndPlay（）语句的应用。

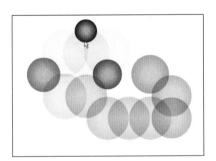
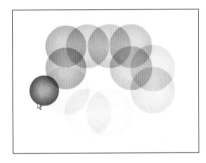

图 6-40　鼠标跟随效果

操作步骤：

1. 创建图形元件

①启动 Animate CC 2015 软件，新建一个 ActionScript 3.0 文件。

②改变舞台大小。方法：执行菜单中的"修改 | 文档"命令，在弹出的"文档设置"对话框中设置舞台颜色为白色，舞台大小为 480 像素 × 400 像素，如图 6-41 所示，然后单击"确定"按钮。

图 6-41　"文档设置"对话框

③按组合键【Ctrl+F8】，在弹出的"创建新元件"对话框中设置参数，如图 6-42 所示，然后单击"确定"按钮，进入"元件 1"图形元件的编辑模式。

④选择工具箱中的椭圆工具按钮，设置填充色为黑－绿放射状渐变色，笔触颜色为□，同时按住【Shift】键，绘制一个正圆形。然后在"属性"面板中设置正圆形的"宽"和"高"为 80 像素，如图 6-43 所示，再利用"对齐"面板将其中心对齐。

图 6-42　创建"元件 1"图形元件

图 6-43　绘制正圆形

2. 创建按钮元件

①按组合键【Ctrl+F8】，在弹出的"创建新元件"对话框中设置参数，如图 6-44 所示，然后单击"确定"按钮，进入"元件 2"按钮元件的编辑模式。

②在时间轴的"点击"帧处按【F7】键，插入空白关键帧，然后从"库"面板中将"元件 1"拖放到"点击"帧中，如图 6-45 所示，并中心对齐。

图 6-44　创建"元件 2"　按钮元件

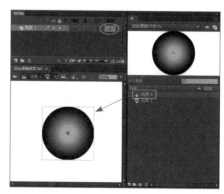

图 6-45　将"元件 1"从库中拖入"点击"帧

 提 示

这样做的目的是为了让鼠标敏感区域与图形元件等大。

3. 创建影片剪辑元件

①按组合键【Ctrl+F8】，在弹出的"创建新元件"对话框中设置参数，如图6-46所示，然后单击"确定"按钮，进入"元件3"影片剪辑元件的编辑模式。

②单击第1帧，将"元件2"从"库"面板中拖入工作区，并使其中心对齐。然后在"属性"面板"实例名称"输入框中输入"btn"，如图6-47所示。

图6-46 创建"元件3"影片剪辑元件

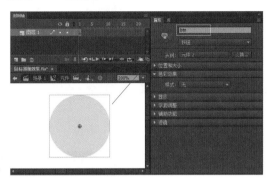

图6-47 在"属性"面板中将"元件2"的"实例名称"设置为"btn"

提 示

此时设置"元件2"的实例名称是为了后面对其添加相应代码。

③单击第2帧，按快捷键【F7】，插入空白关键帧，然后中将"元件1"从"库"面板拖入工作区并中心对齐。接着在第15帧按快捷键【F6】，插入关键帧，用工具箱中的任意变形工具按钮将其放大，并在"属性"面板中将其Alpha值设置为0%，如图6-48所示。

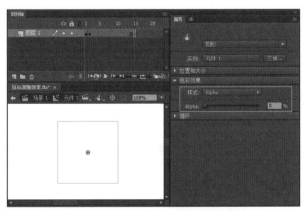

图6-48 设置第15帧中"元件1"的Alpha值为0%

④右击"图层1"的第2帧，从弹出的快捷菜单中选择"创建传统补间"命令，从而在第2帧到第15帧之间会实现小球从小变大并逐渐消失的效果。

⑤选择舞台中的第1帧中的"元件2"按钮实例，然后执行菜单中的"窗口|代码片段"

命令，调出"代码片段"面板。接着在此面板的"ActionScript|时间轴导航|在此帧处停止"命令处双击，如图 6-49 所示。此时会调出"动作"面板，并在其中自动输入动作脚本，如图 6-50 所示。同时会自动创建一个名称为"Actions"的图层，如图 6-51 所示。

图 6-49　在"在此帧处停止"
命令处双击

图 6-50　自动输入动作脚本

图 6-51　自动创建一个名称为"Actions"的图层

＋ 提 示

这段脚本用于控制动画不自动播放。

⑥为了便于查看脚本，下面在"动作"面板中将说明文字删除，只保留代码"stop();"。

⑦选中舞台中第 1 帧中的按钮实例，然后在"代码片段"面板"ActionScript|事件处理函数|Mouse Over 事件"命令处双击，如图 6-52 所示，接着在"动作"面板中删除注释文字，再在 {} 之间添加脚本"gotoAndPlay(2);"，如图 6-53 所示。

图 6-52　在"Mouse Over 事件"
命令处双击

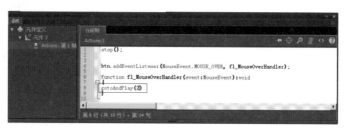

图 6-53　在 {} 之间添加脚本：
"gotoAndPlay(2);"

> **+ 提 示**
>
> 　　这段脚本用于实现当鼠标滑过的时候开始播放时间轴的第 2 帧，即小球从小变大并逐渐消失的效果。

4. 合成场景

　　①单击 <kbd>场景 1</kbd>，回到"场景 1"。然后从"库"面板中将"元件 3"影片剪辑元件拖入舞台。然后按住【Alt】键在舞台中复制"元件 3"影片剪辑实例，接着使用"对齐"面板将它们进行对齐，结果如图 6-54 所示。

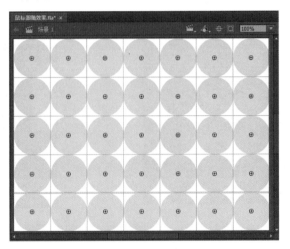

图 6-54　复制并对齐"元件 3"影片剪辑实例

　　②至此，鼠标效果制作完毕。下面执行菜单中的"控制|测试"命令，即可测试效果。

6.6.2　制作电子相册效果

制作要点

　　本例将制作单击向前按钮会显示前一帧图片，单击向后按钮会显示后一帧图片，同时图片切换时显示淡入动画的电子相册效果，如图 6-55 所示。通过本例的学习，读者应掌握"代码片段"面板中"单击以转到下一帧并停止""单击以转到上一帧并停止""淡入影片剪辑"命令和 stop() 脚本的综合应用。

图 6-55　电子相册

第 6 章　交互动画

229

操作步骤：

1. 制作电子相册的图片

①启动 Animate CC 2015 软件，新建一个 ActionScript 3.0 文件。

②设置文档大小。执行菜单中的"修改 | 文档"命令，在弹出的"文档设置"对话框中设置"舞台大小"为 550 像素 × 400 像素，如图 6-56 所示，然后单击"确定"按钮。

③将相关图片导入库。执行菜单中的"文件 | 导入 | 导入到库"命令，导入配套资源中的"素材及结果 \6.6.2 制作电子相册效果 \ 图片 1.jpg"~"图片 4.jpg"和"外框 .png"图片，如图 6-57 所示。

图 6-56　设置文档大小

图 6-57　将相关图片导入库中

④创建"pic1"影片剪辑元件。执行菜单中的"插入 | 新建元件"命令，在弹出的"创建新元件"对话框中进行设置，如图 6-58 所示，单击"确定"按钮，进入"pic1"影片剪辑元件的编辑状态。然后将"图片 1.jpg"从"库"面板中拖入到工作区中，并利用"对齐"面板将其中心对齐，如图 6-59 所示。

图 6-58　新建"pic1"图形元件

图 6-59　将"图片 1.jpg"
拖入工作区中并中心对齐

⑤同理，新建"pic2"~"pic4"影片剪辑元件，此时"库"面板如图 6-60 所示。

⑥单击 场景1 按钮，回到"场景1"。

⑦将"图层1"重命名为"图片"。然后从"库"面板中将"pic1"影片剪辑元件拖入舞台并中心对齐。接着在"属性"面板"实例名称"输入框中输入"pic1"，如图6-61所示。

图6-60 "库"面板

图6-61 在"属性"面板中将"元件2"
的"实例名称"设置为"pic1"

➕ 提 示

此时设置"pic1"的实例名称是为了后面对其添加相应代码。

⑧分别在"图片"层的第2~4帧按快捷键【F7】，插入空白关键帧。然后分别将"pic2"~"pic4"影片剪辑元件拖入"图片"层的第2~4帧，并中心对齐。接着分别将"图片"层的第2~4帧中的"pic2"~"pic4"影片剪辑实例，在"属性"面板"实例名称"中命名为"pic2"~"pic4"。

⑨新建"外框"层，然后将"外框.png"图片从"库"面板中拖入舞台，接着使用"对齐"面板将其中心对齐。最后为了防止错误操作，可锁定"外框"层，效果如图6-62所示。

图6-62 将"外框.png"图片拖入舞台并中心对齐

2. 创建"arrow"按钮元件

①执行菜单中的"插入|新建元件"命令，在弹出的"创建新元件"对话框中进行设置，如图6-63所示，单击"确定"按钮，进入"arrow"按钮元件的编辑状态。

②利用工具箱中的椭圆工具按钮，设置填充色为白色，笔触颜色为▱，同时按住【Shift】键，绘制一个正圆形。然后在"属性"面板中设置正圆形的"宽"和"高"为30像素，如图6-64所示，再利用"对齐"面板将其中心对齐。

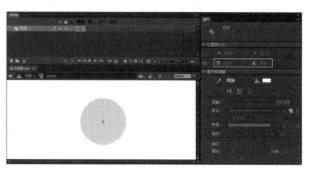

图6-63　新建"arrow"按钮元件　　　　图6-64　绘制正圆形并中心对齐

③利用工具箱中的钢笔工具按钮绘制笔触宽度为3像素的红色箭头形状，再利用"对齐"面板将其中心对齐，如图6-65所示。

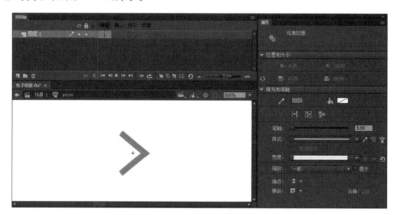

图6-65　绘制笔触宽度为3像素的红色箭头形状

④单击 ▦场景1 按钮，回到"场景1"。然后新建"按钮"图层，再从"库"面板中将"arrow"按钮元件拖入舞台的右下方。接着选择舞台中的"arrow"按钮实例，在"属性"面板中将其"实例名称"命名为"but_next"，如图6-66所示。

⑤水平向左复制一个arrow按钮实例，然后将其水平翻转，在"属性"面板中将其"实例名称"命名为"but_pre"，如图6-67所示。

3. 制作单击向前按钮会显示前一帧图片，单击向后按钮会显示后一帧图片的效果

①选择"按钮"图层向左方向的"arrow"的按钮实例，然后调出"代码片段"面板。接着在此面板的"ActionScript|时间轴导航|单击以转到前一帧并停止"命令处双击。此时会调出"动作"面板，并在其中自动输入动作脚本。同时会自动创建一个名称为"Actions"的图层，如图6-68所示。

②选择"按钮"图层向右方向的"arrow"的按钮实例,然后在"代码片段"面板的"ActionScript|时间轴导航|单击以转到下一帧并停止"命令处双击。此时"动作"面板中会自动输入动作脚本,如图 6-69 所示。

图 6-66 在"属性"面板中将"arrow"按钮实例的"实例名称"命名为"but_next"

图 6-67 在"属性"面板中将水平翻转后的"arrow"按钮实例的"实例名称"命名为"but_pre"

图 6-68　为向左方向的"arrow"按钮实例设置脚本

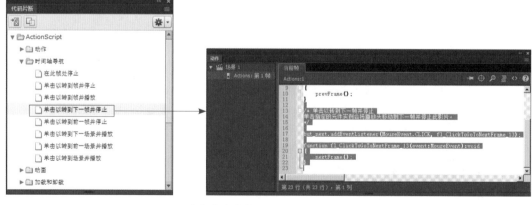

图 6-69　为向右方向的"arrow"按钮实例设置脚本

　　③在"动作"面板中将向左和向右按钮的注释文字删除，然后在第一行添加"stop();"脚本，此时"动作"面板中的脚本如图 6-70 所示。

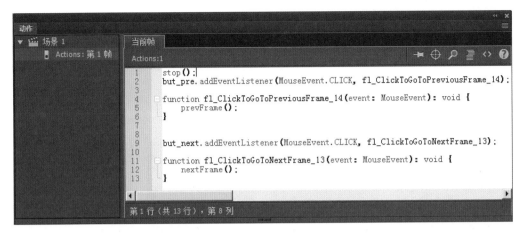

图 6-70　在第一行添加"stop();"脚本

➕ 提示

添加"stop();"脚本是为了控制图片不自动播放。

4. 制作图片切换时显示淡入的动画效果

①选择"图片"图层第 1 帧处的"pic1"影片剪辑实例，然后在"代码片段"面板的"ActionScript | 动画 | 淡入影片剪辑"命令处双击。此时"动作"面板中会自动输入动作脚本，如图 6-71 所示。

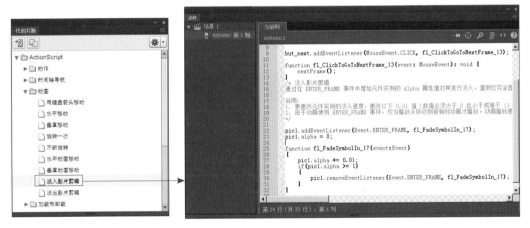

图 6-71　为"pic1"影片剪辑实例设置脚本

②此时执行菜单中的"控制 | 测试"命令，进行测试会发现图片淡入动画效果过于缓慢，下面就来解决这个问题。方法：在"动作"面板中将脚本"pic1.alpha += 0.01;"修改为 pic1.alpha += 0.05;"，此时再次测试会发现图片淡入动画效果就正常了。

③同理，对"图片"图层第 2 帧处的"pic2"影片剪辑实例，"图片"图层第 3 帧处的"pic3"影片剪辑实例和图层第 4 帧处的"pic4"影片剪辑实例添加"淡入影片剪辑"命令。

至此，电子相册制作完毕。下面执行菜单中的"控制 | 测试"命令，即可测试单击向前按钮会显示前一帧图片，单击向后按钮会显示后一帧图片，同时图片切换时显示淡入动画的电子相册效果。

第
6
章
交
互
动
画

235

6.6.3 制作计算器

制作要点

　　本例将制作一个带有加减乘除整数位四则运算功能的计算器，如图 6-72 所示。通过本例的学习，读者应掌握 ActionScript 3.0 语句的应用。

图 6-72　计算器效果

操作步骤：

　　1. 创建计算器背景

　　①启动 Animate CC 2015 软件，新建一个 ActionScript 3.0 文件。

　　②改变舞台大小。方法：执行菜单中的"修改|文档"命令，在弹出的"文档设置"对话框中设置舞台颜色为白色，舞台大小为 480 像素 ×400 像素，如图 6-73 所示，然后单击"确定"按钮。

图 6-73　"文档设置"对话框

　　③执行菜单中的"文件|导入|导入到舞台"命令，导入配套资源中的"素材及结果 \6.6.3 制作计算器 \bg.jpg"图片。然后将"图层 1"图层重命名为"bg"图层。接着利用"对齐"面板将其居中对齐，效果如图 6-74 所示。

　　④为了防止错误操作，下面锁定"bg"图层。

　　2. 创建计算器上的数字按钮

　　①创建"0"按钮元件。方法：按组合键【Ctrl+F8】，在弹出的"创建新元件"对话框中

设置参数，如图 6-75 所示，然后单击"确定"按钮，进入"0"按钮元件的编辑模式。

图 6-74　导入 bg.jpg 图片并居中对齐

图 6-75　创建"0"按钮元件

②选择工具箱中的基本矩形工具按钮，然后在舞台中绘制一个基本矩形。接着在"属性"面板中设置基本矩形的"宽"为 52，"高"为 32，填充色为深蓝（颜色参考值为 #020274）—黑（颜色参考值为 #000000）线性渐变色，笔触颜色为白色，笔触宽度为 0.5，矩形圆角半径为 5。最后将舞台中的基本矩形中心对齐，如图 6-76 所示。

③此时基本矩形默认的线性填充方向为从左到右，而我们需要的线性填充方向是从上到下。下面选择工具箱中的渐变变形工具按钮对舞台中的基本矩形填充方向进行处理，如图 6-77 所示。

④在时间轴"图层 1"的"点击"帧按快捷键【F5】，插入普通帧，如图 6-78 所示。

⑤新建"图层 2"，然后选择工具箱中的文本工具按钮，在"属性"面板中设置字体"系列"为"Times New Roman"，"样式"为"Bold"，"大小"为 24 磅，"颜色"为白色。接着在舞台中输入数字"0"，如图 6-79 所示。再将其中心对齐。

⑥在"图层 2"的"指针经过"帧按快捷键【F6】，插入关键帧。然后将文字颜色改为蓝绿色（颜色参考值为 #00FF96）。接着在"按下"帧按快捷键【F6】，插入关键帧，再按键盘上的向下箭头键 1 次，将数字"0"向下移动一个像素，此时效果如图 6-80 所示。

237

第 6 章　交互动画

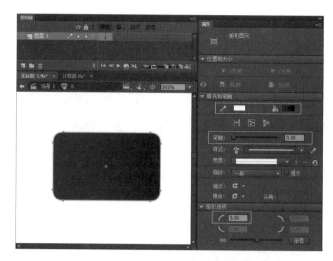

图 6-76　创建基本矩形并设置参数

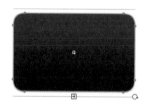

图 6-77　调整基本矩形的线性渐变方向

图 6-78　在"点击"状态插入普通帧

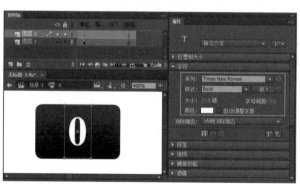

图 6-79　在"图层 2"输入文字"0"

图 6-80　将"按下"帧中的数字"0"
向下移动一个像素

⑦至此,"0"按钮元件制作完毕。下面通过"直接复制"命令制作"1"按钮元件。方法:
在"库"面板中右击"0"按钮元件,然后在弹出的快捷菜单中选择"直接复制"命令,如
图 6-81 所示。接着在弹出的"直接复制元件"对话框中将"名称"设置为"1",如图 6-82
所示,单击"确定"按钮。

⑧在"库"面板中双击"1"按钮元件,从而进入"1"按钮元件的编辑状态。然后将"图
层 2"中"弹起""指针经过"和"按下"帧中的数字"0"改为"1",如图 6-83 所示。

⑨同理,在"库"面板中利用"直接复制"命令,复制出"2"~"9"按钮元件,如
图 6-84 所示。然后再分别修改"2"~"9"按钮元件中的相应数字。

图 6-81 选择"直接复制"命令　　　　　图 6-82 将"名称"设置为"1"

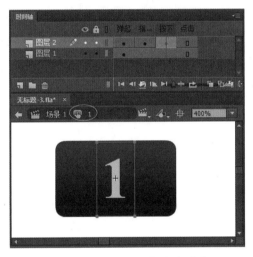

图 6-83 将数字"0"改为"1"　　　　　图 6-84 复制出"2"~"9"按钮元件

3. 创建计算器上的"+""-""×"和"÷"按钮

　　①创建"加号"按钮元件。方法：在"库"面板中右击"0"按钮元件，然后在弹出的快捷菜单中选择"直接复制"命令。接着在弹出的"直接复制元件"对话框中将"名称"设置为"加号"，如图 6-85 所示，单击"确定"按钮。

图 6-85 创建"加号"按钮元件

②在"库"面板中双击"加号"按钮元件,从而进入"加号"按钮元件的编辑状态。然后选择"图层 1"中的基本矩形,再在"颜色"面板中将左侧的色标设置为深绿色(颜色参考值为 #008C00),如图 6-86 所示。

③将"图层 2"中"弹起""指针经过"和"按下"帧中的数字"0"改为符号"+",如图 6-87 所示。

图 6-86 将左侧的色标设置为深绿色

图 6-87 将数字"0"改为符号"+"

④创建"减号"按钮元件。方法:在"库"面板中右击"加号"按钮元件,然后在弹出的快捷菜单中选择"直接复制"命令。接着在弹出的"直接复制元件"对话框中将"名称"设置为"减号",如图 6-88 所示,单击"确定"按钮。

⑤在"库"面板中双击"减号"按钮元件,从而进入"减号"按钮元件的编辑状态。然后将"图层 2"中"弹起""指针经过"和"按下"帧中的符号"+"改为符号"-",如图 6-89 所示。

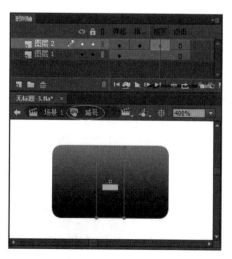

图 6-89 将符号"+"改为符号"-"

图 6-88 创建"减号"按钮元件

⑥同理，在"库"面板中利用"直接复制"命令，复制出"乘号"和"除号"按钮元件。然后再分别修改"乘号"和"除号"按钮元件中的相应符号，如图6-90所示。

"乘号"按钮元件

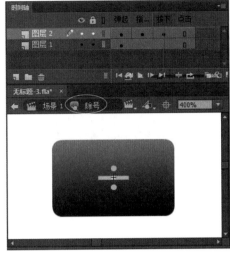

"除号"按钮元件

图6-90　"乘号"和"除号"按钮元件

4. 创建计算器上的"="和"C"按钮

①创建"等号"按钮元件。方法：在"库"面板中右击"0"按钮元件，然后在弹出的快捷菜单中选择"直接复制"命令。接着在弹出的"直接复制元件"对话框中将"名称"设置为"等号"，如图6-91所示，单击"确定"按钮。

图6-91　创建"等号"按钮元件

②在"库"面板中双击"等号"按钮元件，从而进入"等号"按钮元件的编辑状态。然后选择"图层1"中的基本矩形，再在"颜色"面板中将左侧的色标设置为深绿色（颜色参考值为#BB0101），如图6-92所示。

③将"图层2"中"弹起""指针经过"和"按下"帧中的数字"0"改为符号"="，如图6-93所示。

④创建"C"按钮元件。方法：在"库"面板中右击"等号"按钮元件，然后在弹出的快捷菜单中选择"直接复制"命令。接着在弹出的"直接复制元件"对话框中将"名称"设置为"C"，如图6-94所示，单击"确定"按钮。

⑤在"库"面板中双击"C"按钮元件，从而进入"等号"按钮元件的编辑状态。然后将"图层2"中"弹起""指针经过"和"按下"帧中的符号"="改为字母"C"，如图6-95所示。

图 6-92　将左侧的色标设置为深红色

图 6-93　将数字"0"改为符号"="

图 6-94　创建"C"按钮元件

图 6-95　将符号"="改为字母"C"

5. 摆放计算器上的按钮

①单击 ▦ 场景 1，回到"场景 1"。

②新建"计算器按钮"图层，然后从"库"面板中将所有按钮元件拖入舞台。接着利用"对齐"面板将它们进行对齐，结果如图 6-96 所示。

图 6-96　摆放并对齐计算器上的按钮

6. 添加计算器运算代码

①选择舞台中的"0"按钮实例，然后在"属性"面板中将它们的"实例名称"命名为"bt0"，如图 6-97 所示。

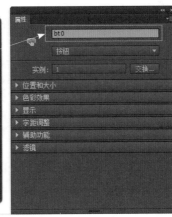

图 6-97　将"0"按钮实例的"实例名称"命名为"bt0"

②同理，分别选择舞台中的"1"~"9"按钮实例，然后在"属性"面板中将它们的"实例名称"命名为"bt1"~"bt9"。

③同理，分别选择舞台中的"+""−""×""÷""="和"C"按钮实例，然后在"属性"面板中将它们的"实例名称"命名为"btadd""btsub""btmulti""btdiv""btequal"和"btc"。

④创建动态文本。方法：在"计算器按钮"图层上方新建"数据显示"图层，然后选择工具箱中的文本工具按钮，在"属性"面板中设置字体类型为"动态文本"，"系列"为"Arial"，"样式"为"Bold"，"大小"为 20 磅，"颜色"为黑色。接着在舞台中拖出一个文本区域，最后在"属性"面板中将文本区域的"实例名称"命名为"dataText"，对齐方式设置为右对齐，如图 6-98 所示。

图 6-98　新建"数据显示"图层并创建动态文本

⑤为了避免在其他设备上不能正确显示字体，下面设置字体嵌入。方法：在"属性"面板中单击 嵌入... 按钮，然后在弹出的"字体嵌入"对话框中设置如图 6-99 所示，单击"确定"按钮。

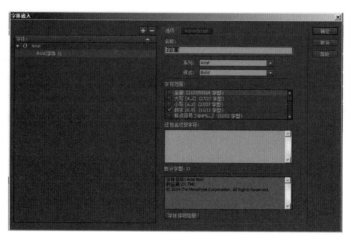

图 6-99　设置嵌入字体

⑥右击"Actions"图层的第 1 帧，从弹出的快捷菜单中选择"动作"命令，然后在弹出的"动作"面板中输入以下脚本：

```
var memory:int=0;
var sp:String="0";
var display:String="";
var clear:Boolean=true;
var decimal:Boolean=false;
var operator:String;
var operand1:String;
stop();
function computer(digit:String) :void{
    if(clear) {
            clear=false;
            decimal=false;
            display="";
    }
    if(display=="0 "&& digit!=".") {// 判断选择的按钮是数字还是 "."
            display=digit;
            dataText.text=display;
    } else{
            display=display+digit;
            dataText.text=display;
    }
}
function setO(newOper:String) {// 根据 newOper，处理加减乘除
    if(operator=="+") {
```

```
                display=String(Number(operand1)+Number(display));
    }
    if(operator=="-") {
                display=String(Number(operand1)-Number(display));
    }
    if(operator=="*") {
                display=String(Number(operand1)*Number(display));
    }
    if(operator=="/") {
                display=String(Number(operand1)/Number(display));
    }
    operator="=";
    clear=true;
    decimal=false;
    if(newOper!=null) {
                operator=newOper;
                operand1=display;
    }
    dataText.text=display;
}
bt0.addEventListener(MouseEvent.CLICK, On0Click);
bt1.addEventListener(MouseEvent.CLICK, On1Click);
bt2.addEventListener(MouseEvent.CLICK, On2Click);
bt3.addEventListener(MouseEvent.CLICK, On3Click);
bt4.addEventListener(MouseEvent.CLICK, On4Click);
bt5.addEventListener(MouseEvent.CLICK, On5Click);
bt6.addEventListener(MouseEvent.CLICK, On6Click);
bt7.addEventListener(MouseEvent.CLICK, On7Click);
bt8.addEventListener(MouseEvent.CLICK, On8Click);
bt9.addEventListener(MouseEvent.CLICK, On9Click);
btadd.addEventListener(MouseEvent.CLICK, OnAddClick);
btsub.addEventListener(MouseEvent.CLICK, OnSubClick);
btmulti.addEventListener(MouseEvent.CLICK, OnMultiClick);
btdiv.addEventListener(MouseEvent.CLICK, OnDivClick);
btequal.addEventListener(MouseEvent.CLICK, OnEqualClick);
btc.addEventListener(MouseEvent.CLICK, OnCClick);
function OnEqualClick(e:MouseEvent):void{
    setO("=");
}
function On0Click(e:MouseEvent):void{
    computer("0");
}
function On1Click(e:MouseEvent):void{
    computer("1");
```

```
}
function On2Click(e:MouseEvent):void{
    computer("2");
}
function On3Click(e:MouseEvent):void{
    computer("3");
}
function On4Click(e:MouseEvent):void{
    computer("4");
}
function On5Click(e:MouseEvent):void{
    computer("5");
}
function On6Click(e:MouseEvent):void{
    computer("6");
}
function On7Click(e:MouseEvent):void{
    computer("7");
}
function On8Click(e:MouseEvent):void{
    computer("8");
}
function On9Click(e:MouseEvent):void{
    computer("9");
}
function OnAddClick(e:MouseEvent):void{
    setO("+");
}
function OnSubClick(e:MouseEvent):void{
    setO("-");
}
function OnMultiClick(e:MouseEvent):void{
    setO("*");
}
function OnDivClick(e:MouseEvent):void{
    setO("/");
}
function OnCClick(e:MouseEvent):void{
    display="0";
    decimal=false;
    dataText.text=display;
}
```

⑦至此，计算器制作完毕。下面执行菜单中的"控制 | 测试"命令，即可测试效果。

6.6.4 制作 MP3 播放器

制作要点 ———

　　本例将制作一个具有音乐播放功能的 MP3 播放器，如图 6-100 所示。通过本例的学习，读者应掌握利用 ActionScripts 3.0 中的相关脚本控制音乐播放、音量调整以及加载多个外部音乐的方法。

图 6-100　MP3 播放器

操作步骤：

　　①启动 Animate CC 2015 软件，新建一个 ActionScript 3.0 文件。

　　②执行菜单中的"文件 | 打开"命令，打开配套资源中的"素材及结果 \6.6.4　制作 MP3 播放器 \MP3 播放器 - 素材 .fla"文件。

　　③在舞台中选择最左侧的播放按钮，然后在"属性"面板中将其"实例名称"命名为"play_btn"，如图 6-101 所示。

图 6-101　将播放按钮的"实例名称"命名为"play_btn"

　　④同理，为"控制按钮"图层的其余按钮指定"实例名称"为"pause_btn""stop_btn"

"previous_btn"和"next_btn",如图 6-102 所示。

"实例名称"为"pause_btn"
"实例名称"为"stop_btn"
"实例名称"为"previous_btn"
"实例名称"为"next_btn"

图 6-102 为"控制按钮"图层的其余按钮指定"实例名称"

⑤选择"音量控制"图层中的"volume scroller"影片剪辑实例,然后在"属性"面板中将其"实例名称"命名为"ylhk_mc",如图 6-103 所示。

图 6-103 将"volume scroller"影片剪辑实例的"实例名称"命名为"ylhk_mc"

⑥选择"音量控制"图层中的"volume bar"影片剪辑实例，然后在"属性"面板中将其"实例名称"命名为"ylhd_mc"，如图 6-104 所示。

图 6-104　将"volume bar"影片剪辑实例的"实例名称"命名为"ylhd_mc"

⑦选择"进度控制"图层中的"status bar scroller"影片剪辑实例，然后在"属性"面板中将其"实例名称"命名为"hk_mc"，如图 6-105 所示。

图 6-105　将"status bar scroller"影片剪辑实例的"实例名称"命名为"hk_mc"

⑧选择"进度控制"图层中的"progress bar scroller"影片剪辑实例，然后在"属性"面板中将其"实例名称"命名为"hd_mc"，如图 6-106 所示。

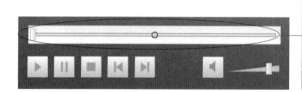

图 6-106　将"progress bar scroller"影片剪辑实例的"实例名称"命名为"hd_mc"

⑨在"进度控制"图层上方新建"声音文字"图层，然后利用工具箱中的文本工具按钮在舞台中创建一个动态文本框，接着在"属性"面板中将其"实例名称"命名为"gm_txt"，并设置其余参数，如图 6-107 所示。

⑩在"属性"面板中单击 嵌入… 按钮，然后在弹出的"字体嵌入"对话框中选中"简体中文 -1 级（13746/13746 字型）"复选框，如图 6-108 所示，单击"确定"按钮。

⑪将配套资源中的"素材及结果 \6.6.4　制作 MP3 播放器 \beyond.mp3、黎明 .mp3、狮子王 .mp3、献给爱丽丝 .mp3"文件复制到与当前编辑文档同级的目录下以便后面在脚本中进行调用。

⑫在"文字"图层上方新建"Actions"图层，然后右击"图层 1"的第 1 帧，从弹出的快捷菜单中选择"动作"命令，接着在弹出的"动作"面板中输入以下脚本：

图 6-107　创建动态文本框

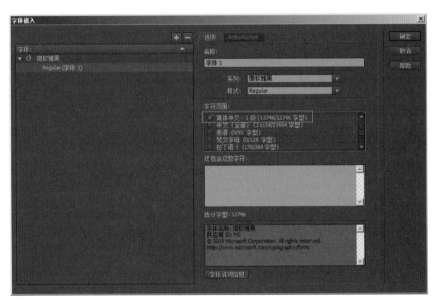

图 6-108　设置参数

```
var dz:URLRequest=new URLRequest();
var sywj:Sound=new Sound();
var gqsz:Array=new Array();
var sysz:Number;
var sykz:SoundChannel=new SoundChannel();
var ztwz:Number;
var jzjd;
```

```
// 初始化
gqsz[0]={label:" 歌曲名: 黎明 ",data:" 黎明 .mp3"};
gqsz[1]={label:" 歌曲名: 狮子王 ",data:" 狮子王 .mp3"};
gqsz[2]={label:" 歌曲名: 献给爱丽丝 ",data:" 献给爱丽丝 .mp3"};
gqsz[3]={label:" 歌曲名: 光辉岁月 ",data:"beyond.mp3"};
sysz=0;
syplay();
function syplay() {
    dz.url=gqsz[sysz].data;
    sywj=new Sound();
    sywj.load(dz);
    gm_txt.text=gqsz[sysz].label;
    sywj.addEventListener(Event.OPEN,ksjz);
    sywj.addEventListener(IOErrorEvent.IO_ERROR,jzcw);
}// 加载控制
function ksjz(event) {
    sykz.stop();
    sykz=sywj.play();
}
function jzcw(event) {
    sykz.stop();
    sysz=(sysz<gqsz.length-1)?sysz+1:0;
    syplay();
}
// 以下为播放控制
play_btn.enabled=false;
pause_btn.addEventListener(MouseEvent.CLICK,zths);
stop_btn.addEventListener(MouseEvent.CLICK,tzhs);
function bfhs(event) {
    sykz.stop();
    play_btn.removeEventListener(MouseEvent.CLICK,bfhs);
    play_btn.enabled=false;
    sykz=sywj.play(ztwz);
}
function zths(event) {
    play_btn.addEventListener(MouseEvent.CLICK,bfhs);
    play_btn.enabled=true;
    ztwz=sykz.position;
    sykz.stop();
}
function tzhs(event) {
```

```
        play_btn.addEventListener(MouseEvent.CLICK,bfhs);
        play_btn.enabled=true;
        ztwz=0;
        sykz.stop();
}
// 多首歌曲控制
previous_btn.addEventListener(MouseEvent.CLICK,syshs);
next_btn.addEventListener(MouseEvent.CLICK,xyshs);
function syshs(event) {
        sykz.stop();
        sysz=(sysz>0)?sysz-1:gqsz.length-1;
        syplay();
}
function xyshs(event) {
        sykz.stop();
        sysz=(sysz<gqsz.length-1)?sysz+1:0;
        syplay();
}
// 播放控制条
var zcd;
var bfb;
var zuo=hd_mc.x;
var you=hd_mc.width-hk_mc.width;
var shang=hk_mc.y;
var xia=0;
hk_mc.buttonMode=true;
hd_mc.buttonMode=true;
var fw:Rectangle=new Rectangle(zuo,shang,you,xia);
addEventListener(Event.ENTER_FRAME,hkcfzx);
hk_mc.addEventListener(MouseEvent.MOUSE_DOWN,axhs);
hk_mc.addEventListener(MouseEvent.MOUSE_UP,skhs);
hd_mc.addEventListener(MouseEvent.MOUSE_DOWN,hdax);
hd_mc.addEventListener(MouseEvent.MOUSE_UP,hdsk);
function hkcfzx(event) {
        zcd=sywj.length/(sywj.bytesLoaded/sywj.bytesTotal);
        bfb=sykz.position/zcd;
        if(bfb) {
                hk_mc.x=bfb*(hd_mc.width-hk_mc.width)+hd_mc.x;
        } else {
                hk_mc.x=hd_mc.x;
        }
        // 这里是循环播放
```

```
        if(Math.round((sykz.position/zcd*100))==100) {
                sykz.stop();
                sysz=(sysz<gqsz.length-1)?sysz+1:0;
                syplay();
        }// 这里是循环播放
}
function axhs(event) {
    sykz.stop();
    if(jzjd==100) {
            stage.addEventListener(MouseEvent.MOUSE_UP,wths);
            removeEventListener(Event.ENTER_FRAME,hkcfzx);
            hk_mc.startDrag(false,fw);
    }
}
function skhs(event) {
    stage.removeEventListener(MouseEvent.MOUSE_UP,wths);
    ztwz=zcd*((hk_mc.x-hd_mc.x)/(hd_mc.width-hk_mc.width));
    sykz=sywj.play(ztwz);
    addEventListener(Event.ENTER_FRAME,hkcfzx);
    hk_mc.stopDrag();
}
function wths(event) {
    stage.removeEventListener(MouseEvent.MOUSE_UP,wths);
    sykz.stop();
    ztwz=zcd*((hk_mc.x-hd_mc.x)/(hd_mc.width-hk_mc.width));
    sykz=sywj.play(ztwz);
    addEventListener(Event.ENTER_FRAME,hkcfzx);
    hk_mc.stopDrag();
}
function hdax(event) {
    stage.addEventListener(MouseEvent.MOUSE_UP,wths);
    sykz.stop();
    removeEventListener(Event.ENTER_FRAME,hkcfzx);
}
function hdsk(event) {
    if(jzjd==100) {
            stage.removeEventListener(MouseEvent.MOUSE_UP,wths);
            ztwz=zcd*((mouseX-hd_mc.x)/(hd_mc.width-hk_mc.width+hd_mc.x));
            addEventListener(Event.ENTER_FRAME,hkcfzx);
    }
    sykz=sywj.play(ztwz);
}
```

```
// 音量控制
var ylzuo=ylhd_mc.x;
var ylyou=ylhd_mc.width-ylhk_mc.width;
var ylshang=ylhk_mc.y;
var ylxia=0;
var ylkz:SoundTransform=new SoundTransform();
ylhk_mc.buttonMode=true;
var ylfw:Rectangle=new Rectangle(ylzuo,ylshang,ylyou,ylxia);
ylhk_mc.addEventListener(MouseEvent.MOUSE_DOWN,ylhk);
ylhk_mc.addEventListener(MouseEvent.MOUSE_UP,ylsk);
function ylhk(event) {
    ylhk_mc.addEventListener(Event.ENTER_FRAME,ylcfzx);
    stage.addEventListener(MouseEvent.MOUSE_UP,ylwsf);
    ylhk_mc.startDrag(false,ylfw);
}
function ylsk(event) {
    ylhk_mc.removeEventListener(Event.ENTER_FRAME,ylcfzx);
    stage.removeEventListener(MouseEvent.MOUSE_UP,ylwsf);
    ylhk_mc.stopDrag();
}
function ylwsf(event) {
    ylhk_mc.removeEventListener(Event.ENTER_FRAME,ylcfzx);
    stage.removeEventListener(MouseEvent.MOUSE_UP,ylwsf);
    ylhk_mc.stopDrag();
}
function ylcfzx(event) {
    var yl=((ylhk_mc.x-ylhd_mc.x)/(ylhd_mc.width-ylhk_mc.width)*100)/100;
    ylkz.volume=yl;
    sykz.soundTransform=ylkz;
}
```

⑬ 此时"场景1"的时间轴分布，如图6-109所示。至此，MP3播放器制作完毕。下面执行菜单中的"控制|测试"命令，即可测试效果。

图6-109　"场景1"的时间轴分布

6.6.5 制作在小窗口中浏览大图像效果

制作要点

本例将制作在小窗口中浏览大图像效果，如图 6-110 所示。通过本例的学习，读者应掌握加载外部创建的 ActionScript 3.0 类与图像的方法。

图 6-110　在小窗口中浏览大图像效果

操作步骤：

1. 创建 ActionScript 3.0 类

①新建"building.as"文件。方法：执行菜单中的"文件|新建"命令，在弹出的"新建文档"对话框左侧"类型"中选择"ActionScript 3.0 类"命令，然后在右侧"类名称"文本框中输入"building"，如图 6-111 所示，单击"确定"按钮。

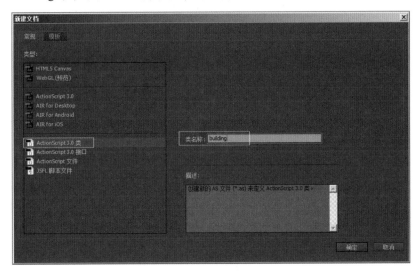

图 6-111　新建"ActionScript 3.0 类"

②在此文件的输入窗口中输入以下脚本：

```
package {
    import flash.display.*;
    import flash.text.*;
```

第 6 章　交互动画

255

```
        import flash.net.*;
        import flash.events.*;
        import fl.transitions.Tween;
        import fl.transitions.easing.*;

        public class building extends MovieClip {
                private var statusField:TextField;
                private var statusFieldFormat:TextFormat;
                private var imgReq:URLRequest;
                private var imgLoad:Loader;
                private var moveTwX:Tween;
                private var moveTwY:Tween;

        public function building(imgPath:String):void {
                this.statusField=new TextField;
                this.statusField.autoSize=TextFieldAutoSize.LEFT;
                this.statusField.selectable=false;
                this.addChild(this.statusField);
                this.statusFieldFormat=new TextFormat("Verdana", 12);

                this.imgReq=new URLRequest(imgPath);
                this.imgLoad=new Loader();
                this.imgLoad.load(this.imgReq);
                this.imgLoad.contentLoaderInfo.addEventListener
(IOErrorEvent.IO_ERROR, imgNotFound);
                this.imgLoad.contentLoaderInfo.addEventListener(Event.
OPEN, imgLoadingStart);
                this.imgLoad.contentLoaderInfo.addEventListener(Event.
COMPLETE, imgLoaded);

                this.moveTwX=new Tween(this.imgLoad, "x", null, this.
imgLoad.x, this.imgLoad.x, 1);
                this.moveTwY=new Tween(this.imgLoad, "y", null, this.
imgLoad.y, this.imgLoad.y,1);
            }
        private function setText(tColor:uint, tMessage:String):
void {
                this.statusFieldFormat.color=tColor;
                this.statusField.text=tMessage;
                this.statusField.setTextFormat(this.statusFieldFormat);
                this.statusField.x=(stage.stageWidth-
this.statusField.width)/2;
                this.statusField.y=(stage.stageHeight-
this.statusField.height)/2;
```

```
                    }
                    private function imgNotFound(event:Event):void {
                            this.setText(0xff0000, "Wrong image path!");
                    }

                    private function imgLoadingStart(event:Event):void {
                            this.setText(0x999999, "Loading image...");
                    }
                    private function imgLoaded(event:Event):void {
                            this.statusField.visible=false;
                            this.addChild(this.imgLoad);
                            this.imgLoad.x=(stage.stageWidth-
this.imgLoad.width)/2;
                            this.imgLoad.y=(stage.stageHeight-
this.imgLoad.height)/2;
                            this.addEventListener(MouseEvent.MOUSE_MOVE,
mouseMoving);
                    }
                    private function mouseMoving(event:MouseEvent):void {
                            this.moveTwX.stop();
                            this.moveTwY.stop();
                            this.moveTwX=new Tween(this.imgLoad, "x",
Strong.easeOut, this.imgLoad.x, -(mouseX/stage.stageWidth)*(this.imgLoad.
width-stage.stageWidth),50);
                            this.moveTwY=new Tween(this.imgLoad, "y",
Strong.easeOut, this.imgLoad.y, -(mouseY/stage.stageHeight)*(this.imgLoad.
height-stage.stageHeight), 50);
                    }
            }
    }
```

③执行菜单中的"文件 | 保存"（快捷键【Ctrl+S】）命令，将其保存到"5.10　在小窗口中浏览大图像效果"文件夹中。

2. 制作在小窗口中浏览大图像效果

①启动 Animate CC 2015 软件，新建一个 ActionScript 3.0 文件。然后将其保存到与"building.as"相同的"6.6.5　制作在小窗口中浏览大图像效果"文件夹中，名称为"building.fla"。

②设置浏览窗口尺寸。方法：执行菜单中的"修改 | 文档"命令，在弹出的"文档设置"对话框中设置"舞台大小"为 500 像素 ×400 像素，然后单击"确定"按钮。

③将配套资源中的"素材及结果 \6.6.5　制作在小窗口中浏览大图像效果 \building.jpg"图片复制到与"building.fla"文件相同的文件夹中。

④右击"图层 1"的第 1 帧，从弹出的快捷菜单中选择"动作"命令，接着在弹出

的"动作"面板中输入以下脚本：

```
var IS:building = new building("building.jpg");
addChild(IS);
```

⑤至此，在小窗口中浏览大图像效果制作完毕。下面执行菜单中的"控制 | 测试"命令，即可测试效果。

6.6.6 制作礼花绽放效果

制作要点

本例将制作夜空中礼花绽放的效果，如图 6-112 所示。通过本例的学习，读者应掌握利用多个 ActionScript 3.0 类文件与动画相关联的方法。

图 6-112 礼花绽放效果

操作步骤：

1. 创建名称为"Point3D"的 ActionScript 3.0 类

①执行菜单中的"文件 | 新建"命令，在弹出的"新建文档"对话框左侧"类型"中选择"ActionScript 3.0 类"命令，然后在右侧"类名称"文本框中输入"Point3D"，如图 6-113 所示，单击"确定"按钮。

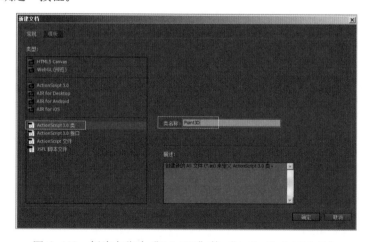

图 6-113 新建名称为"Point3D"的"ActionScript 3.0 类"

②在此文件的输入窗口中输入以下脚本：

```
package flashandmath {
    public class Point3D {
            public var x:Number;
            public var y:Number;
            public var z:Number;
            private var outputPoint:Point3D;
            public function Point3D(x1:Number=0,y1:Number=0,z1:Number=0) {
                    this.x=x1;
                    this.y=y1;
                    this.z=z1;
            }
            public function clone():Point3D {
                    outputPoint=new Point3D();
                    outputPoint.x=this.x;
                    outputPoint.y=this.y;
                    outputPoint.z=this.z;
                    return outputPoint;
            }
    }
}
```

③执行菜单中的"文件 | 保存"命令，将其保存到"6.6.6 制作礼花绽放效果 \flashandmath"文件夹中。

2. 创建名称为"Particle3D"的 ActionScript 3.0 类

①执行菜单中的"文件 | 新建"命令，在弹出的"新建文档"对话框左侧"类型"中选择"ActionScript 3.0 类"命令，然后在右侧"类名称"文本框中输入"Particle3D"，如图 6-114 所示，单击"确定"按钮。

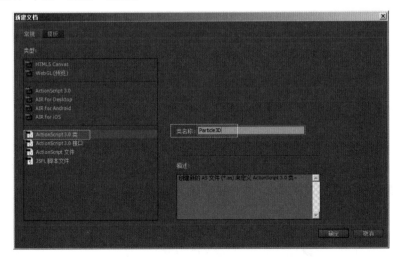

图 6-114 新建 新建名称为"Particle3D"的"ActionScript 3.0 类"

②在此文件的输入窗口中输入以下脚本：

```
package flashandmath {
    import flashandmath.Point3D;
    public class Particle3D {
            public var size:Number;
            public var color:uint;
            public var pos:Point3D;
            public var vel:Point3D;
            public var accel:Point3D;
            public var airResistanceFactor:Number;
            public var age:Number;
            public var lifeSpan:Number;
            public var next:Particle3D;
            public var prev:Particle3D;
            public var envelopeTime1:Number;
            public var envelopeTime2:Number;
            public var envelopeTime3:Number;
            public var paramInit:Number;
            public var paramHold:Number;
            public var paramLast:Number;
            public var dead:Boolean;
            public function Particle3D(x0:Number=0,y0:Number=0,
z0:Number=0, velX:Number=0, velY:Number=0, velZ:Number=0) {
                    pos=new Point3D(x0,y0,z0);
                    vel=new Point3D(velX, velY, velZ);
                    accel=new Point3D();
                    size=1;
                    color=0xFFFFFF;
                    airResistanceFactor=0.03;
                    dead=false;
            }
    }
}
```

③执行菜单中的"文件|保存"命令，将其保存到"6.6.6　制作礼花绽放效果\flashandmath"文件夹中。

3. 创建名称为"Particle3DList"的 ActionScript 3.0 类

①执行菜单中的"文件|新建"命令，在弹出的"新建文档"对话框左侧"类型"中选择"ActionScript 3.0 类"命令，然后在右侧"类名称"文本框中输入"Particle3DList"，如图 6-115 所示，单击"确定"按钮。

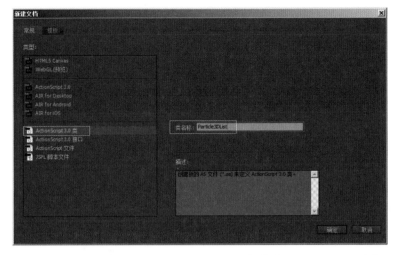

图 6-115　新建　新建名称为"Particle3DList"的"ActionScript 3.0 类"

②在此文件的输入窗口中输入以下脚本：

```
package flashandmath {
    import flashandmath.Particle3D;
    public class Particle3DList {
            public var first:Particle3D;
            public var recycleBinListFirst:Particle3D;
            public var numOnStage:Number;
            public var numInRecycleBin:Number;
            public function Particle3DList() {
                    numOnStage=0;
                    numInRecycleBin=0;
        }
            public function addParticle(x0:Number=0, y0:Number=0,
z0:Number=0, velX:Number=0, velY:Number=0, velZ:Number=0):Particle3D {
                    var particle:Particle3D;
                    numOnStage++;
                    if(recycleBinListFirst!=null) {
                            numInRecycleBin--;
                            particle=recycleBinListFirst;
                            if(particle.next!=null) {
                                    recycleBinListFirst=particle.next;
                                    particle.next.prev=null;
                            }
                            else {
                                    recycleBinListFirst=null;
                            }
                            particle.pos.x=x0;
                            particle.pos.y=y0;
```

```
                                        particle.pos.z=z0;
                                        particle.vel.x=velX;
                                        particle.vel.y=velY;
                                        particle.vel.z=velZ;
                    }
                    else {
                                particle=new Particle3D(x0,y0,z0,velX,velY,
velZ);

                    }
                    particle.age=0;
                    particle.dead=false;
                    if(first==null) {
                                first=particle;
                                particle.prev=null;
                                particle.next=null;
                    }
                    else {
                                particle.next=first;
                                first.prev=particle;
                                first=particle;
                                particle.prev=null;
                    }
             return particle;
        }
        public function recycleParticle(particle:Particle3D):void {
                numOnStage--;
                numInRecycleBin++;
                if(first==particle) {
                        if(particle.next!=null) {
                                particle.next.prev=null;
                                first=particle.next;
                        }
                        else {
                                first=null;
                        }
                }
                else {
                        if(particle.next==null) {
                                particle.prev.next=null;
                        }
                        else {
                                particle.prev.next=particle.next;
                                particle.next.prev=particle.prev;
                        }
```

```
                    }
            if(recycleBinListFirst==null) {
                    recycleBinListFirst=particle;
                    particle.prev=null;
                    particle.next=null;
            }
            else {
                    particle.next=recycleBinListFirst;
                    recycleBinListFirst.prev=particle;
                    recycleBinListFirst=particle;
                    particle.prev=null;
            }
        }
    }
}
```

③执行菜单中的"文件 | 保存"命令,将其保存到"6.6.6 礼花绽放效果 \flashandmath"
文件夹中。

4. 制作礼花绽放效果

①启动 Animate CC 2015 软件,新建一个 ActionScript 3.0 文件。然后将其保存到"6.6.6
礼花绽放效果"文件夹中,名称为"礼花绽放效果 .fla"。

②执行菜单中的"文件 | 导入 | 导入到舞台"命令,导入配套资源中的"素材及结果 \6.6.6
礼花绽放效果 \bg.jpg"图片。

③设置文档大小。方法:执行菜单中的"修改 | 文档"命令,在弹出的对话框中单击
"匹配内容"按钮,如图 6-116 所示,然后单击"确定"按钮,使舞台大小与图片等大,如
图 6-117 所示。

图 6-116　单击"匹配内容"按钮　　　　图 6-117　使舞台大小与图片等大

④创建"McSkyline"影片剪辑元件。方法：执行菜单中的"插入 | 新建元件"命令，在弹出的"创建新元件"对话框中进行设置，如图 6-118 所示，单击"确定"按钮。

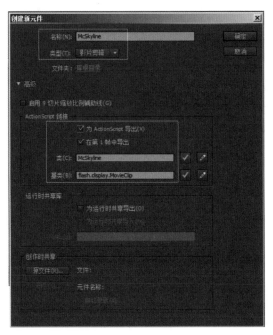

图 6-118   新建名称为"McSkyline"的影片剪辑元件

⑤单击 <kbd>场景 1</kbd> 按钮，回到"场景 1"。然后新建"Actions"图层，接着右击"Actions"图层的第 1 帧，从弹出的快捷菜单中选择"动作"命令，接着在弹出的"动作"面板中输入以下脚本：

```
import flashandmath.Particle3D;
import flashandmath.Particle3DList;
import flash.display.Shape;
var flareList:Particle3DList;
var sparkList:Particle3DList;
var sparkBitmapData:BitmapData;
var sparkBitmap:Bitmap;
var waitCount:int;
var count:int;
var darken:ColorTransform;
var origin:Point;
var blur:BlurFilter;
var sky:Sprite;
var minWait:Number;
var maxWait:Number;
var colorList:Vector.<uint>;
var maxDragFactorFlare:Number;
var maxDragFactorSpark:Number;
```

```
var maxNumSparksAtNewFirework:Number;
var displayHolder:Sprite;
var displayWidth:Number;
var displayHeight:Number;
var starLayer:Sprite;
var particle:Particle3D;
var nextParticle:Particle3D;
var spark:Particle3D;
var nextSpark:Particle3D;
var phi:Number;
var theta:Number;
var mag:Number;
var dragFactor:Number;
var flareOriginX:Number;
var flareOriginY:Number;
var numFlares:Number;
var numSparks:Number;
var sparkAlpha:Number;
var sparkColor:uint;
var randDist:Number;
var presentAlpha:Number;
var colorParam:Number;
var fireworkColor:uint;
var grayAmt:Number;
var gravity:Number;
var maxNumFlares:Number;
var maxNumSparksPerFlare:int;
var topMargin:Number;
init();
function init():void {
    displayWidth=600;
    displayHeight=600;
    waitCount=100;
    minWait=10;
    maxWait=130;
    count=waitCount-1;
    flareList=new Particle3DList();
    sparkList=new Particle3DList();
    maxDragFactorFlare=0.6;
    maxDragFactorSpark=0.6;
    maxNumSparksAtNewFirework=3000;
    gravity=0.03;
    maxNumFlares=90;
    maxNumSparksPerFlare=2;
```

```
        topMargin=6;
        displayHolder=new Sprite;
        displayHolder.x=0;
        displayHolder.y=0;
        sparkBitmapData=new BitmapData(displayWidth, displayHeight, true,
0x00000000);
        sparkBitmap=new Bitmap(sparkBitmapData);
        var alphaToWhite:Number=0.5;
        var alphaMult:Number=1.6;
        var cmf:ColorMatrixFilter=new ColorMatrixFilter([1,0,0,alphaToWhite,0,
            0,1,0,alphaToWhite,0,
            0,0,1,alphaToWhite,0,
            0,0,0,alphaMult,0]);
        sparkBitmap.filters=[cmf];
        sky=new Sprite();
        sky.graphics.drawRect(0,0,displayWidth, displayHeight);
        sky.graphics.endFill();
        starLayer=new Sprite();
        starLayer.x=0;
        starLayer.y=0;
        starLayer.blendMode=BlendMode.LIGHTEN;
        var k:int;
        var starGray:Number;
        var starY:Number;
        for(k=0; k<100; k++) {
                starY=Math.random()*(displayHeight-2);
                starGray=Math.max(0, 255*(1-0.8*starY/displayHeight));
                starLayer.graphics.beginFill(starGray<<16|starGray<<
8|starGray);
                starLayer.graphics.drawCircle(Math.andom()*displayWidth,
starY, 0.25+0.5*Math.random());
                starLayer.graphics.endFill();
        }
        var skyline:Sprite=new McSkyline() as Sprite;
        skyline.x=0;
        skyline.y=displayHeight;
        var frame:Shape=new Shape();
        frame.graphics.lineStyle(1,0x111111);
        frame.graphics.drawRect(0,0,displayWidth,displayHeight);
        frame.x=displayHolder.x;
        frame.y=displayHolder.y;
        this.addChild(displayHolder);
        displayHolder.addChild(sky);
        displayHolder.addChild(starLayer);
        displayHolder.addChild(sparkBitmap);
```

```
        displayHolder.addChild(skyline);
        this.addChild(frame);
        darken=new ColorTransform(1,1,1,0.87);
        blur=new BlurFilter(4,4,1);
        origin=new Point(0,0);
        colorList=new <uint>[0x68ff04, 0xefe26d, 0xfc4e50, 0xfffae7, 0xffffff,
                            0xffc100, 0xe02222, 0xffa200, 0xff0000, 0x8aaafd,
                            0x3473e5, 0xc157b7, 0x9b3c8a, 0xf9dc98, 0xdc9c45,
                            0xee9338];
        this.addEventListener(Event.ENTER_FRAME, onEnter);
    }
    function onEnter(evt:Event):void {
        count++;
        if((count>=waitCount)&&(sparkList.numOnStage<maxNumSparksAtNewFire
work)){
                //the time before another firework will be randomized:
                waitCount=minWait+Math.random()*(maxWait-minWait);
                fireworkColor=randomColor();
                count=0;
                flareOriginX=125+Math.random()*300;
                flareOriginY=90+Math.random()*90;
                var i:int;
                var sizeFactor:Number=0.1+Math.random()*0.9;
                numFlares=(0.25+0.75*Math.random()*sizeFactor)*maxNumFlares;
                for(i=0;i<numFlares; i++) {
                        var thisParticle:Particle3D = flareList.addParticle
(flareOriginX, flareOriginY,0);
                        theta=2*Math.random()*Math.PI;
                        phi=Math.acos(2*Math.random()-1);
                        mag=8+sizeFactor*sizeFactor*10;
                        thisParticle.vel.x=mag*Math.sin(phi)*Math.cos(theta);
                        thisParticle.vel.y=mag*Math.sin(phi)*Math.sin(theta);
                        thisParticle.vel.z=mag*Math.cos(phi);
                        thisParticle.airResistanceFactor=0.015;
                        thisParticle.envelopeTime1=45+60*Math.random();
                        thisParticle.color=fireworkColor;
                }
        }
        particle=flareList.first;
        while(particle!=null) {
                nextParticle=particle.next;
                dragFactor=particle.airResistanceFactor*Math.sqrt
(particle.vel.x*particle.vel.x+particle.vel.y*particle.vel.y+
particle.vel.z*particle.vel.z);
                if(dragFactor>maxDragFactorFlare) {
```

第
6
章
交
互
动
画

```
                              dragFactor=maxDragFactorFlare;
                     }
                     particle.vel.x+=0.05*(Math.random()*2-1);
                     particle.vel.y+=0.05*(Math.random()*2-1)+gravity;
                     particle.vel.z+=0.05*(Math.random()*2-1);
                     particle.vel.x-=dragFactor*particle.vel.x;
                     particle.vel.y-=dragFactor*particle.vel.y;
                     particle.vel.z-=dragFactor*particle.vel.z;
                     particle.pos.x+=particle.vel.x;
                     particle.pos.y+=particle.vel.y;
                     particle.pos.z+=particle.vel.z;
                     particle.age+=1;
                     if(particle.age>particle.envelopeTime1) {
                              particle.dead=true;
                     }
                     if((particle.dead)||(particle.pos.x>displayWidth)||
(particle.pos.x<0)||(particle.pos.y>displayHeight)||
(particle.pos.y<-topMargin)) {
                              flareList.recycleParticle(particle);
                     }
                     else {
                              numSparks=Math.floor(Math.random()*(maxNumSpark
sPerFlare+1)*(1-particle.age/particle.envelopeTime1));
                          for(i=0; i<maxNumSparksPerFlare; i++) {
                              randDist=Math.random();
                              var thisSpark:Particle3D=
sparkList.addParticle(particle.pos.x-randDist*particle.vel.x, particle.
pos.y-randDist*particle.vel.y,0,0);
                                  thisSpark.vel.x=0.2*(Math.random()*2-1);
                                  thisSpark.vel.y=0.2*(Math.random()*2-1);
                                  thisSpark.envelopeTime1=10+Math.random()*
40;
                                  thisSpark.envelopeTime2=
thisSpark.envelopeTime1+6+Math.random()*6;
                                  thisSpark.airResistanceFactor=0.2;
                                  thisSpark.color=particle.color;
                          }
                     }
                     particle=nextParticle;
          }
          sparkBitmapData.lock();
          sparkBitmapData.colorTransform(sparkBitmapData.rect, darken);
          sparkBitmapData.applyFilter(sparkBitmapData, sparkBitmapData.rect,
origin, blur);
```

```
            spark=sparkList.first;
        while(spark!=null) {
                nextSpark=spark.next;
                dragFactor=spark.airResistanceFactor*Math.sqrt
(spark.vel.x*spark.vel.x+spark.vel.y*spark.vel.y);
                if(dragFactor>maxDragFactorSpark) {
                        dragFactor=maxDragFactorSpark;
                }
                spark.vel.x+=0.07*(Math.random()*2-1);
                spark.vel.y+=0.07*(Math.random()*2-1)+gravity;
                spark.vel.x-=dragFactor*spark.vel.x;
                spark.vel.y-=dragFactor*spark.vel.y;
                spark.pos.x+=spark.vel.x;
                spark.pos.y+=spark.vel.y;
                spark.age+=1;
                if(spark.age<spark.envelopeTime1) {
                        sparkAlpha=255;
                }
                else if(spark.age<spark.envelopeTime2) {
                        sparkAlpha=-255/spark.envelopeTime2*(spark.age-
spark.envelopeTime2);
                }
                else {
                        spark.dead=true;
                }
                if((spark.dead)||(spark.pos.x>displayWidth)||
(spark.pos.x<0)||(spark.pos.y>displayHeight)||(spark.pos.y<-topMargin)) {
                        sparkList.recycleParticle(spark);
                }
                sparkColor=(sparkAlpha<<24)|spark.color;

                presentAlpha = (sparkBitmapData.getPixel32(spark.pos.x,
spark.pos.y)>>24)&0xFF;
                if(sparkAlpha>presentAlpha) {
                        sparkBitmapData.setPixel32(spark.pos.x, spark.pos.y,
sparkColor);
                }
                spark=nextSpark;
        }
    sparkBitmapData.unlock();
    grayAmt=4+26*sparkList.numOnStage/5000;
    if (grayAmt>30) {
            grayAmt=30;
    }
```

第6章 交互动画

269

```
        sky.transform.colorTransform=new ColorTransform(1,1,1,1,grayAmt,
grayAmt,1.08*grayAmt,0);
    }
    function randomColor():uint {
        var index:int=Math.floor(Math.random()*colorList.length);
        return colorList[index];
    }
```

⑥此时"场景 1"的时间轴分布，如图 6–119 所示。至此，礼花绽放效果制作完毕。下面执行菜单中的"控制 | 测试"命令，即可测试效果。

图 6–119　"场景 1"的时间轴分布

课 后 练 习

1. 填空题

1)"动作"面板由 _____、_____ 和 _____ 3 部分组成。

2)一个类包括 _____ 和 _____ 两部分。

2. 选择题

1)常量在程序中是始终保持不变的量，(　　　)是常量所包括的类型。

A. 数值型　　　　　B. 字符串型　　　　　C. 引用数据型　　　　　D. 逻辑型

2)变量的范围是指变量在其中已知并且可以引用的区域，(　　　)是变量所包括的类型。

A. 本地变量　　　　B. 时间轴变量　　　　C. 全局变量　　　　　D. 数值变量

3. 问答题

1)简述为变量命名必须遵循的规则。

2)简述创建链接的方法。

4. 操作题

1)练习 1：制作图 6–120 所示单击下方的某个小图时，其上方将显示出相应的大图的广告效果。

图 6-120　交互式按钮控制的广告效果

2）练习 2：制作如图 6-121 所示的雪花纷飞效果。

图 6-121　雪花纷飞效果

第 **7** 章

组　　件

组件是一些复杂的带有可定义参数的影片剪辑符号，一个组件就是一段影片剪辑。用户可以使用组件在 Animate CC 中快速构建应用程序。组件旨在让开发人员重用和共享代码，封装复杂功能，让用户在没有"动作脚本"时也能使用和自定义这些功能。本章主要讲解组件的分类以及使用方法。学习本章，读者应掌握组件的相关操作。

本章内容包括：

- 组件的类型
- 组件的操作
- 使用 User Interface 组件

7.1　组件的类型

执行菜单中的"窗口 | 组件"命令，调出"组件"面板，如图 7-1 (a) 所示。Animate CC 2015"组件"面板中包含"User Interface"和"Video"两类组件。

"User Interface"组件用于创建界面，实现简单的用户交互功能。Animate CC 2015 提供了 17 种"User Interface"组件。在"组件"面板中展开"User Interface"文件夹，即可看到所有的"User Interface"组件，如图 7-1 (b) 所示。

"Video"组件用于插入多媒体视频，以及多媒体控制的控件。Animate CC 2015 提供了 15 种"Video"组件。在"组件"面板中展开"Video"文件夹，即可看到所有的"Video"组件，如图 7-1 (c) 所示。

7.2　组件的操作

在 Animate CC 2015 中，可以对组件进行添加、删除和调整外观等操作。

1. 添加和删除组件

（1）添加组件

用户可以双击"组件"面板中要添加的组件，即可将其添加到舞台中央，也可以在"组

件"面板中选择要添加的组件,将其拖入舞台中。

(a)"组件"面板　　　(b) 17 种"User Interface"组件　　　(c) 15 种"Video"组件

图 7-1　　"组件"面板组成

(2) 删除组件

如果要删除舞台中已经添加的组件实例,可以在舞台中直接选中该组件实例,按键盘上的【Delete】键,即可将其删除。

2. 调整组件外观

添加到舞台中的组件实例都是系统默认大小的,用户如果要调整组件大小,可以通过图 7-2 所示的"属性"面板来完成。

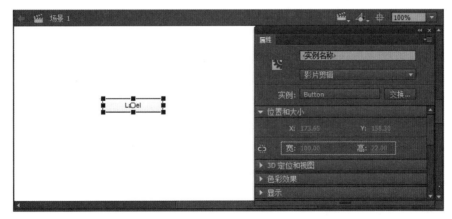

图 7-2　通过"属性"面板调整组件大小

通过"属性"面板还可以对舞台中的组件实例进行色调、透明度等参数进行调整。图 7-3 为对舞台中的组件实例进行色调调整的效果。

通过"属性"面板还可以对舞台中的组件实例添加滤镜效果。图 7-4 为对舞台中的组件实例添加"发光"滤镜的效果。

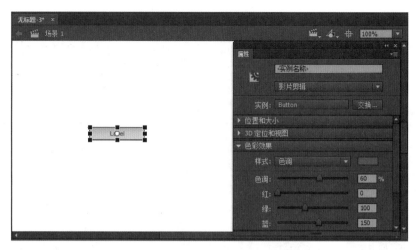

图 7-3　通过"属性"面板调整组件的色调

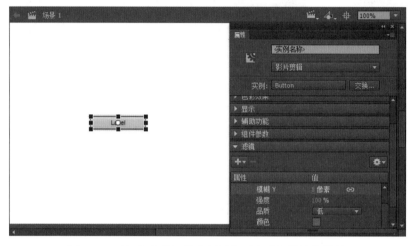

图 7-4　对舞台中的组件实例添加"发光"滤镜的效果

7.3　使用 User Interface 组件

Animate CC 2015 提供了 17 种"User Interface"组件。用户可以在"组件"面板中选中要使用的组件，然后将其直接拖到舞台中。接着在舞台中选中组件，再在"属性"面板中对其参数进行相应的设置。下面主要介绍几种典型"User Interface"组件的参数设置与应用。

1. Button 组件

Button 组件为一个按钮，如图 7-5 所示。使用按钮可以实现表单提交以及执行某些相关的行为动作。在舞台中添加 Button 组件后，可以通过"属性"面板设置 Button 组件的相关参数，如图 7-6 所示。该面板的参数含义如下。

- emphasized：用于设置是否为 Button 组件添加强调底纹，默认为未选中状态。
- enabled：用于设置 Button 组件是否可以接受焦点和输入，默认为选中状态。
- label：用于设置按钮上的文本。

- labelPlacement：用于设置按钮上的文本在按钮图标内的方向。该参数可以是下列 4 个值之一，即 left、right、top 或 bottom，默认为 right。

- selected：该参数指定按钮是处于按下状态（true）还是释放状态（false），默认值为 false。

- toggle：用于将按钮转变为切换开关。如果值为 true，则按钮在单击后保持按下状态，并在再次单击时返回到弹起状态。如果值为 false，则按钮行为与一般按钮相同，toggle 默认值为 false。

- visible：用于设置 Button 组件是否可见，默认为选中状态。

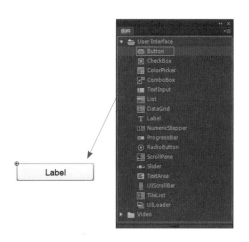

图 7-5　Button 组件

图 7-6　Button 组件的"属性"面板

2. CheckBox 组件

CheckBox 组件为复选框按钮组件，如图 7-7（a）所示。使用该组件可以在一组多选按钮中选择多个选项。在舞台中添加 CheckBox 组件后，可以通过"属性"面板设置 CheckBox 组件的相关参数，如图 7-7（b）所示，该面板的参数含义如下。

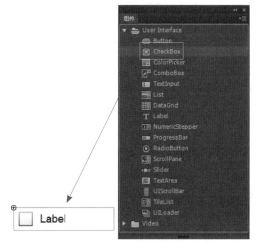

（a）组件

（b）CheckBox 组件的"属性"面板

图 7-7　CheckBox 组件

275

- enabled：用于设置 CheckBox 组件是否可以接受焦点和输入，默认为选中状态。如果未选中 enabled 复选框，则 CheckBox 组件显示为灰色不可选状态，如图 7-8(a) 所示。
- label：用于设置多选按钮右侧文本的值。
- labelPlacement：用于设置按钮上的文本在按钮图标内的方向。该参数可以是下列 4 个值之一，即 left、right、top 或 bottom，默认为 right。图 7-8（b）为选择不同选项的效果比较。

| left | right | top | bottom |

(a) CheckBox 组件显示   （b）选择不同选项的效果比较

为灰色不可选状态

图 7-8　组件各参数

- selected：用于设置多选按钮的初始值为被选中或取消选中。被选中的多选按钮会显示一个对勾，其参数值为 true。如果将其参数值设置为 false 表示会取消选择多选按钮。
- visible：用于设置 CheckBox 组件是否可见，默认为选中状态。

3. ComboBox 组件

ComboBox 组件为下拉列表的形式，如图 7-9 所示。用户可以在弹出的下拉列表中选择其中一项。在舞台中添加 ComboBox 组件后，可以通过"属性"面板设置 ComboBox 组件的相关参数，如图 7-10 所示。该面板的参数含义如下。

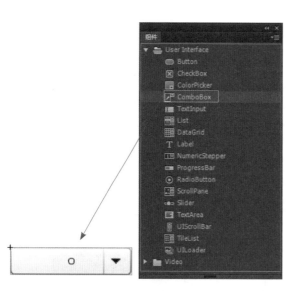

图 7-9　ComboBox 组件　　　　图 7-10　ComboBox 组件的"属性"面板

- dataProvider：用于设置下拉列表当中显示的内容，以及传送的数据。

- editable：用于设置下拉菜单中显示的内容是否为编辑状态，默认值为不可编辑。
- enabled：用于指示组件是否可以接受焦点和输入。
- prompt：用于设置 ComboBox 组件开始显示时的初始内容。
- restrict：用于设置在组合框的文本字段中输入字符集。
- rowCount：用于设置下拉列表框中可显示的最大行数。
- visible：用于设置 ComboBox 组件是否可见，默认为选中状态。

4. RadioButton 组件

RadioButton 组件为单选按钮组件，可以供用户从一组单选按钮选项中选择一个选项，如图 7-11 所示。在舞台中添加 RadioButton 组件后，可以通过"属性"面板设置 RadioButton 组件的相关参数，如图 7-12 所示。该面板的含义如下。

图 7-11　RadioButton 组件　　　　图 7-12　RadioButton 组件的"属性"面板

- enabled：用于设置 RadioButton 组件是否可以接受焦点和输入，默认为选中状态。
- groupName：单击按钮的组名称，一组单选按钮有一个统一的名称。
- label：用于设置单选按钮上的文本内容。
- labelPlacement：用于确定按钮上标签文本的方向。该参数可以是下列 4 个值之一，即 left、right、top 或 bottom，其默认值为 right。
- selected：用于设置单选按钮的初始值为被选中或取消选中。被选中的单选按钮中会显示一个圆点，其参数值为 true，一个组内只有一个单选按钮可以有被选中的值 true。如果将其参数值设置为 false，表示取消选择单选按钮。
- value：用于设置 RadioButton 组件的系统读取值，当系统要读取用户设置的值时，要根据设置的 value 值来进行判定，而不是 Label 名称。
- visible：用于设置 RadioButton 组件是否可见，默认为选中状态。

5. ScrollPane 组件

ScrollPane 组件为滚动窗格组件。该组件用于设置一个可滚动的区域来显示 JPEG、GIF 与 PNG 文件以及 SWF 文件，如图 7-13（a）所示。在舞台中添加 ScrollPane 组件后，可以通过"属性"面板设置 ScrollPane 组件的相关参数，如图 7-13（b）所示。该面板的参数含义如下。

（右侧边栏）第 7 章　组件

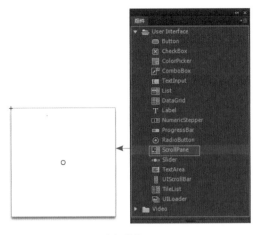

(a) 组件   (b) ScrollPane 组件的"属性"面板

图 7-13   ScrollPane 组件

- enabled：用于设置 ScrollPane 组件是否可以接受焦点和输入，默认为选中状态。

- horizontalLineScrollSize：当显示水平滚动条时，用以设置水平方向上的滚动条水平移动的数量。其单位为像素，默认值为 4。

- horizontalPageScrollSize：用于设置按滚动条时，水平滚动条上滚动滑块要移动的像素数。当该值为 0 时，该属性检索组件的可用宽度。

- horizontalScrollPolicy：用于设置水平滚动条是否显示。在右侧下拉列表框中有 auto、on、off 3 个选项可供选择。选择 anto 选项，软件将根据插入内容的尺寸确定是否添加水平滚动条；选择 on 选项，则会添加水平滚动条，如图 7-14（a）所示；选择 off 选项，则不会添加水平滚动条。

- scrollDrag：用于设置当用户在滚动窗格中拖动内容时，是否发生滚动。

- source：用于设置滚动区域内的图像文件或 SWF 文件。

- verticalLineScrollSize：当显示垂直滚动条时，用来设置单击滚动箭头要在垂直方向上滚动多少像素。其单位为像素，默认值为 4。

- verticalPageScrollSize：用于设置按滚动条时垂直滚动条上滚动滑块要移动的像素数。当该值为 0 时，该属性检索组件的可用高度。

- verticalScrollPolicy：用于设置垂直滚动条是否显示。在右侧下拉列表框中有 auto、on、off 3 个选项可供选择。选择 anto 选项，软件将根据插入内容的尺寸确定是否添加垂直滚动条；选择 on 选项，则会添加垂直滚动条，如图 7-14（b）所示；选择 off 选项，则不会添加垂直滚动条。

- visible：用于设置 ScrollPane 组件是否可见，默认为选中状态。

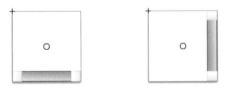

(a) 添加水平滚动条   (b) 添加垂直滚动条

图 7-14   添加滚动条

6. TextArea 组件

TextArea 组件用于创建文本字段，如图 7-15 所示。在舞台中添加 TextArea 组件后，可以通过"属性"面板设置 TextArea 组件的相关参数，如图 7-16 所示。该面板的主要参数含义如下。

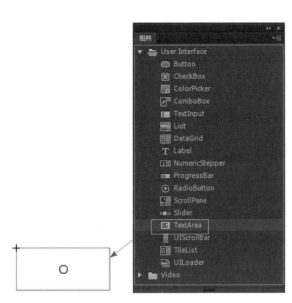

图 7-15　TextArea 组件　　　　　图 7-16　TextArea 组件的"属性"面板

- editable：用于设置 TextArea 组件是否允许编辑，默认值为可编辑。
- enabled：用于设置 TextArea 组件是否可以接受焦点和输入，默认为选中状态。
- horizontalScrollPolicy：用于设置水平滚动条是否始终显示。
- htmlText：用于设置文本采用 HTML 格式，可以使用字体标签来设置文本格式。
- maxChars：用于设置 TextArea 组件中最多能输入多少个字符。如果用户不对其进行限定，只需保持默认值 0 即可。
- restrict：用于设置 TextArea 组件输入的字符集。
- text：用于设置 TextArea 组件的内容。
- verticalScrollPolicy：用于设置垂直滚动条是否始终显示。
- visible：用于设置 TextArea 组件是否可见，默认为选中状态。
- wordWrap：用于设置文本是否可以换行，默认为选中状态，即可自动换行。

7. ProgressBar 组件

ProgressBar 组件为进程条组件，如图 7-17 所示。通过该组件可以快速的创建动画预览画面，即通常在打开动画时见到的 Loading 界面。在舞台中添加 ProgressBar 组件后，可以通过"属性"面板设置 ProgressBar 组件的相关参数，如图 7-18 所示。该面板的参数含义如下。

- direction：用于设置进度条中蓝色的填充方向，默认值为 right（向右）。
- enabled：用于设置 ProgressBar 组件是否可以接受焦点和输入，默认为选中状态。

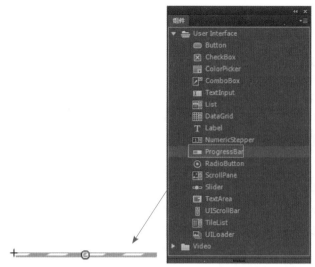

图 7-17 ProgressBar 组件

图 7-18 ProgressBar 组件的"属性"面板

- mode：用于设置进度栏运行的模式。有 event、polled 和 manual 3 种模式可供选择。默认为 event。
- source：用于将一个要转换为对象的字符串来表示实例名称。
- text：用于输入进度条的名称。

8. NumericStepper 组件

NumericStepper 组件为数字微调组件，如图 7-19 所示。该组件由显示上、下三角按钮和旁边的步进器文本框中的数字组成。当用户按下按钮时，数字将根据参数中指定的单位递增或递减，直到用户释放按钮或达到最大或最小值位置。在舞台中添加 NumericStepper 组件后，可以通过"属性"面板设置 NumericStepper 组件的相关参数，如图 7-20 所示。该面板的参数含义如下。

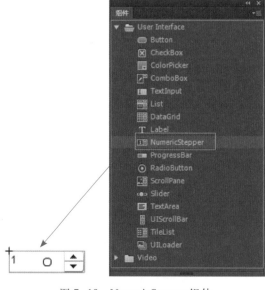

图 7-19 NumericStepper 组件

图 7-20 NumericStepper 组件的"属性"面板

- enabled：用于设置 NumericStepper 组件是否可以接受焦点和输入，默认为选中状态。
- maximum：用于设置可在步进器文本框中显示的最大值，默认值为 10。
- minimum：用于设置可在步进器文本框中显示的最小值，默认值为 0。
- stepSize：用于设置每次单击时，步进器文本框中增加或减小的单位，默认值为 1。
- value：用于设置在步进器文本框中显示的值，默认值为 0。
- visible：用于设置 NumericStepper 组件是否可见，默认为选中状态。

9. Label 组件

Label 组件为文本标签组件，如图 7-21 所示。该组件是一行文字，用户可以指定一个标签的格式，也可以控制标签的对齐和大小。在舞台中添加 Label 组件后，可以通过"属性"面板设置 Label 组件的相关参数，如图 7-22 所示。该面板的主要参数含义如下。

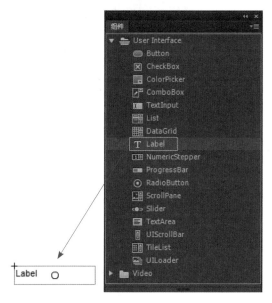

图 7-21　Label 组件

图 7-22　Label 组件的"属性"面板

- autoSize：用于设置标签对齐方式。在右侧下拉列表框中有 left、center、right 和 none 4 个选项可供选择。默认值为 none。
- enabled：用于设置 Label 组件是否可以接受焦点和输入，默认为选中状态。
- htmlText：用于设置文本采用 HTML 格式，可以使用字体标签来设置文本格式。
- selectable：用于设置标签是否采用 HTML 格式。选中该复选框，则不能使用 HTML 来设置标签的格式。
- Text：用于设置标签标签的文本。
- visible：用于设置 Label 组件是否可见，默认为选中状态。
- wordWrap：用于设置文本是否可以换行，默认为未选中状态，即不自动换行。

10. List 组件

List 组件为列表框组件，如图 7-23 所示。图 7-24 为设置了列表框数据后的效果。该组件与 ComboBox 组件很相似，二者区别在于 List 组件一开始就显示为多行，而 ComboBox 组件一开始只显示 1 行。在舞台中添加 Label 组件后，可以通过"属性"面板设置 Label 组件的相关参数，如图 7-25 所示。该面板的参数含义如下。

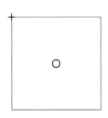

图 7-23　List 组件

图 7-24　设置了列表框数据后的效果

图 7-25　List 组件的"属性"面板

- allowMultipleSelection：用于设置是否允许同时选择多个选项。默认为非选中状态。图 7-26 为选中该复选框前后进行选项选择的效果比较。

选中前　　　　　　　　　　选中后

图 7-26　选中 allowMultipleSelection 复选框前后进行选项选择的效果比较

- dateProvider：用于设置列表框中的内容。单击右侧的 ✎ 按钮，弹出图 7-27 所示的"值"对话框。在该对话框中单击 + 按钮，即可添加一个默认名称为"Label0"的列表选项，如图 7-28 所示。单击添加的"Label0"的列表选项，即可重新命名列表名称。选择要删除的列表选项，单击 — 按钮，即可将其删除。
- enabled：用于设置 List 组件是否可以接受焦点和输入，默认为选中状态。
- horizontalLineScrollSize：用于设置每次单击箭头按钮时，水平滚动条移动的像素值，默认值为 4。
- horizontalPageScrollSize：用于设置每次单击轨道时，水平滚动条移动的像素值，默认值为 0。
- horizontalScrollPolicy：用于设置水平滚动条是否显示。在右侧下拉列表框中有 auto、on、off 3 个选项可供选择。选择 anto 选项，软件将根据输入的数值长短确定是否添加水平滚动条；选择 on 选项，则会添加水平滚动条；选择 off 选项，则不会添加水平滚动条。

图7-27 "值"对话框

图7-28 添加一个默认名称为"Label0"的列表选项

当添加了多个列表选项后选择其中要调整位置的列表选项，如图7-29所示，单击↑按钮，即可将其向上移动，如图7-30所示；单击↓按钮，即可将其向下移动，如图7-31所示。

- verticalLineScrollSize：用于设置每次单击箭头按钮时，垂直滚动条移动的像素值，默认值为4。
- verticalPageScrollSize：用于设置每次单击轨道时，垂直滚动条移动的像素值，默认值为0。
- verticalScrollPolicy：用于设置垂直滚动条是否显示。在右侧下拉列表框中有auto、on、off 3个选项可供选择。选择anto选项，软件将根据输入的数值长短确定是否添加垂直滚动条；选择on选项，则会添加垂直滚动条；选择off选项，则不会添加垂直滚动条。
- visible：用于设置List组件是否可见，默认为选中状态。

图7-29 要调整位置的列表选项

图7-30 将选项向上移动

图7-31 将选项向下移动

11. TextInput 组件

TextInput组件用于输入文本内容，如图7-32所示。该组件与TextArea组件的功能很相似，都是用于输入文本内容。二者区别在于TextInput组件只能输入一行文本，且可以将文本以密码的形式显示；而TextArea组件能输入多行文本，但不能将文本以密码的形式显现。在舞台中添加 TextInput 组件后，可以通过"属性"面板设置 TextInput 组件的相关参数，如图 7-33 所示。该面板的参数含义如下。

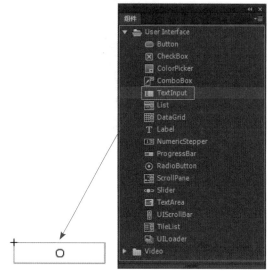

图 7-32　TextInpu 组件　　　　　　　　图 7-33　TextInpu 组件的"属性"面板

- displayAsPassword：用于设置输入的文本内容是否以密码形式进行显示。图 7-34 为选中该复选框前后输入文本内容的效果。

选中前　　　　　　　　　　　　　　选中后

图 7-34　选中 displayAsPassword 复选框前后的效果比较

- editable：用于设置 TextInput 组件是否允许编辑，默认值为可编辑。
- enabled：用于设置 TextInput 组件是否可以接受焦点和输入，默认为选中状态。
- maxChars：用于设置 TextInput 组件中最多能输入多少个字符。如果用户不对其进行限定，只需保持默认值 0 即可。
- restrict：用于设置 TextInput 组件输入的字符集。
- text：用于设置 TextInput 组件默认显示的文本内容。
- visible：用于设置 TextInput 组件是否可见，默认为选中状态。

12. ColorPicker 组件

ColorPicker 组件用于在舞台中添加拾色器，如图 7-35 所示。在舞台中添加 ColorPicker 组件后，可以通过"属性"面板设置 ColorPicker 组件的相关参数，如图 7-36 所示。该面板的参数含义如下。

- enabled：用于设置 ColorPicker 组件是否可以接受焦点和输入，默认为选中状态。
- selectedColor：用于设置 ColorPicker 组件默认显示的颜色。
- showTextField：用于设置 ColorPicker 组件是否显示字符标识颜色区域。图 7-37 为选中该复选框前后的效果比较。

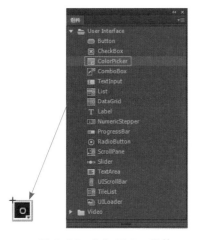

图 7-35　ColorPicker 组件

图 7-36　ColorPicker 组件的"属性"面板

- visible：用于设置 ColorPicker 组件是否可见，默认为选中状态。

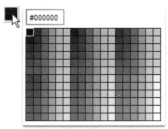

(a) 选中前

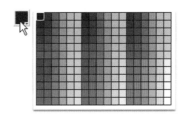

(b) 选中后

图 7-37　选中 showTextField 复选框前后的效果比较

13. UIScrollBar 组件

UIScrollBar 组件用于在舞台中添加滚动条，如图 7-38 所示。在舞台中添加 UIScrollBar 组件后，可以通过"属性"面板设置 UIScrollBar 组件的相关参数，如图 7-39 所示。该面板的参数含义如下。

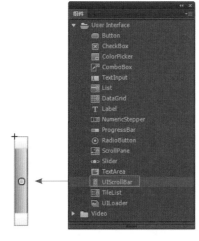

图 7-38　UIScrollBar 组件

图 7-39　UIScrollBar 组件的"属性"面板

- direction：用于设置滚动条的方向。在右侧下拉列表框中有 vertical 和 horizontal 两个选项可供选择。选择 vertical 选项，则滚动条的方向时垂直的；选择 horizontal 选项，则滚动条的方向是水平的。
- scrollTargetName：用于设置 UIScrollBar 组件目标对象的名称。
- visible：用于设置 UIScrollBar 组件是否可见，默认为选中状态。

7.4　实例讲解

本节将通过 3 个实例来对 Animate CC 2015 的组件与行为进行具体应用，旨在帮助读者快速掌握 Animate CC 2015 组件与行为方面的相关知识。

7.4.1　制作由滚动条控制文本的上下滚动效果

 制作要点

本例将制作由滚动条组件控制文本上下滚动的效果，如图 7-40 所示。通过本例的学习，读者应掌握滚动条组件的应用。

图 7-40　由滚动条控制文本的上下滚动效果

操作步骤：

① 启动 Animate CC 2015 软件，新建一个 ActionScript 3.0 文件。

② 打开配套资源中的"素材及结果 \7.3.1 制作由滚动条控制文本的上下滚动效果 \ 文字 .txt"文件，如图 7-41 所示，执行菜单中的"编辑 | 复制"命令。然后回到 Animate CC 2015 中，使用工具箱中的文本工具按钮在舞台中创建一个文本框，执行菜单中的"编辑 | 粘贴到当前中心位置"命令，效果如图 7-42 所示。

图 7-41　文字 .txt 文件

图 7-42　粘贴后的效果

③调整文本框。在"属性"面板中将文本属性设置为"动态文本",名称为"tt",如图7-43所示。然后右击舞台中的文本框,从弹出的快捷菜单中选择"可滚动"命令,如图7-44所示,接着使用工具箱中的选择工具按钮调整文本框的大小,效果如图7-45所示。

Animate CC 2015 是标准的创作工具,可以制作出极富感染力的 Web 内容。组件是制作这些内容的丰富 Internet 应用程序的构建块。"组件"是带有参数的影片剪辑,在 Animate CC 2015中进行创作时或在运行时,可以使用这些参数以及 ActionScript 方法、属性和事件自定义此组件。设计这些组件的目的是为了让开发人员重复使用和共享代码,以及封装复杂功能,使设计人员无须编写 ActionScript 就能够使用和自定义这些功能。

图 7-43　设置文本属性　　图 7-44　选择"可滚动"　　图 7-45　调整后的文本框大小

⊕ 提　示

　　在打开的一些 Flash 动画中,有时会发现播放的动画中的字体与动画原文件中应用的字体不一致,这是因为在本机上制作动画,会应用本机上的字体。如果换台计算机播放时,该计算机上没有该字体,从而出现字体替换的情况。为了避免出现该情况,此时可在"属性"面板中单击"样式"右侧的 嵌入... 按钮,从弹出"字体嵌入"对话框中设置需要嵌入的字体,如图 7-46 所示。

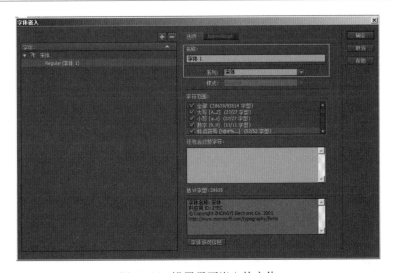

图 7-46　设置需要嵌入的字体

　　④执行菜单中的"窗口|组件"命令,调出"组件"面板。然后从中选择"UIScrollBar"组件,如图 7-47 所示。接着将其拖动到舞台中动态文本框的右侧,此时,滚动条会自动吸附

第7章　组件

到动态文本框上，如图 7-48 所示。

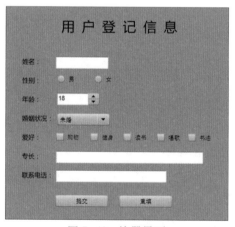

图 7-47　选择"UIScrollBar"组件　　　　图 7-48　滚动条自动吸附到动态文本框上

⑤至此，由滚动条组件控制文本上下滚动的效果制作完毕。下面执行菜单中的"控制 | 测试"命令，打开播放器窗口，即可测试效果。

7.4.2　用户登记信息界面

制作要点

本例将制作一个注册界面，如图 7-49 所示。通过本例的学习，读者应掌握利用"TextInput""RadioButton""NumericStepper""ComboBox""CheckBox"和"Button"组件制作注册界面的方法。

图 7-49　注册界面

操作步骤：

①启动 Animate CC 2015 软件，新建一个 ActionScript 3.0 文件。

②执行菜单中的"修改 | 文档"命令，在弹出的"文档设置"对话框中设置如图 7-50 所示，单击"确定"按钮。

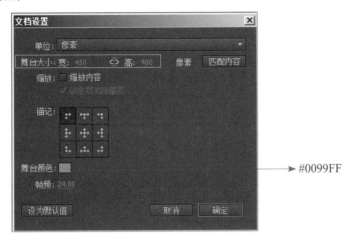

→ #0099FF

图 7-50　设置文档大小

③利用工具箱中的文本工具按钮在舞台中输入静态文字，并在"属性"面板中设置相关参数，如图 7-51 所示。接着在"属性"面板中单击"嵌入"按钮，将"中文字（全部）"字体进行嵌入。

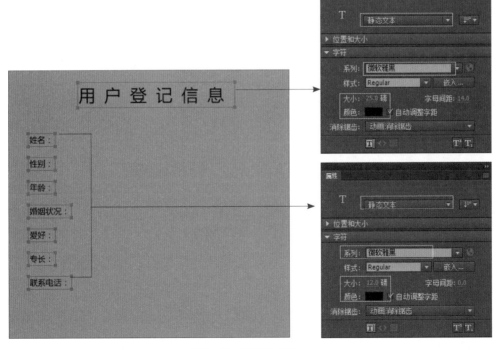

图 7-51　设置文档大小

④执行菜单中的"窗口 | 组件"命令，调出"组件"面板，如图 7-52 所示。然后将"组件"面板中的"TextInput"组件拖入舞台，并放置到文字"姓名："右侧，如图 7-53 所示。

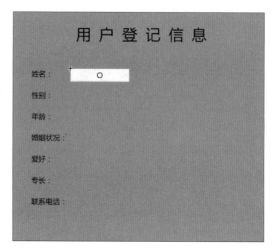

图 7-52　调出"组件"面板　　图 7-53　将"TextInput"组件拖入舞台，并放置到"姓名："右侧

⑤在文字"专长："和"联系电话："右侧各复制一个相同的"TextInput"组件，并适当拉伸，结果如图 7-54 所示。

⑥将"组件"面板中的"RadioButton"组件拖入舞台，并放置到文字"性别："右侧，如图 7-55 所示。然后在"属性"面板中"label"文本框输入文字"男"，并确认未选中"selected"右侧复选框，如图 7-56 所示，结果如图 7-57 所示。

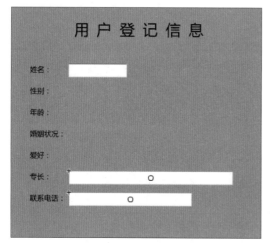

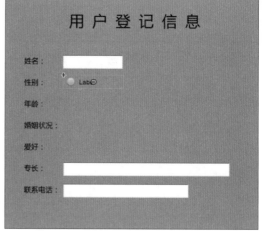

图 7-54　复制"TextInput"组件并适当拉伸　　图 7-55　将"RadioButton"组件拖入舞台

⑦在舞台中水平向右复制一个"RadioButton"组件，然后在"属性"面板中"label"右侧输入文字"女"，如图 7-58 所示，结果如图 7-59 所示。

⑧将"组件"面板中的"NumericStepper"组件拖入舞台，并放置到文字"年龄："右侧，然后在"属性"面板中将"minimum"的数值设置为"18"，将"maximum"的数值设置为"60"，如图 7-60 所示，结果如图 7-61 所示。

图 7-56 在 "label" 文本框输入文字 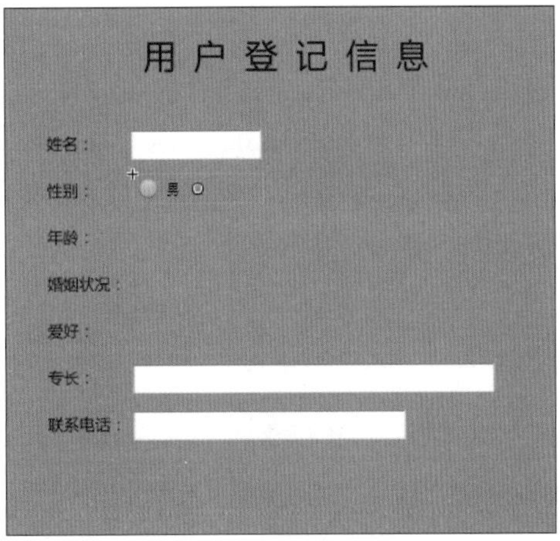　　　　图 7-57 在 "label" 文本框输入文字 "男" 的效果

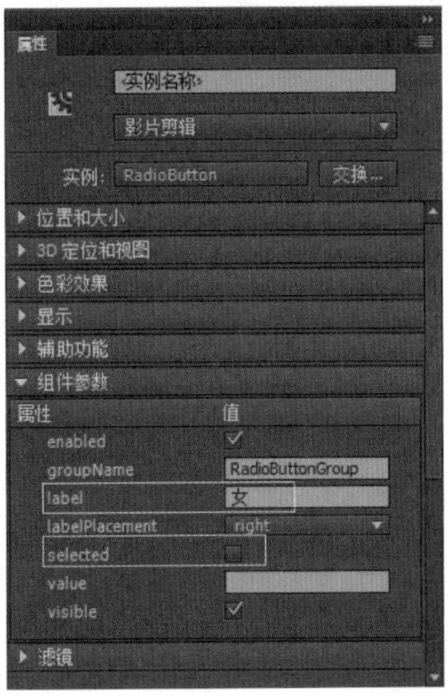

图 7-58 在 "label" 文本框输入文字 　　　　图 7-59 在 "label" 文本框输入文字 "女" 的效果

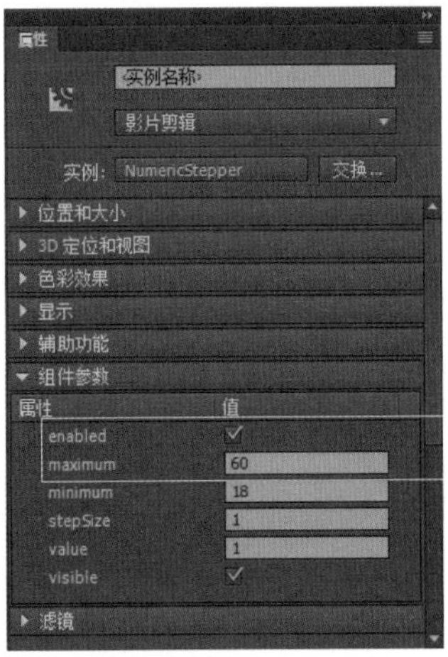

图 7-60 设置 "NumericStepper" 组件参数 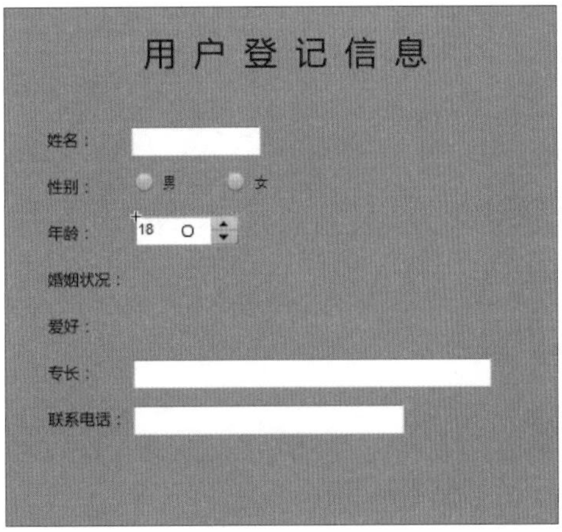　　　图 7-61 设置 "NumericStepper" 组件参数后的效果

⑨将"组件"面板中的"ComboBox"组件拖入舞台，并放置到文字"婚姻状况："右侧。然后在"属性"面板中将"rowCount"数值设置为"2"，再单击"dataProvider"右侧的✐按钮，如图 7-62 所示。接着在弹出的"值"对话框中单击➕按钮，如图 7-63 所示，此时会在"label"下添加一个"label0"，如图 7-64 所示。最后双击"label0"，将其名称改为"未婚"，如图 7-65 所示。

图 7-62　单击"dataProvider"
　　　　　右侧的✐按钮

图 7-63　单击➕按钮　　　　图 7-64　添加"label0"选项

⑩同理，在"值"对话框中单击➕按钮，添加"已婚"选项，如图 7-66 所示，单击"确定"按钮，此时舞台显示效果如图 7-67 所示。

图 7-65　将"label0"　　图 7-66　添加"已婚"选项　　图 7-67　添加"ComboBox"
　　改为"未婚"　　　　　　　　　　　　　　　　　组件的效果

⑪将"组件"面板中的"CheckBox"组件拖入舞台，并放置到文字"爱好："右侧。然后在"属性"面板中"label"文本框输入文字"购物"，并确认未选中"selected"右侧复选框，如图 7-68 所示，结果如图 7-69 所示。

图 7-68 在"label"文本框输入文字"购物"　　图 7-69 在"label"文本框输入文字"购物"的效果

⑫在舞台中水平向右复制 4 个"CheckBox"组件，然后在"属性"面板中分别将"label"右侧文字改为"健身""读书""唱歌"和"书法"，结果如图 7-70 所示。

图 7-70 添加"爱好"多个复选框的效果

⑬在"组件"面板中将"Button"组件拖入舞台左下方，然后在"属性"面板中将"label"的参数值设置为"提交"，如图 7-71 所示，结果如图 7-72 所示。

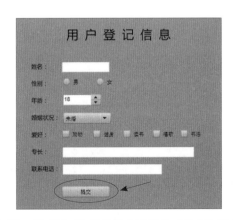

图 7-71 将"label"的参数值设置为"提交"　　图 7-72 将"label"的参数值设置为"提交"的效果

⑭ 同理，在"提交"按钮右侧放置一个"Button"组件，然后在"属性"面板中将"label"的参数值设置为"重填"，结果如图 7-73 所示。

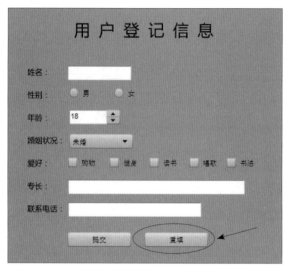

图 7-73　添加"重填"按钮

⑮ 至此，整个注册界面制作完毕。下面执行菜单中的"控制 | 测试"命令，即可测试效果。

7.4.3　制作登录界面

制作要点

　　本例将制作具有交互功能的登录界面（在登录初始界面中输入正确的用户名 "zhangfan"和密码"zhangfan"后单击"提交"按钮，则会跳转到登录成功的界面；在登录初始界面中单击文字"忘记密码？"，则会跳到让用户找回密码的相应网址；在登录初始界面中单击"重填"按钮后，则会删除已经填写的用户名和密码；在登录初始界面中输入错误的用户名和密码后单击"提交"按钮，则会跳转到登录失败的界面；在登录失败的界面中单击"返回"按钮，则会返回到登录界面），如图 7-74 所示。通过本例的学习，读者应掌握"TextInput"和"Button"组件、"代码片段"面板中"在此帧处停止"和"单击以转到前一帧并停止"命令以及 ActionScripts 3.0 中的相关脚本制作登录界面的方法。

图 7-74　登录界面

操作步骤：

1. 创建登录初始界面

① 启动 Animate CC 2015 软件，新建一个 ActionScript 3.0 文件。

② 导入背景图片。方法：执行菜单中的"文件 | 导入 | 导入到舞台"命令，导入配套资源中的"素材及结果 \7.3.3 制作登录界面 \ 背景 .jpg"图片。设置舞台大小与"背景 .jpg"图片等大。方法：执行菜单中的"修改 | 文档"命令，在弹出的"文档设置"对话框中单击 匹配内容 按钮，如图 7-75 所示，单击"确定"按钮。

③ 将"图层 1"图层命名为"背景"图层，然后锁定"背景"图层，如图 7-76 所示。

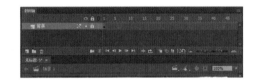

图 7-75　单击 匹配内容 按钮　　　　　图 7-76　锁定"背景"图层

④ 在"背景"图层上方新建一个"登录内容"图层，然后在该图层中输入黑色的静态文字"用户名："和"密码："，如图 7-77 所示。接着在"属性"面板中单击"嵌入"按钮，将"中文字（全部）"字体进行嵌入。

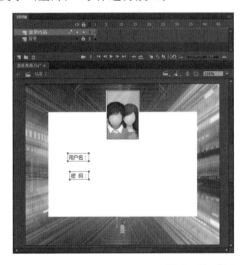

图 7-77　输入文字和嵌入字体

⑤ 执行菜单中的"窗口 | 组件"命令，调出"组件"面板。然后将"组件"面板中的"TextInput"组件拖入舞台，并放置到文字"用户名："右侧，并适当向右拉伸（拉伸宽度可设置为 220 像素），如图 7-78 所示。接着在"属性"面板中将其"实例名称"命名为"input_name"，如图 7-79 所示。

图 7-78 将 TextInput"组件拖入舞台并适当向右拉伸　　图 7-79 重命名为"input_name"

⑥在文字"密码："右侧复制一个相同的"TextInput"组件，然后在"属性"面板中将其实例名称命名为"input_password"，并在"组件参数"卷展栏中选中"displayAsPassword"复选框，以便输入密码，如图 7-80 所示。

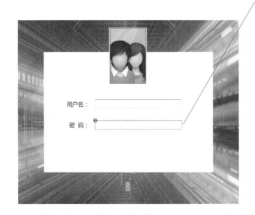

图 7-80 重命名为"input_password"并选中"displayAsPassword"复选框

⑦输入文字，并创建超链接。方法：在文字"密码"下方输入红色的静态文字"忘记密码?"。然后在"属性"面板的"选项"卷展栏中设置"链接："为"http://aq.qq.com"，"目标："为"_blank"，如图 7-81 所示。

图 7-81 输入红色静态文字"忘记密码?"并设置"链接"地址为"http://aq.qq.com"

⑧在"组件"面板中将"Button"组件拖到舞台中文字"忘记密码?"的右侧,然后在"属性"面板中将其"实例名称"设置为"button_submit",在"组件参数"卷展栏中设置参数值为"提交",如图 7-82 所示。

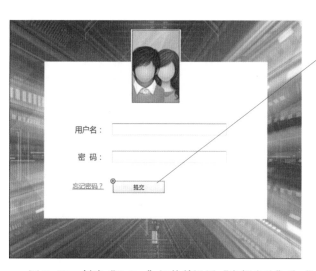

图 7-82 创建"Button"组件并设置"实例名称"为"button_submit",参数值为"提交"

⑨同理,在"提交"按钮右侧放置一个"Button"组件,然后在"属性"面板中将其"实例名称"设置为"button_reset",在"组件参数"卷展栏中设置参数值为"重填",如图 7-83 所示。

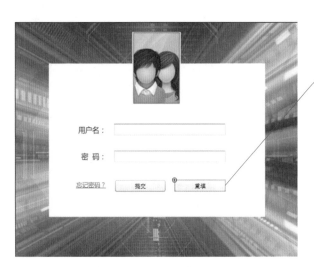

图 7-83　创建"Button"组件并设置"实例名称"为"button_reset"，参数值为"重填"

2. 创建登录失败的界面

①在"背景"图层的第 3 帧按快捷键【F5】，插入普通帧，然后在"登录内容"图层的第 2 帧和第 3 帧按快捷键【F7】，插入空白关键帧。然后利用工具箱中的线条工具按钮，在"登录内容"图层的第 2 帧中绘制一个红色叉图形，如图 7-84 所示。接着在红色叉图形右侧输入静态文字"登录失败　请重新输入用户名密码"，如图 7-85 所示。

图 7-84　在"登录内容"图层的第 2 帧中绘制一个红色叉图形

图 7-85　在红色叉图形右侧输入静态文字

②在"组件"面板中将"Button"组件拖到舞台中输入的文字下方，然后在"属性"面板中将其"实例名称"设置为"button_return"，在"组件参数"卷展栏中设置参数值为"返回"，如图 7-86 所示。

图 7-86　创建"Button"组件并设置"实例名称"为"button_return"，参数值为"返回"

3. 创建登录成功的界面

①利用工具箱中的线条工具按钮，在"登录内容"图层的第 3 帧中绘制一个绿色对勾图形，如图 7-87 所示。

图 7-87 在"登录内容"图层的第 3 帧中绘制一个绿色对勾图形

②在绿色对勾图形右侧输入静态文字"恭喜您 登录成功",如图 7-88 所示。

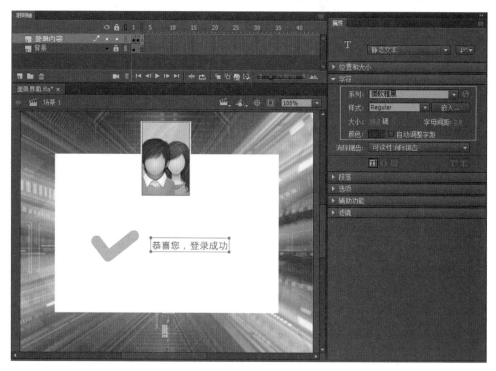

图 7-88 在绿色对勾图形右侧输入静态文字

4. 利用脚本控制界面的切换

①选择"登录内容"图层第2帧中的"返回"按钮，然后调出"代码片段"面板。接着在此面板的"ActionScript｜时间轴导航｜单击以转到前一帧并停止"命令处双击，如图7-89所示。此时会调出"动作"面板，并在其中自动输入动作脚本。同时会自动创建一个名称为"Actions"的图层。最后为了便于查看脚本，在"动作"面板中删除注释文字。

图7-89 为"返回"按钮添加"单击以转到前一帧并停止"命令

②为了使单击第2帧"返回"按钮，画面返回到第1帧用户登录初始界后处于停止状态而不会自动跳转到第2帧，下面在"代码片段"面板中"ActionScript｜时间轴导航｜在此帧处停止"命令处双击，然后在"动作"面板中删除注释文字。此时第2帧最终脚本显示如下：

```
button_return.addEventListener(MouseEvent.CLICK, fl_ClickToGoToPreviousFrame_3);
function fl_ClickToGoToPreviousFrame_3(event:MouseEvent):void
{
    prevFrame();
}


stop()
```

③在登录初始界面中赋予脚本。方法：右击"Actions"图层的第1帧，然后在"动作"面板中输入以下脚本：

```
stop();   //停止影片播放

//单击实例名称为Enter的按钮，调用函数Login
button_submit.addEventListener(MouseEvent.CLICK, Login);
//单击实例名称为Reset的按钮，调用函数Reset
button_reset.addEventListener(MouseEvent.CLICK, reset);
//如果用户名和密码输入正确就跳转到第2帧，否则跳转到第3帧
function Login(event:MouseEvent):void
```

```
{
    if(input_name.text=="zhangfan" && input_password.text=="zhangfan")
    {
        gotoAndPlay(3);
    }
    else
    {
        gotoAndPlay(2);
    }

}
// 清空用户名和密码文本框中的内容
function reset(event:MouseEvent):void
{
    input_name.text="" ;
    input_password.text="";
}
```

④为了在初始界面中输入正确的用户名"zhangfan"和密码"zhangfan",然后单击"提交"按钮后画面跳转到第 3 帧登录成功界面并停止,下面右击"Actions"图层的第 3 帧,在"代码片段"面板中"ActionScript |时间轴导航 |在此帧处停止"命令处双击,然后在"动作"面板中删除注释文字。此时第 3 帧最终脚本显示如下:

```
stop();
```

⑤至此,整个登录界面制作完毕。下面执行菜单中的"控制 |测试"(快捷键【Ctrl+Enter】)命令,即可测试效果。

课 后 练 习

1. 填空题

1)Animate CC 2015 的"组件"面板中包含 ＿＿＿＿＿ 和 ＿＿＿＿＿ 两类组件。

2)Animate CC 2015 中的 Label 组件提供了 ＿＿＿＿＿、＿＿＿＿＿、＿＿＿＿＿ 和 ＿＿＿＿＿4 种标签对齐方式。

2. 选择题

1)下列( )可以将输入的文本以密码的形式显示。

A. TextArea 组件　　　　B. List 组件　　　　C. TextInput 组件　　　　D. UIScrollBar

2)下列( )属于在 Animate CC 2015 "组件"面板中可以添加的组件。

A. RadioButton　　　　B. ScrollPane　　　　C. ComboBox　　　　D. CheckBox

3. 问答题

1)简述简述添加、删除组件和调整组件外观的方法。

2）List 组件的使用方法。

4. 操作题

练习：制作如图 7-90 所示的滚动条效果。

图 7-90　滚动条效果

第8章

动画的测试与发布

在制作 Animate CC 2015 动画时，使用测试动画或测试场景功能可以随时查看动画播放时的效果。如果动画的播放不是那么顺利，还可以通过相关功能对影片进行优化操作。此外还可以根据需要，将 Animate CC 2015 文件发布为其他格式的文件。学习本章，读者应掌握 Flash 动画的测试与发布的方法。

本章内容包括：
- Animate CC 2015 动画的测试
- 优化动画文件
- Animate CC 2015 动画的发布
- 导出 Animate CC 2015 动画

8.1 Animate CC 2015 动画的测试

通过 Animate CC 2015 动画的测试功能，可以测试部分动画、特定场景、整体动画等效果，以便对所做的动画随时预览，确保动画的质量和正确性。

8.1.1 测试影片

在制作完 Animate CC 2015 动画后，可以使用"测试"命令查看整个动画播放时的效果。测试影片的具体操作步骤如下。

①打开配套资源中的"素材及结果\测试影片 .fla"文件。

②执行菜单中的"控制 | 测试"命令，即可测试影片。

8.1.2 测试场景

在制作 Animate CC 2015 动画的过程中，可以根据需要创建多个场景，或是在一个场景中创建多个影片剪辑的动画效果。此时可以使用"测试场景"命令对当前的场景或元件进行测试。测试场景的具体操作步骤如下。

①打开配套资源中的"素材及结果\测试场景 .fla"文件。

②选择要进行预览的场景（此时选择的是"字幕"），如图 8-1 所示。

③执行菜单中的"控制 | 测试场景"命令，即可测试"字幕"场景。

图 8-1　选择"字幕"选项

 提示

测试场景只是测试当前场景，不会自动跳转场景。

8.2　优化动画文件

由于全球的用户使用的网络传输速度不同，可能一些用户使用的是宽带，而一些用户却还在使用拨号上网。在这种情况下，如果制作的动画文件较大，常常会让那些网速不是很快的用户失去耐心，因此在不影响动画播放质量的前提下尽可能地优化动画文件是十分必要的。优化 Animate CC 2015 动画文件可以分为在制作静态元素时进行优化，在制作动画时进行优化，在导入音乐时进行优化，使用运行时共享库和优化动作脚本 5 个方面。

1. 在制作静态元素时进行优化

（1）多使用元件

重复使用元件并不会使动画文件明显增大，因此对于在动画中反复使用的对象，应将其转换为元件，然后重复使用该元件即可。

（2）多采用实线线条

虚线线条（如点状线、斑马线）相对于实线线条较为复杂，因此应较少使用虚线线条，而多采用构图最简单的实线线条。

（3）优化线条

矢量图形越复杂，CPU 运算起来就越费力，因此在制作矢量图形后可以通过执行菜单中的"修改 | 形状 | 优化"命令，将矢量图形中不必要的线条删除，从而减小文件大小。

（4）导入尽可能小的位图图像

Animate CC 2015 提供了 JPEG、GIF 和 PNG 3 种位图压缩格式。在 Animate CC 2015 中压缩位图的方法有两种：一是在"属性"面板中设置位图压缩格式；二是在发布时设置位图压缩格式。

①在"属性"面板中设置位图压缩格式。在"属性"面板中进行设置的具体步骤如下：

- 执行菜单中的"窗口 | 库"命令，调出"库"面板。
- 在"库"面板中右击要压缩的位图，在弹出的快捷菜单中选择"属性"命令，弹出如图 8-2 所示的"位图属性"对话框。在该对话框中显示了当前位图的格式以及可压缩的格式，此时该图为 .bmp 格式，压缩为"照片（JPEG）"格式。如果单击"自定义"单选按钮，还可以对其压缩品质进行具体设置，如图 8-3 所示。
- 如果在"压缩"右侧下拉列表中选择"无损（PNG/GIF）"选项，也可对位图压缩，如图 8-4 所示。

②在发布时设置位图压缩格式。在发布时进行设置的具体步骤如下：

- 执行菜单中的"文件 | 发布设置"命令。
- 在弹出的"发布设置"对话框左侧选中"Flash（.swf）"选项，然后在右侧选中"压缩影片"复选框，并在"JPEG品质"文本框中填上相应的数值（见图8-5），单击"确定"或"发布"按钮即可。

图8-2　"位图属性"对话框

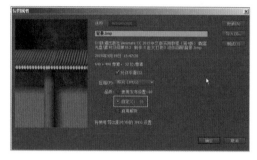

图8-3　对其压缩品质进行具体设置

（5）限制字体和字体样式的数量

使用的字体种类越多，动画文件就越大，因此应尽量不要使用太多不同种类的字体，而尽可能使用 Animate CC 2015 内定的字体。

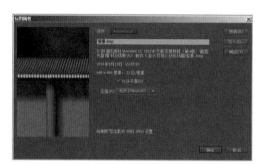

图8-4　对原图进行95%的压缩

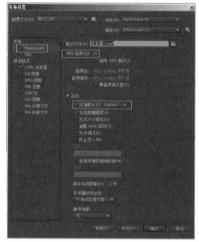

图8-5　设置"Flash（.swf）"选项卡

2. 在制作动画时进行优化

（1）多采用补间动画

由于 Animate CC 2015 动画文件的大小与帧的多少成正比，因此应尽量以补间动画的方式产生动画效果，而少用逐帧方式生成动画。

（2）多用矢量图形

由于 Animate CC 2015 并不擅长处理位图图像的动画，通常只用于静态元素和背景图，而矢量图形可以任意缩放且不影响 Flash 的画质，因此在生成动画时应多用矢量图形。

（3）尽量缩小动作区域

动作区域越大，Animate CC 2015 动画文件就越大，因此应限制每个关键帧中发生变化的

区域，使动画发生在尽可能小的区域内。

（4）尽量避免在同一时间内多个元素同时产生动画

由于在同一时间内多个元素同时产生动画会直接影响动画的流畅播放，因此应尽量避免在同一时间内多个元素同时产生动画。同时还应将产生动画的元素安排在各自专属的图层中，以便加快 Animate CC 2015 动画的处理过程。

（5）制作小电影

为减小文件，可以将 Animate CC 2015 中的电影尺寸设置得小一些，然后将其在发布为HTML 格式时进行放大。下面举例说明，具体操作步骤如下：

①在 Animate CC 2015 中创建一个 400 像素 ×300 像素的载入条动画，然后将其发布为SWF 电影，如图 8-6 所示。

图 8-6　发布为 SWF 电影

②执行菜单中的"文件｜发布设置"命令，在弹出的"发布设置"对话框中选择"HTML"选项卡，然后将"大小"设为"像素"，大小设为 800 像素 ×600 像素（见图 8-7），单击"发布"按钮，将其发布为 HTML 格式。接着打开发布后的 HTML，可以看到网页中的电影尺寸被放大了，而画质却丝毫无损，如图 8-8 所示。

图 8-7　设置文件尺寸

图 8-8　放大文件尺寸后的画面效果

3. 在导入音乐时进行优化

Animate CC 2015 支持的声音格式有波形音频格式 WAV 和 MP3，不支持 WMA、MIDI 音乐格式。WAV 格式的音频品质比较好，但相对于 MP3 格式比较大，因此建议多使用 MP3 的格式。在 Animate CC 2015 中可以将 WAV 转换为 MP3，具体操作步骤如下：

①右击"库"面板中要转换格式的 .WAV 文件。

②在弹出的快捷菜单中选择"属性"命令，然后在弹出的"声音属性"对话框中设置"压缩"为"MP3"选项（见图 8-9），单击"确定"按钮即可。

4. 使用运行时共享库

用户可以使用运行时共享库来缩短下载时间，对于较大的应用程序使用相同的组件或元件时，这些库通常是必需的。库将放在用户计算机的缓存中，所有后续 SWF 文件将使用该库，对于较大的应用程序，这一过程可以缩短下载时间。

5. 优化动作脚本

在 Aniamte CC 2017 中可以使用"发布设置"命令对需要优化的动作脚本进行优化操作。执行菜单中的"文件 | 发布设置"命令，在弹出的"发布设置"对话框中选中"省略 trace 语句"复选框，如图 8-10 所示，然后单击"确定"按钮，即可完成动作脚本的优化。

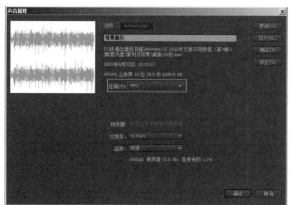

图 8-9　设置"压缩"为"MP3"选项　　　　图 8-10　选中"省略 trace 语句"复选框

8.3　Animate CC 2015 动画的发布

在制作好 Animate CC 2015 动画后，可以根据需要将其发布为不同的格式，以实现动画制作的目的和价值。Animate CC 2015 的发布操作通常是在"文件"菜单中完成的，Animate CC 2015 的文件菜单中包括"发布设置"和"发布"2 个关于发布的命令，如图 8-11 所示。

发布设置(G)...	Ctrl+Shift+F12
发布(B)	Shift+Alt+F12

图 8-11　发布菜单命令

8.3.1　发布设置

Animate CC 2015 默认发布的动画文件为 .swf 格式，具体发布步骤如下：

①执行菜单中的"文件 | 发布设置"命令，在弹出的"发布设置"对话框左侧选中"Flash（.swf）"选项，如图 8-12 所示。

②此时在右侧会显示出"Flash（.swf）"相关参数。其主要参数含义如下：

- 目标：用于选择所输出的 Animate CC 2015 动画的版本，范围从 Flash Player 10.3~Flash Player 20，以及 AIR 系列，如图 8-13 所示。因为 Animate CC 2015 动画的播放是靠插件支持的，如果用户系统中没有安装高版本的插件，那么使用高版本输出的 Animate CC 2015 动画就不能被正常播放。如果使用低版本输出，那么 Animate CC 2015 动画所有的新增功能将无法正确地运行。所以，除非特别要求，一般不提倡使用低版本输出 Animate CC 2015 动画。

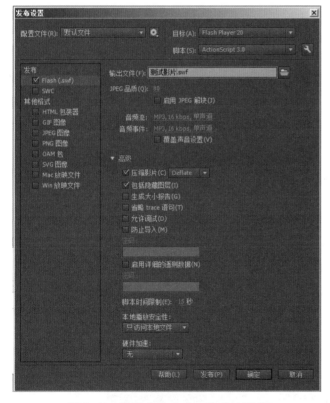

图 8-12　选中"Flash（.swf）"复选框

图 8-13　"目标"下拉列表框

- 脚本：用于设置与动画相搭配的脚本程序，有"ActionScript 3.0"1 个选项。
- 音频流：是指声音只要前面几帧有足够的数据被下载就可以开始播放了，它与网上播放动画的时间线是同步的。可以通过单击其右侧的"设置"按钮，设置音频流的压缩方式。

- 音频事件：是指声音必须完全下载后才能开始播放或持续播放。可以通过单击其右侧的"设置"按钮，设置音频事件的压缩方式。

- 高级：该项目中包括多个复选框。选中"压缩影片"复选框，在发布动画时会对视频进行压缩处理，使文件便于在网络上快速传输。选中"包括隐藏图层"复选框，可以将动画中的隐藏层导出。选中"允许调试"复选框，允许在 Animate CC 2015 的外部跟踪动画文件。选中"防止导入"复选框，可以防止别人引入自己的动画文件。当选中该项后，其下的"密码"文本框将激活，此时可以输入密码，此后导入该 .swf 文件将弹出如图 8-14 所示的对话框，只有输入正确密码后才可以导入影片，否则将弹出如图 8-15 所示的提示对话框。在"脚本时间限制"右侧文本框中输入数值，可以限制脚本的运行时间。

图 8-14 "导入所需密码"对话框

图 8-15 提示对话框

③设置完成后，单击"确定"按钮，即可将文件进行发布。

> 执行菜单中的"文件|导出|导出影片"命令，也可以发布 .swf 格式的文件。

8.3.2 发布 Animate CC 2015 动画

在完成动画发布的设置后，执行菜单中的"文件|发布"命令，Animate CC 2015 会创建一个指定类型的文件，并将它存放在 Animate CC 2015 文档所在的文件夹中，在覆盖或删除该文件之前，此文件会一直保留在那里。

8.4 导出 Animate CC 2015 动画

通过导出动画操作，可以创建能在其他应用程序中进行编辑的内容，并将影片直接导出为特定的格式。一般情况下，导出操作是通过菜单中的"文件|导出"中的"导出图像""导出影片"和"导出视频"3 个命令来实现的，如图 8-16 所示。下面主要讲解"导出图像"和"导出影片"两种导出方式。

图 8-16 "导出"命令

8.4.1　导出图像文件

"导出图像"命令可以将当前帧的内容或当前所选的图像导出成一种静止的图像格式或导出为单帧动画。执行菜单中的"文件 | 导出 | 导出图像"命令，在弹出的"导出图像"对话框的"保存类型"下拉列表中可以选择多种图像文件的格式，如图 8-17 所示。当选择了相应的导出图像的格式和文件位置后，单击"保存"按钮，即可将图像文件保存到指定位置。

图 8-17　选择多种图像文件的格式

下面就来具体讲解导出的图像格式。

1. JPEG 图像

JPEG 是一种有损压缩格式，该格式的图像包括上百万种颜色。它通常用于图像预览和一些文档，比如 HTML 文档等。该格式的图像具有文件小的特点，是所有格式中压缩率最高的格式，但该格式不支持透明。当选择"JPEG 图像（*jpg,*jpeg）"格式导出时，会弹出如图 8-18 所示的"导出 JPEG"对话框。该对话框中的参数除了"品质"和"渐进式显示"两项外，其余参数与"导出位图"对话框中的参数相同。

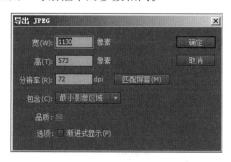

图 8-18　"导出 JPEG"对话框

- "宽""高"：用于设置导出的图像的大小。
- 分辨率：用于设置导出的图像的分辨率，并根据绘图的大小自动计算宽度和高度。
- 匹配屏幕：用于设置分辨率与显示器匹配。
- 包含：包括"最小影像区域"和"完整文档大小"两个选项。
- 品质：用于控制 JPEG 文件的压缩量。图像品质越低，则文件越小。
- 渐进式显示：选中该项后，则可在 Web 浏览器中以渐进式的方式显示 JPEG 图像，从而可在低速网络连接上，以较快的速度显示加载的图像。

2. GIF 图像

GIF 也是一种有损压缩格式，它只包括 256 种颜色，该格式支持透明。当选择"GIF 图像 (*gif)"格式导出时，会弹出如图 8-19 所示的"导出 GIF"对话框。该对话框中的大多数参数与"导出 JPEG"对话框中的参数相同。下面就来讲解与"导出 JPEG"对话框不同的相关参数。

- 颜色：用于设置导出的 GIF 图像中每个像素的颜色数。该下拉列表有"标准颜色"和 "256 色"两种类型可供选择，如图 8-20 所示。

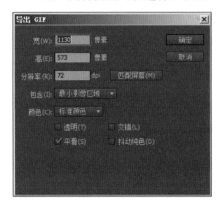 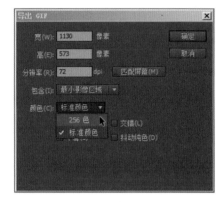

图 8-19　"导出 GIF"对话框　　　　图 8-20　"颜色"下拉列表

- 透明：选中该项后，将应用程序背景的透明度。
- 交错：选中该项后，将在下载导出的 GIF 文件时，在浏览器中逐步显示该图像，从而使用户在完全下载文件前就能看到基本的图像内容。
- 平滑：选中该项后，将消除导出图像的锯齿，从而生成较高品质的图像，并改善文本的显示品质。
- 抖动纯色：选中该项后，可以将抖动应用于纯色。

3. PNG 图像

PNG 是一种无损压缩格式，该格式支持透明。当选择"PNG（*png）"格式导出时，会弹出如图 8-21 所示的"导出 PNG"对话框。该对话框中的大多数参数与"导出 GIF"对话框中的参数相同，这里就不再赘述。

图 8-21　"导出 PNG"对话框

4. SVG 图像

SVG 图像是用于描述二维图像的一种 XML 标记语言。SVG 文件以压缩格式提供的与分辨率无关的 HiDPI 图形，可用于 Web、印刷及移动设备。用户可以使用 CSS 来设置 SVG 的样式。SVG 对脚本与动画的支持使之成为 Web 平台不可分割的一部分。

常见的 Web 图像格式，比如 GIF、JPEG 和 PNG，体积相对比较大且分辨率较低。SVG 格式则是用矢量图形、文本和滤镜效果来描述图像，因此 SVG 文件体积小，分辨率高。SVG 不仅可以在 Web 上，还可以在资源有效的手持设备上提供高品质的图形。用户可以在屏幕上放大 SVG 图像，而不会损失细节或清晰度。此外，SVG 颜色保真功能强大，可以确保用户看到的图像和舞台上显示的一致。

8.4.2 导出影片文件

导出影片文件可以将制作好的 Animate CC 2015 文件导出为 Animate CC 2015 动画或者是静帧的图像序列，还可以将动画中的声音导出为 WAV 文件。执行菜单中的"文件|导出|导出影片"命令，在弹出的"导出影片"对话框的"保存类型"下拉列表中包括多种影片文件的格式，如图 8-22 所示。当选择了相应的影片格式和文件位置后，单击"保存"按钮，即可将影片文件保存到指定位置。

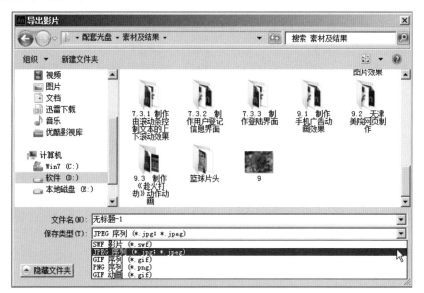

图 8-22　选择多种影片的格式

下面就来讲解 Animate CC 2015 可以导出的影片格式。

1. SWF 影片（*swf）

SWF 是 Animate CC 2015 的专用格式，是一种支持矢量和点阵图形的动画文件格式，在网页设计、动画制作等领域被广泛应用，SWF 文件通常也被称为 Flash 文件。使用这种格式可以播放所有在编辑时设置的动画效果和交互效果，而且容量小。此外，如果发布为 SWF 文件，还可以对其设置保护。

2. JPEG 序列和 PNG 序列

在 Flash 中可以将逐帧更改的文件导出为 JPEG 序列和 PNG 序列，这两个导出对话框设置分别与 JPEG 图像和 PNG 图像的设置相同，这里就不赘述了。

3. GIF 动画和 GIF 序列

GIF 动画文件提供了一个简单的方法来导出简短的动画序列。Animate CC 2015 可以优化 GIF 动画文件，并且只存储逐帧更改的文件，而 GIF 序列是将影片逐帧导出为 GIF 文件。

课 后 练 习

1. 填空题

1）_____是一种无损压缩格式，该格式支持透明。

2）_____图像是用于描述二维图像的一种 XML 标记语言。

2. 选择题

1）下列（　　）图像格式使用的是矢量图形。

    A. JPEG   B. SVG   C. GIF   D. PNG

2）"测试场景"命令的快捷键是（　　）。

    A.【Ctrl+Alt+Enter】   B.【Ctrl+Enter】

    C.【Alt+Enter】   D.【Enter】

3. 问答题

1）简述测试影片和测试场景的方法。

2）简述优化动画文件的方法。

第**9**章

综合实例

在学习了前面 8 章后，读者应已经掌握了 Animate CC 2015 的基本功能和操作。但在实际应用中，读者往往不能够得心应手充分发挥出 Animate CC 2015 创建图像的威力。因此，本章将综合使用 Animate CC 2015 的功能来制作 3 个生动的实例，以巩固已学的知识。

本章内容包括：

■ 制作手机广告动画
■ 制作天津美术学院网页
■ 制作《趁火打劫》动作动画

9.1 制作手机广告动画

制作要点

本例将制作一个手机产品的宣传广告动画，如图 9-1 所示。通过本例的学习，读者应掌握图片的处理、淡入淡出动画、引导层动画和遮罩动画的综合应用。

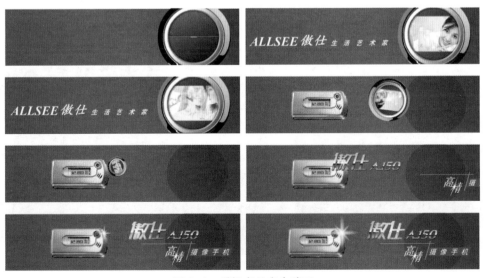

图 9-1 手机产品广告动画

操作步骤：

1. 制作背景

①启动 Animate CC 2015 软件，新建一个 ActionScript 3.0 文件。

②导入动画文件进行参考。执行菜单中的"文件 | 导入 | 导入到舞台"命令，导入配套资源中的"素材及结果 \9.1 制作手机广告动画效果 \ 视频参考 .swf"动画文件，此时，"视频参考"动画会以逐帧的方式进行显示，如图 9-2 所示。

图 9-2 导入"视频参考 .swf"动画

③执行菜单中的"文件 | 保存"命令，将其保存为"参考 .fla"。

④创建一个尺寸与"视频参考 .swf"背景图片等大的 Flash 文件。在第 1 帧中选中背景图片，然后执行菜单中的"编辑 | 复制"命令，进行复制。

⑤新建一个 ActionScript 3.0 文件，然后执行菜单中的"编辑 | 粘贴到当前位置"命令，进行粘贴。接着执行菜单中的"修改 | 文档"命令，在弹出的对话框中单击"匹配内容"按钮，如图 9-3 所示，单击"确定"按钮，即可创建一个尺寸与"视频参考 .swf"背景图片等大的 ActionScript 3.0 文件，最后将"图层 1"重命名为"背景"，并将其保存为"制作手机广告动画效果 .fla"，结果如图 9-4 所示。

图 9-3 选择"内容"单选按钮

图 9-4 "图层 1"重命名

2. 制作镜头盖打开动画

①新建"镜头"元件。在"制作手机广告动画效果 .fla"中执行菜单中的"插入 | 新建元件"命令，在弹出的"创建新元件"对话框中设置参数，如图 9-5 所示，然后单击"确定"按钮，进入"镜头"元件的编辑模式。

②回到"参考 .fla"文件，使用工具箱上的选择工具按钮选中所有的镜头图形，如图 9-6 所示，然后执行菜单中的"编辑 | 复制"命令，进行复制。回到"手机产品广告动画 .fla"的"镜头"元件中，执行菜单中的"编辑 | 粘贴到中心位置"命令，进行粘贴。

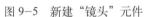

图 9-5　新建"镜头"元件

图 9-6　选中所有的镜头图形

③提取所需镜头部分。右击粘贴后的一组镜头图形，从弹出的快捷菜单中选择"分散到图层"命令，从而将组成镜头的每个图形分配到不同的图层上，如图 9-7 所示。然后将"元件 5"层重命名为"上盖"，"元件 4"层重命名为"下盖"，"元件 7"层重命名为"外壳"，"元件 6"层重命名为"内壳"。接着删除其余各层，并对"外壳"层中对象的颜色进行适当修改，结果如图 9-8 所示。

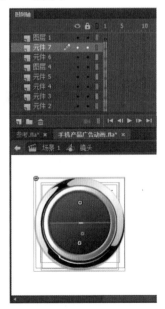

图 9-7　新建"镜头"元件

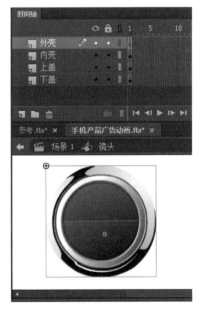

图 9-8　图层重命名

④选中所有图层的第 10 帧，按快捷键【F5】，插入普通帧，从而将时间轴的总长度延长到第 10 帧。

⑤制作镜头盖打开前的线从短变长的动画。单击时间轴左下方的新建图层按钮，新建"线"层，然后使用工具箱中的线条工具按钮绘制一条"笔触"为 1.00 的白色线条，如图 9-9 所示。

接着在"线"层的第 10 帧按快捷键【F6】，插入关键帧。再回到第 1 帧，利用工具箱中的任意变形工具按钮将线条进行缩短，如图 9-10 所示。最后在"线"层的第 1~10 帧创建形状补间动画，此时时间轴分布如图 9-11 所示。

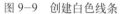

图 9-9　创建白色线条　　　　图 9-10　在第 1 帧线条缩短　　　　图 9-11　时间轴分布效果

⑥选中"上盖""下盖""内壳"和"外壳"的第 100 帧，按快捷键【F5】，插入普通帧，从而将这 4 个层的总长度延长到第 100 帧。

⑦制作上盖打开效果。选中"上盖"的第 10 帧和第 20 帧，按快捷键【F6】，插入关键帧，然后在第 20 帧将上盖图形向上移动，如图 9-12 所示。接着右击第 10~20 帧的任意一帧，从弹出的快捷菜单中选择"创建传统补间"命令。

⑧制作下盖打开效果。同理，在"下盖"的第 10 帧和第 20 帧处按快捷键【F6】，插入关键帧，然后在第 20 帧将下盖图形向下移动，如图 9-13 所示。最后右击第 10~20 帧的任意一帧，从弹出的快捷菜单中选择"创建传统补间"命令。此时时间轴分布效果如图 9-14 所示。

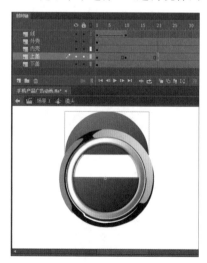

图 9-12　在第 20 帧将上盖图形向上移动　　　　图 9-13　在第 20 帧将下盖图形向下移动

图 9-14　时间轴分布效果

3. 优化所需素材图片

①启动 Photoshop CS6，新建一个大小为 640 像素 ×480 像素，分辨率为 72 像素 / 英寸的文件。然后执行菜单中的"文件 | 置入"命令，置入配套资源中的"素材及结果 \9.1 制作手机广告动画效果 \ 素材 1.jpg"图片，再在属性栏中将图像尺寸更改为 150 像素 ×116 像素，如图 9-15 所示，最后按【Enter】键进行确定。

②按住键盘上的【Ctrl】键单击"素材 1"层，从而创建"素材 1"选区，如图 9-16 所示。然后执行菜单中的"文件 | 新建"命令，此时 Photoshop 会默认创建一个与复制图像等大的 150 像素 ×116 像素的文件，如图 9-17 所示。接着单击"确定"按钮，执行菜单中的"编辑 | 粘贴"命令，将复制后的图像进行粘贴，结果如图 9-18 所示。

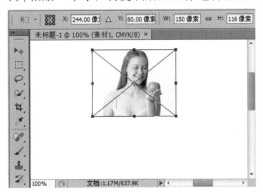

图 9-15　设置图像大小

图 9-16　创建选区

③执行菜单中的"文件 | 保存"命令，将其存储为"1.jpg"。

④同理，置入配套资源中的"素材及结果 \9.1 手机产品广告动画 \ 素材 2 .jpg"和"素材 3 .jpg"图片，然后将它们的大小也调整为 150 像素 ×116 像素，再将它们存储为"2.jpg"和"3.jpg"。

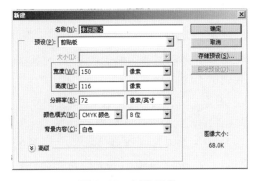

图 9-17　新建图像

图 9-18　粘贴效果

4. 制作镜头中的淡入淡出图片动画

①回到"手机产品广告动画 .fla"中，执行菜单中的"文件 | 导入 | 导入到库"命令，导入配套资源中的"素材及结果 \9.1 制作手机广告动画效果 \1.jpg"" 2 .jpg"和" 3 .jpg"图片，此时，"库"面板中会显示出导入的图片，如图 9-19 所示。

②执行菜单中的"插入 | 新建元件"命令，新建" 1 "图形元件的编辑模式。从"库"面板中将"1.jpg"元件拖入到舞台中，并使其中心对齐，结果如图 9-20 所示。

第 9 章　综合实例

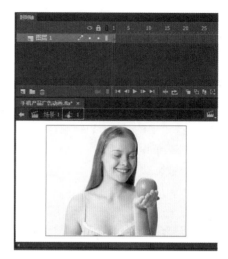

图 9-19　导入图片   图 9-20　将"1.jpg"拖入到"1"元件并中心对齐

③同理，创建"2"图形元件，然后分别将"库"面板中"2.jpg"元件拖入到舞台中，并中心对齐。

④同理，创建"3"图形元件，然后分别将"库"面板中"3.jpg"元件拖入到舞台中，并中心对齐。

⑤执行菜单中的"插入 | 新建元件"命令，在弹出的"创建新元件"对话框中设置参数，如图 9-21 所示，单击"确定"按钮，进入"动画"元件的编辑模式。

图 9-21　创建"动画"元件

⑥从"库"面板中将"1"元件拖入到舞台中，并中心对齐。然后在第 50 帧处按快捷键【F5】，插入普通帧，从而将时间轴的总长度延长到第 50 帧。

⑦创建"2"元件的淡入淡出效果。方法：新建"图层 2"，在第 10 帧按快捷键【F7】，插入空白关键帧，然后从"库"面板中将"2"元件拖入到舞台中，并中心对齐。再在"图层 2"的第 20 帧按快捷键【F6】，插入关键帧。接着单击第 10 帧，将舞台中"2"元件的 Alpha 值设置为 0%，最后右击"图层 2"第 10~20 帧的任意一帧，从弹出的快捷菜单中选择"创建传统补间"命令，结果如图 9-22 所示。

⑧创建"3"元件的淡入淡出效果。同理，新建"图层 3"，在第 25 帧按快捷键【F7】，插入空白关键帧，然后从"库"面板中将"3"元件拖入到舞台中，并中心对齐。再在"图层 3"的第 35 帧按快捷键【F6】，插入关键帧。接着单击第 25 帧，将舞台中"3"元件的 Alpha 值设置为 0%，最后在"图层 3"的第 25~35 帧中创建传统补间动画。

⑨创建"1"元件的淡入淡出效果。同理，新建"图层 4"，在第 40 帧按快捷键【F7】，插入空白关键帧，然后从"库"面板中将"1"元件拖入到舞台中，并中心对齐。再在"图层 4"

的第 50 帧按快捷键【F6】,插入关键帧。接着单击第 40 帧,将舞台中"1"元件的 Alpha 值设置为 0%,最后在"图层 4"的第 40~50 帧中创建补间动画,此时时间轴分布效果如图 9-23 所示。

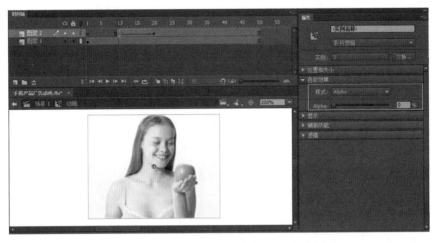

图 9-22　将第 10 帧 "2" 元件的 Alpha 设置为 0%

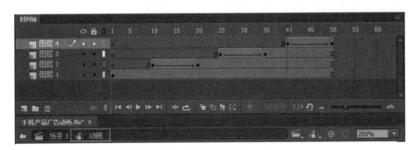

图 9-23　时间轴分布效果

5. 制作镜头盖打开后显示出图片过渡动画的效果

①双击"库"面板中的"镜头"元件,进入编辑模式。然后在"上盖"层上方新建"动画"层,再从"库"面板中将"动画"元件拖入到舞台中,并放置到如图 9-24 所示的位置。

②在"动画"层上方新建"遮罩"层,然后使用工具箱中的椭圆工具按钮绘制一个 105 像素 ×105 像素的正圆形,并调整位置,如图 9-25 所示。此时,时间轴分布效果如图 9-26 所示。

③制作遮罩效果。右击"遮罩"层,从弹出的快捷菜单中选择"遮罩层"命令,此时只有圆形以内的图像被显现出来了,效果如图 9-27 所示。

图 9-24　将"动画"元件拖入舞台

图 9-25　绘制正圆

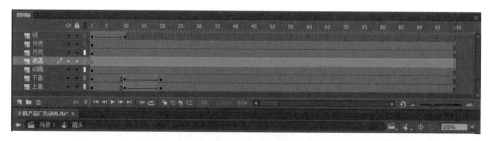

图 9-26　时间轴分布效果

④为了使镜头盖打开过程中所在区域内的图像不显现，下面将"上盖"和"下盖"层拖入遮罩，并进行锁定，结果如图 9-28 所示。

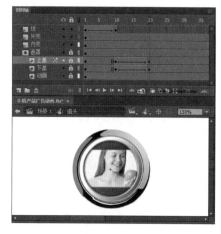

图 9-27　遮罩效果

图 9-28　最终遮罩效果

6. 制作文字"ALLSEE 傲仕 生活艺术家"的淡入淡出效果

①单击 场景1 按钮，回到"场景 1"。然后新建"镜头"层，从"库"面板中将"镜头"元件拖入到舞台中，位置如图 9-29 所示。

②新建"生活艺术家"层，利用工具箱中的文本工具按钮输入文字"ALLSEE 傲仕 生活艺术家"。然后框选所有的文字，按快捷键【F8】，将其转换为"生活艺术家"影片剪辑元件，效果如图 9-30 所示。

图 9-29　将"镜头"元件拖入舞台放置到适当位置

图 9-30　输入文字并将其转换为元件

③同时选择"生活艺术家"、"镜头"和"背景"层，然后在第 130 帧按快捷键【F5】，插入普通帧，从而将时间轴的总长度延长到第 130 帧。

④将"生活艺术家"层的第1帧移动到第20帧，然后分别在第22、53和55帧按快捷键【F6】，插入关键帧。最后将第20帧和第55帧中的"生活艺术家"元件的Alpha值设置为0%，并在第20~22帧、第53~55帧之间创建传统补间动画。此时，时间轴分布效果如图9-31所示。

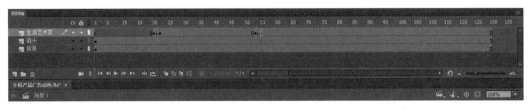

图9-31　时间轴分布效果

7. 制作手机飞入舞台的动画

①回到"参考.fla"，选中"手机"图形，执行菜单中的"编辑 | 复制"命令进行复制。接着回到"手机产品广告动画.fla"，新建"手机"层，在第50帧按快捷键【F7】，插入空白关键帧。再执行菜单中的"编辑 | 粘贴到当前位置"命令，进行粘贴，效果如图9-32所示。

②在"手机"层的第60帧中按快捷键【F6】，插入关键帧。然后在第50帧将"手机"移动到左侧，并将其Alpha值设置为0%。接着在第50~60帧之间创建传统补间动画，最后在"属性"面板中将"缓动"设置为"-50"，如图9-33所示，从而使手机产生加速飞入舞台的效果。此时时间轴分布效果如图9-34所示。

图9-32　粘贴手机图形　　　　　　　图9-33　将"缓动"设置为"-50"

图9-34　时间轴分布效果

8. 制作镜头缩小后移动到手机右上角的动画

①将"镜头"层移动到"手机"层的上方。

②分别在"镜头"层的第 65 帧和第 80 帧，按快捷键【F6】，插入关键帧。然后在第 80 帧将"镜头"元件缩小，并移动到如图 9-35 所示的位置。

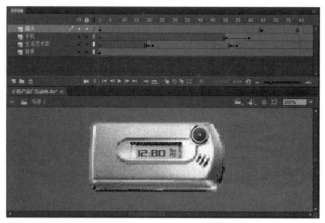

图 9-35　在第 80 帧将"镜头"元件缩小并移动到适当位置

③制作镜头移动过程中进行逆时针旋转并加速的效果。在"镜头"层的第 65~80 帧之间创建传统补间动画，然后在"属性"面板中将"旋转"设置为"逆时针"，将"缓动"设置为"-50"。此时时间轴分布效果如图 9-36 所示。

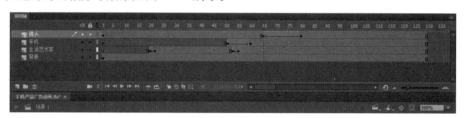

图 9-36　时间轴分布效果

④制作镜头移动后原地落下的深色阴影效果。在"镜头"层的下方新建"背景圆形"层，然后使用工具箱中的椭圆工具按钮绘制一个笔触颜色为无色，填充色为黑色，大小为 120 像素 ×120 像素的正圆形。接着按快捷键【F8】，将其转换为"背景圆形"影片剪辑元件。最后在"属性"面板中将其 Alpha 值设为 20%，结果如图 9-37 所示。

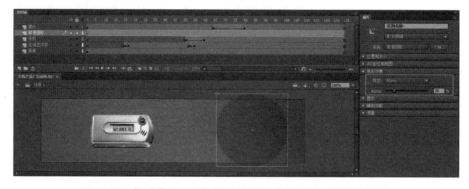

图 9-37　将"背景圆形"影片剪辑元件的 Alpha 值设为 20%

9. 制作不同文字分别飞入舞台的效果

①回到"参考.fla",选中文字"傲仕A150",如图9-38所示,执行菜单中的"编辑|复制"命令,进行复制。接着回到"制作手机广告动画效果.fla",新建"文字1"层,在第85帧按快捷键【F7】,插入空白关键帧。最后执行菜单中的"编辑|粘贴到当前位置"命令,进行粘贴。再按快捷键【F8】,将其转换为"文字1"影片剪辑元件,结果如图9-39所示。

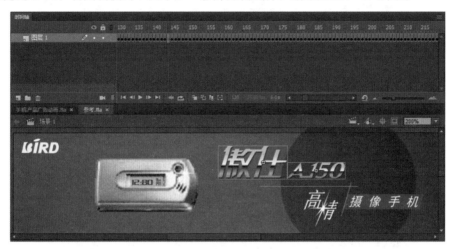

图9-38 选中文字

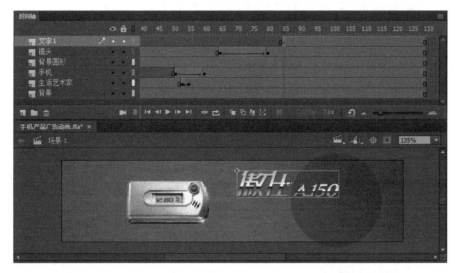

图9-39 将文字转换为"文字1"影片剪辑元件

②制作文字"傲仕A150"从左向右运动的效果。在"文字1"层的第90帧按快捷键【F6】,插入关键帧。然后在第85帧将"文字1"元件移动到如图9-40所示的位置。接着在第85~90帧之间创建传统补间动画。

③同理,回到"参考.fla",然后选中文字"高清摄像手机",执行菜单中的"编辑|复制"命令,进行复制。接着回到"制作手机广告动画效果.fla",新建"文字2"层,在第85帧按快捷键【F7】,插入空白关键帧。再执行菜单中的"编辑|粘贴到当前位置"命令,进行粘贴。最后按快捷键【F8】,将其转换为"文字2"影片剪辑元件,结果如图9-41所示。

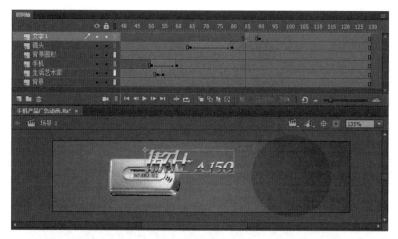

图 9-40 在第 85 帧将"文字 1"元件移动到适当位置

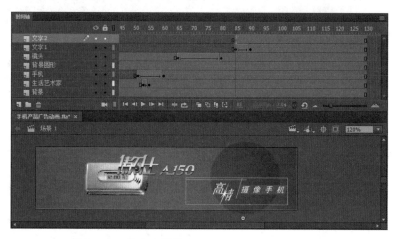

图 9-41 将文字转换为"文字 2"影片剪辑元件

④制作文字"高清摄像手机"从右向左运动的效果。在"文字 2"层的第 90 帧按快捷键【F6】，插入关键帧。然后在第 85 帧将"文字 2"元件移动到如图 9-42 所示的位置。接着在第 85~90 帧之间创建传统补间动画。

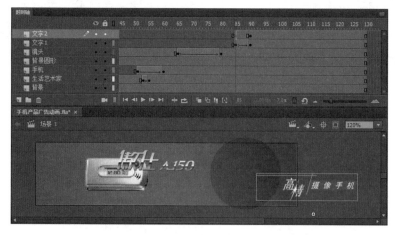

图 9-42 在第 85 帧将"文字 2"元件移动到适当位置

10. 制作文字飞入舞台后的扫光效果

①执行菜单中的"插入 | 新建元件"命令，在弹出的"创建新元件"对话框中设置参数，如图 9-43 所示，然后单击"确定"按钮，进入"圆形"元件的编辑模式。

图 9-43　新建"圆形"元件

②为了便于观看效果，下面在"属性"面板中将背景色设置为红色。

③使用工具箱中的椭圆工具按钮，绘制一个 75 像素 ×75 像素的正圆形，并中心对齐，然后设置其填充色为透明到白色，如图 9-44 所示，效果如图 9-45 所示。

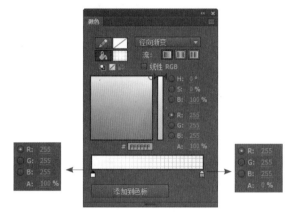

图 9-44　设置渐变

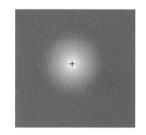

图 9-45　透明到白色的填充效果

④制作"圆形"先从左向右，再从右向左运动的效果。单击 场景1 按钮，回到"场景 1"，然后新建"圆形"层，在第 90 帧按快捷键【F7】，从"库"面板中将"圆形"元件拖入到舞台中，并调整位置如图 9-46 所示。接着分别在第 97 帧和第 105 帧按快捷键【F6】，插入关键帧。再将第 97 帧的"圆形"元件移动到如图 9-47 所示的位置。最后在第 90~105 帧之间创建传统补间动画。

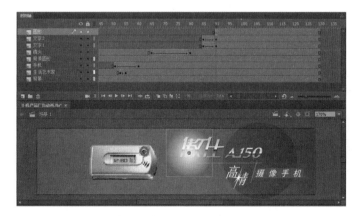

图 9-46　在第 90 帧将"圆形"元件拖入到舞台中

第 9 章　综合实例

327

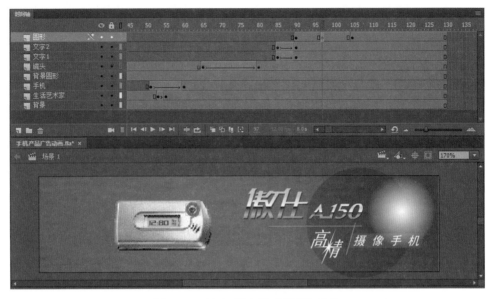

图 9-47　第 97 帧中的"圆形"元件

　　⑤制作扫光时的遮罩。选中舞台中的"文字 1"元件，执行菜单中的"编辑|复制"命令。然后在"圆形"层的上方新建"遮罩"层，执行菜单中的"编辑|粘贴到当前位置"命令，最后执行菜单中的"修改|分离"命令，将"文字 1"元件打散为图形，效果如图 9-48 所示。

图 9-48　在"遮罩"层将"文字 1"元件打散为图形

　　⑥使用遮罩制作扫光效果。右击"遮罩"层，从弹出的快捷菜单中选择"遮罩层"命令，此时时间轴分布效果如图 9-49 所示。

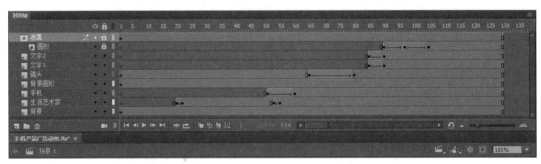

图 9-49　时间轴分布效果

　　⑦按【Enter】键播放动画，即可看到扫光效果，如图 9-50 所示。

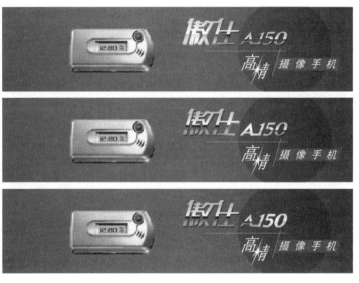

图 9-50　预览扫光效果

11. 制作环绕手机进行旋转的光芒效果

①执行菜单中的"插入 | 新建元件"命令，在弹出的"创建新元件"对话框中设置参数，如图 9-51 所示，然后单击"确定"按钮，进入"光芒"元件的编辑模式。

图 9-51　新建"光芒"影片剪辑元件

②使用工具箱中的椭圆工具按钮绘制一个 75 像素 ×75 像素的正圆形，并中心对齐，然后设置其填充色为透明到白色的径向渐变。接着使用工具箱中的任意变形工具按钮对其进行处理，再执行菜单中的"修改 | 组合"命令，将其成组，结果如图 9-52 所示。最后在"变形"面板中将"旋转"设置为 90°，单击重制选区和变形按钮，如图 9-53 所示，进行旋转复制，结果如图 9-54 所示。

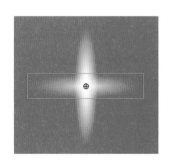

图 9-52　成组效果　　　图 9-53　设置旋转复制参数　　　图 9-54　旋转复制效果

第 9 章　综合实例

329

③框选两个基本光芒图形，然后执行菜单中的"修改|组合"命令，将其成组，接着在"变形"面板中将"旋转"设置为45°，单击重制选区和变形按钮，如图9-55所示，从而将两个基本光芒图形旋转45°进行复制。最后使用工具箱中的任意变形工具对其进行缩放处理，并中心对齐，结果如图9-56所示。

图9-55　设置旋转复制参数　　　　　　图9-56　光芒效果

④单击 ![场景] 按钮，回到"场景1"。然后新建"光芒"层，在第85帧按【F7】键，插入空白关键帧。接着从"库"面板中将"光芒"元件拖入到舞台中并适当缩放，结果如图9-57所示。

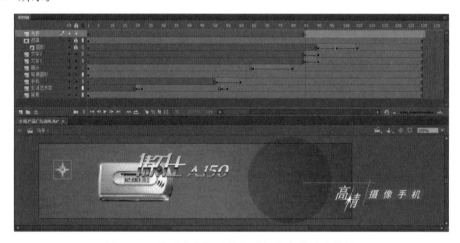

图9-57　将"光芒"元件拖到舞台中并适当缩放

⑤制作光芒运动的路径。右击时间轴左侧的图层名称，从弹出的快捷菜单中选择"添加传统运动引导层"命令，如图9-58所示。然后在"引导层：光芒"第85帧按快捷键【F7】，插入空白关键帧。接着选择工具箱中的矩形工具按钮，设置填充色为无色，笔触颜色为蓝色，矩形边角半径为100，如图9-59所示。最后使用工具箱中的橡皮擦工具将圆角矩形左上角进行擦除，结果如图9-60所示。再将"引导层：光芒"图层的第1帧移动到第85帧。此时，时间轴分布效果如图9-61所示。

⑥制作光芒沿路径运动动画。在第85帧将"光芒"元件移动到路径的上方开口处，如图9-62所示。然后在"光芒"层的第100帧按快捷键【F6】，插入关键帧，再将"光芒"元件移动到路径的下方开口处，如图9-63所示。接着在"光芒"层的第85~100帧创建传统补间动画。

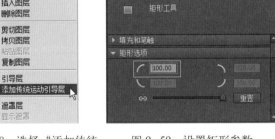

图 9-58　选择"添加传统　　　图 9-59　设置矩形参数　　　图 9-60　将圆角矩形左上角进行擦除

运动引导层"命令

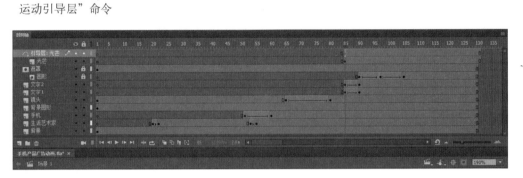

图 9-61　时间轴分布效果

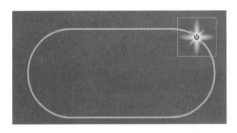

图 9-62　在第 85 帧调整"光芒"元件的位置　　图 9-63　在第 100 帧调整"光芒"元件的位置

提 示

为了便于观看，可以将"光芒"层和"引导层：光芒"以外的层进行隐藏。

⑦制作光芒在第 100 帧后的闪动效果。在"光芒"层的第 101~106 帧按快捷键【F6】，插入关键帧，然后将第 101、103、105 帧的"光芒"元件放大，如图 9-64 所示。

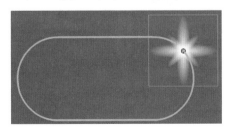

图 9-64　将第 101、103、105 帧的"光芒"元件放大

第 9 章　综合实例

331

⑧至此,整个动画制作完毕,时间轴分布效果如图 9-65 所示。执行菜单中的"控制|测试"命令,打开播放器窗口,即可看到动画效果。

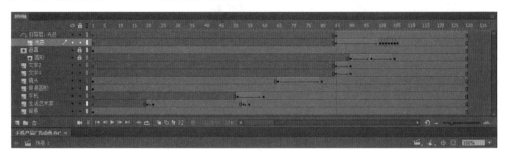

图 9-65　时间轴分布效果

＋提　示

此时,当动画再次播放时,会发现缺少了镜头打开的效果,这是因为"镜头"元件的总帧数(100 帧)与整个动画的总帧数(130 帧)不等长的原因,将"镜头"元件的总帧数延长到第 130 帧即可。

9.2　制作天津美术学院网页

制作要点

本例将制作一个 Flash 站点,如图 9-66 所示。通过本例的学习,读者应掌握网页的架构和常用脚本的使用方法。

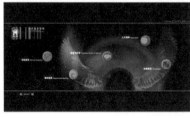

图 9-66　天津美术学院网页制作

操作步骤:

整个网站共有 8 个场景。其中,"场景 1"和"场景 2"为 Loading 动画;"场景 3"为主页面;

"场景4"~"场景8"为单击"场景3"中的按钮后进入的子页面。

1. 制作"场景1"

①启动 Animate CC 2015 软件，新建一个 ActionScript 3.0 文件。

②设置文档大小和背景色。方法：执行菜单中的"修改 | 文档"命令，在弹出的"文档设置"对话框中设置"舞台大小"为 760 像素 ×420 像素，"背景颜色"为黑色（#000000），如图 9-67 所示，然后单击"确定"按钮。

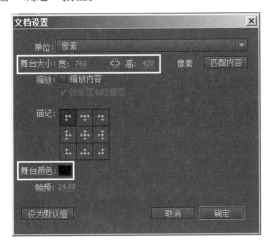

图 9-67　时间轴分布效果

③按快捷键【Ctrl+F8】，新建影片剪辑元件，命名为"泉动画"，然后单击"确定"按钮，进入其编辑模式。

④选择工具箱中的椭圆工具按钮绘制一个圆形，然后按快捷键【F8】将其转换为图形元件"泉"。接着在"泉动画"元件中制作放大并逐渐消失的动画。此时，时间轴分布效果如图 9-68 所示。

图 9-68　时间轴分布效果

⑤按快捷键【Ctrl+E】，回到"场景1"，新建 8 个图层。然后将"泉动画"元件复制到不同图层的不同帧上，从而形成错落有致的泉水放大并消失的效果，时间轴及效果如图 9-69（a）所示。

⑥选择工具箱中的线条工具按钮，在"图层1"上绘制一条白色直线，然后按快捷键【F8】将其转换为图形元件"线"。接着在工作区中复制一个元件"线"，并分别将两条白线放置到工作区的上方和下方。最后在"图层1"的第 66 帧按快捷键【F5】，从而将该层的总长度延长到 66 帧，时间轴及效果如图 9-69（b）所示。

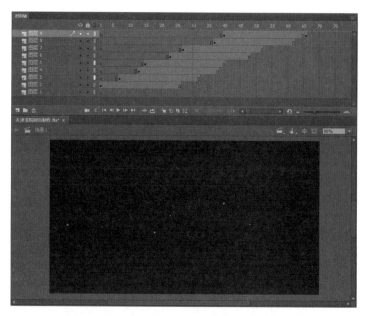

(a) 时间轴及效果

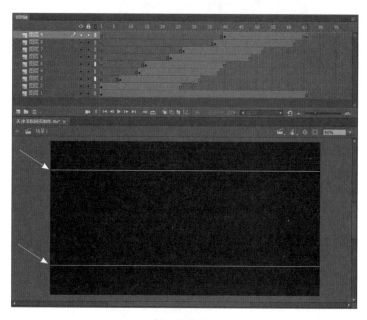

(b) 绘制直线

图 9-69　新建 8 个图层

⑦新建 7 个图层 L、o、a、d、i、n、g，实现字母 L、o、a、d、i、n、g 逐个显现，然后逐个消失的效果，如图 9-70 所示。

图 9-70　制作字母逐个出现并消失的效果

⑧为了使文字 Loading 更加生动，下面分别选中字母 g 的上下两部分，然后按快捷键【F8】，将它们分别转换为 "g 上" 和 "g 下" 图形元件。接着新建 "g 下" 层，将 "g 下" 元件放置到该层，并制作字母 g 下半部分的摇摆动画，最终时间轴分布及效果如图 9-71 所示。

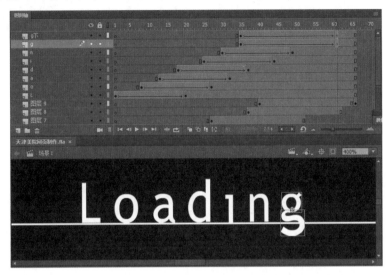

图 9-71　时间轴分布及效果

2. 制作 "场景 2"

①执行菜单中的 "窗口 | 场景" 命令，调出 "场景" 面板。然后单击添加场景按钮，新建 "场景 2"，如图 9-72 所示。接着按快捷键【Ctrl+R】，导入配套资源中的 "素材及结果 \ 9.2　制作天津美术学院网页 \ xiaoyuan.jpg" 图片，作为 "场景 2" 的背景，再将其中心对齐。最后将 "图层 1" 图层命名为 "背景" 图层。再在 "背景" 图层的第 105 帧，按快捷键【F5】，插入普通帧，从而将 "背景" 图层的总长度延长到第 105 帧，如图 9-73 所示。

图 9-72　新建 "场景 2"　　　　　　　图 9-73　导入背景图片

②新建 4 个图层，分别命名为 H、e、r、e，在其中制作文字从场景外飞入场景的效果，如图 9-74 所示。

第 9 章　综合实例

335

图 9-74   制作文字从场景外飞入场景的效果

③绘制图形如图 9-75 所示，然后利用遮罩层制作逐笔绘制图形的效果。此时，时间轴分布效果如图 9-76 所示。

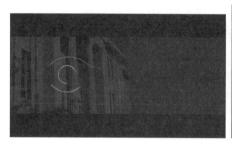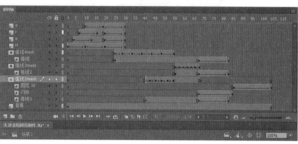

图 9-75   绘制图形   图 9-76   时间轴分布效果

④按快捷键【Ctrl+F8】，新建影片剪辑元件，命名为"zhuan"，然后单击"确定"按钮，进入元件的编辑模式。

⑤按快捷键【Ctrl+R】，导入由 Cool 3D 软件制作的旋转动画图片，结果如图 9-77 所示。然后按快捷键【Ctrl+E】，回到"场景 2"，将元件"zhuan"从"库"面板中拖入到舞台中。

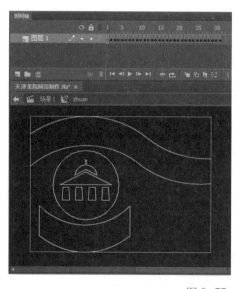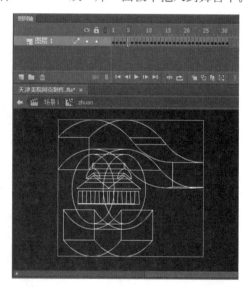

图 9-77   导入序列图片

⑥在"场景 2"中制作其由小变大、由消失到显现，然后再由大变小开始旋转的效果，时间轴分布效果如图 9-78 所示。

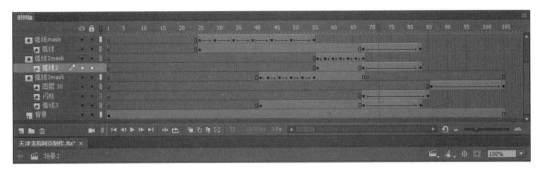

图 9-78　时间轴分布效果

⑦在"场景 2"中添加"直线"和"文字"图层，然后分别制作背景图片上下边缘的白色直线效果和文字淡入动画，结果如图 9-79 所示。

图 9-79　分别制作背景图片上下边缘的白色直线效果和文字淡入动画

⑧制作控制跳转的按钮。按快捷键【Ctrl+F8】，新建按钮元件，命名为"skip"，单击"确定"按钮，进入元件的编辑模式，接着制作不同状态下的按钮，结果如图 9-80 所示。

(a)"弹起"帧

(b)"指针经过"帧

(c)"按下"帧

(d)"点击"帧

图 9-80　制作在不同状态下的按钮

⑨回到"场景 2",新建"skip 按钮"图层,然后将"skip"元件拖入"场景 2"中,并在"属性"面板中将其"实例名称"命名为"skip",如图 9-81 所示。

图 9-81 将 skip"按钮元件拖入"场景 2"中并将其"实例名称"命名为"skip"

⑩制作单击舞台中的"skip"按钮后直接跳转到下一场景(场景 3)的效果。方法:选择舞台中的"skip"按钮实例,执行菜单中的"窗口|代码片段"命令,调出"代码片段"面板。然后在此面板的"ActionScript |时间轴导航|单击以转到场景并播放"命令处双击,如图 9-82 所示。此时会调出"动作"面板,并在其中自动输入动作脚本,如图 9-83 所示。同时会自动创建一个名称为"Actions"的图层,如图 9-84 所示。最后在"动作"面板中删除注释文字,再将脚本中的"场景 3"改为"场景 1",此时最终脚本如下所示:

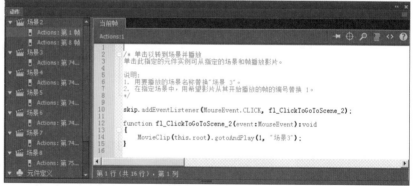

图 9-82 "单击以转到场景并播放"命令

图 9-83 调出"动作"面板,并在其中自动输入动作脚本

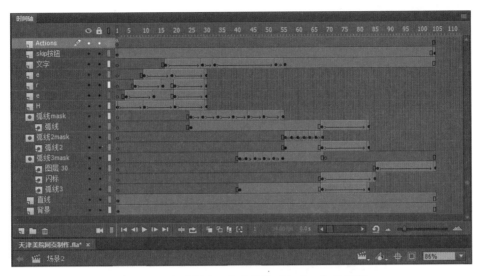

图 9-84　自动创建一个名称为"Actions"的图层

```
skip.addEventListener(MouseEvent.CLICK, fl_ClickToGoToScene_16);
function fl_ClickToGoToScene_16(event:MouseEvent):void
{
        MovieClip(this.root).gotoAndPlay(1, "场景1");
}
```

3. 制作"场景 3"

①新建"场景 3"，然后将元件"线"拖入"场景 3"。再将"图层 1"图层命名为"下直线运动"图层，接着制作"线"元件从舞台下方运动到中央，再回到舞台下方的动画，如图 9-85 所示。

图 9-85　在"图层 1"中直线运动动画

②在"下直线运动"图层上方新建"上直线运动"图层，再次将元件"线"拖入"场景 3"，并调整位置如图 9-86 所示。然后制作"线"元件从舞台上方运动到中央，再回到舞台上方保持静止状态的动画。

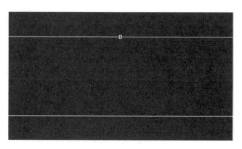

图 9-86　在"图层 3"放置"线"元件

③新建"背景"图层，然后将其移动到最下方。接着选择第 10 帧，按快捷键【Ctrl+R】，导入配套资源中的"素材及结果 \9.2　制作天津美术学院网页 \ eye.jpg"图片作为背景图片，并将其置于底层。接着同时选择 3 个图层，在第 74 帧按快捷键【F5】，插入普通帧，结果如图 9-87 所示。

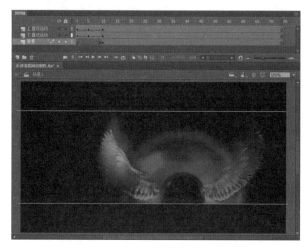

图 9-87　添加背景图片

④在"上直线运动"图层上方新建"图标"图层，然后在第 10 帧按快捷键【F7】，插入空白关键帧，再将"zhuan"元件拖入"场景 3"的左上角，如图 9-88 所示。

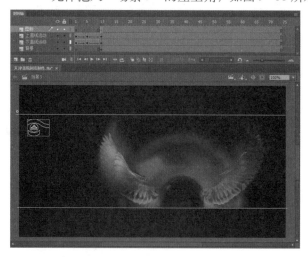

图 9-88　将元件 zhuan 放置到"场景 3"的左上角

⑤按快捷键【Ctrl+F8】，新建一个按钮元件，名称为"按钮1"，然后制作一个按钮，如图9-89所示。

(a)"弹起"帧

(b)"指针经过"帧

(c)"按下"帧

(d)"点击"帧

图9-89 制作"按钮1"按钮元件

⑥回到"场景3"，在"图标"图层上方新建"历史沿革"图层，然后在第10帧按快捷键【F7】，插入空白关键帧，再将"按钮1"元件拖入舞台中，并调整位置如图9-90所示。

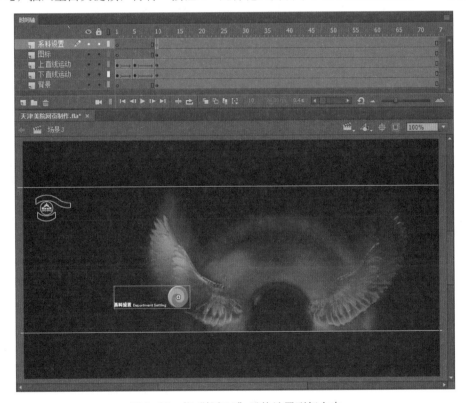

图9-90 将"按钮1"元件放置到舞台中

⑦制作单击"场景3"中的"按钮1"按钮后会跳转到"场景4"的效果。方法：选中舞台中的"按钮1"按钮元件实例，然后在"属性"面板中将其"实例名称"命名为"lksz"，如图9-91所示。然后在"代码片段"面板的"ActionScript｜时间轴导航｜单击以转到场景并播放"命令处双击，如图9-92所示。此时会调出"动作"面板，并在其中自动输入动作脚本。

同时会自动创建一个名称为"Actions"的图层，如图 9-93 所示。最后在"动作"面板中删除注释文字，再将脚本中的"场景 3"改为"场景 4"，此时最终脚本如下所示：

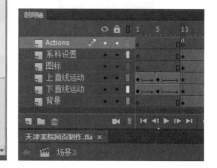

图 9-91　将"按钮 1"元件实例　　图 9-92　"单击以转到场图　　9-93　自动创建一个名称为

　　　　重命名为"lksz"　　　　　　景并播放"命令　　　　　　　"Actions"的图层

```
lksz.addEventListener(MouseEvent.CLICK, fl_ClickToGoToScene_15);
function fl_ClickToGoToScene_15(event:MouseEvent):void
{
    MovieClip(this.root).gotoAndPlay(1,"场景 4");
}
```

⑧利用与制作"按钮 1"按钮元件同样的方法创建"按钮 2"~"按钮 5"按钮元件，如图 9-94 所示。

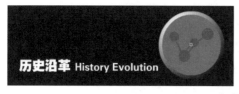

"按钮 2"按钮元件

"按钮 3"按钮元件

"按钮 4"按钮元件

"按钮 5"按钮元件

图 9-94　创建"按钮 2"~"按钮 5"按钮元件

⑨在"场景 3"中新建"历史沿革"、"师资与办学"、"与我联系"和"人才培养"4 个图层，然后从"库"面板中分别将"按钮 2"~"按钮 5"拖入"场景 3"的相应图层中，并放置到相应位置，如图 9-95 所示。

⑩选择舞台中的"按钮 2"按钮实例，在"属性"面板中将其"实例名称"命名为"xsbg"，

然后选择舞台中的"按钮 3"按钮实例,在"属性"面板中将其"实例名称"命名为"szybx",接着选择舞台中的"按钮 4"按钮实例,在"属性"面板中将其"实例名称"命名为"ywlx",最后选择舞台中的"按钮 5"按钮实例,在"属性"面板中将其"实例名称"命名为"crpy"。

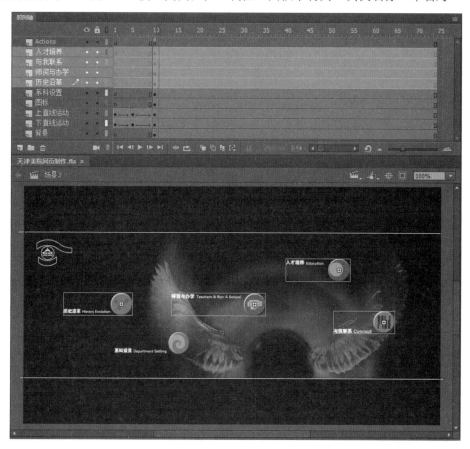

图 9—95　分别将"按钮 2"～"按钮 5"拖入"场景 3"的相应图层中并调整位置

⑪ 制作单击"场景 3"中的"按钮 2"按钮后会跳转到"场景 5"的效果。选中舞台中的"按钮 2"按钮元件实例,然后在"代码片段"面板的"ActionScript｜时间轴导航｜单击以转到场景并播放"命令处双击,再在"动作"面板中删除注释文字,再将脚本中的"场景 3"改为"场景 5",此时最终脚本如下所示:

```
lsyg.addEventListener(MouseEvent.CLICK, fl_ClickToGoToScene_16);
function fl_ClickToGoToScene_16(event:MouseEvent):void
{
    MovieClip(this.root).gotoAndPlay(1, "场景 5");
}
```

⑫ 制作单击"场景 3"中的"按钮 3"按钮后会跳转到"场景 5"的效果。选中舞台中的"按钮 3"按钮元件实例,然后在"代码片段"面板的"ActionScript｜时间轴导航｜单击以转到场景并播放"命令处双击,再在"动作"面板中删除注释文字,再将脚本中的"场景 3"改为"场景 6",此时最终脚本如下所示:

```
lsyg.addEventListener(MouseEvent.CLICK, fl_ClickToGoToScene_16);
function fl_ClickToGoToScene_16(event:MouseEvent):void
{
    MovieClip(this.root).gotoAndPlay(1, "场景 6");
}
```

⑬ 制作单击"场景 3"中的"按钮 4"按钮后会跳转到"场景 7"的效果。选中舞台中的"按钮 4"按钮元件实例，然后在"代码片段"面板的"ActionScript｜时间轴导航｜单击以转到场景并播放"命令处双击，再在"动作"面板中删除注释文字，再将脚本中的"场景 3"改为"场景 7"，此时最终脚本如下所示：

```
lsyg.addEventListener(MouseEvent.CLICK, fl_ClickToGoToScene_16);
function fl_ClickToGoToScene_16(event:MouseEvent):void
{
    MovieClip(this.root).gotoAndPlay(1, "场景 7");
}
```

⑭ 制作单击"场景 3"中的"按钮 5"按钮后会跳转到"场景 8"的效果。选中舞台中的"按钮 5"按钮元件实例，然后在"代码片段"面板的"ActionScript｜时间轴导航｜单击以转到场景并播放"命令处双击，再在"动作"面板中删除注释文字，再将脚本中的"场景 3"改为"场景 8"，此时最终脚本如下所示：

```
lsyg.addEventListener(MouseEvent.CLICK, fl_ClickToGoToScene_16);
function fl_ClickToGoToScene_16(event:MouseEvent):void
{
    MovieClip(this.root).gotoAndPlay(1, "场景 8");
}
```

⑮ 为了使"场景 3"播放完毕后停止而不自动跳转到"场景 4"，下面在在"代码片段"面板的"ActionScript｜时间轴导航｜在此帧处停止"命令处双击，如图 9-96 所示。然后在"动作"面板中删除注释文字，此时最终脚本如下所示：

图 9-96　在"在此帧处停止"命令处双击

```
stop();
```

4. 制作"场景 4"

①在"场景"面板中单击添加场景按钮,新建"场景 4"。

②将"场景 3"中上下直线运动效果复制到"场景 4"中。方法:在"场景 3"选择"上直线运动"和"下直线运动"两个图层,然后右击,从弹出的"快捷菜单中选择"拷贝图层"命令,接着在"场景 4"中选择"图层 1",右击,从弹出的快捷菜单中选择"粘贴图层"命令,即可将"场景 3"中上下直线运动效果复制到"场景 4"中,此时"场景 4"的时间轴分布如图 9-97 所示。

图 9-97 "场景 4"时间轴分布

③制作"场景 4"中左上方的文字淡入淡出效果。方法:按快捷键【Ctrl+F8】,在弹出的"创建新元件"对话框中设置如图 9-98 所示,单击"确定"按钮。然后在舞台中输入文字,如图 9-99 所示,再按快捷键【F8】,将文字转换为"文字"图形元件。接着分别在"图层 1"图层的第 3 帧和第 5 帧按快捷键【F6】,

图 9-98 创建"文字闪烁"影片剪辑元件

插入关键帧,再在"属性"面板中将舞台中第 1 帧和第 5 帧的"文字"图形实例的 Alpha 设置为 0%,如图 9-100 所示。最后按快捷键【Enter】键,即可看到文字大淡入淡出效果。

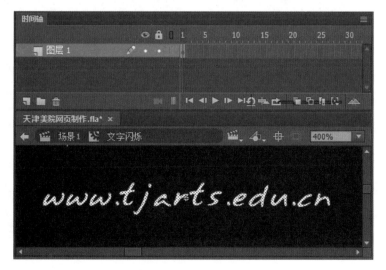

图 9-99 创建"文字闪烁"影片剪辑元件

图 9-100　将第 1 帧和第 5 帧中"文字"图形实例的 Alpha 设置为 0

④在"场景"面板中单击"场景 4"，从而回到"场景 4"中，然后将"图层 1"图层命名为"文字闪烁动画"图层，接着在"文字闪烁动画"图层的第 10 帧按快捷键【F7】，插入空白关键帧，再将"库"面板中的"文字闪烁"影片剪辑元件拖入舞台并放置到左上方，如图 9-101 所示。

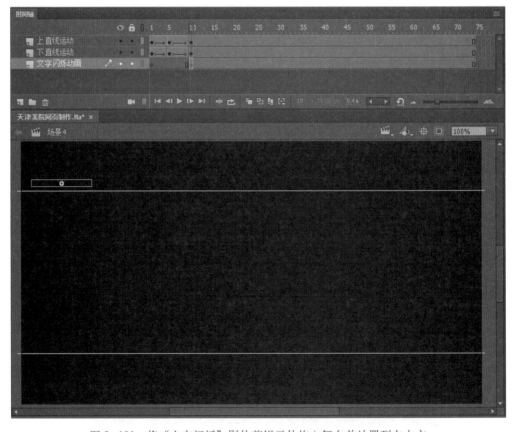

图 9-101　将"文字闪烁"影片剪辑元件拖入舞台并放置到左上方

⑤在"上直线运动"图层上方新建"系科设置"图层，然后在"系科设置"图层的第 10

帧按快捷键【F7】，插入空白关键帧，再从"库"面板中将"按钮 1"按钮元件拖入舞台，放置位置如图 9-102 所示。

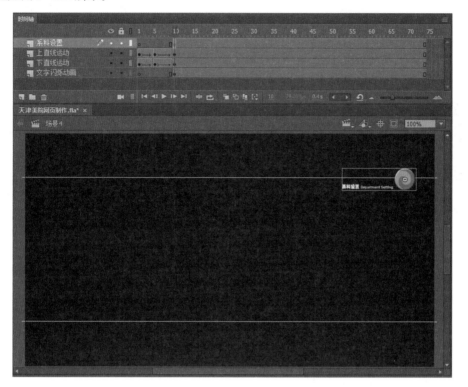

图 9-102　将"按钮 1"按钮元件拖入舞台

⑥制作单击"场景 4"中的"按钮 1"按钮后会跳转到"场景 3"的效果。选中舞台中的"按钮 1"按钮实例，然后在"代码片段"面板的"ActionScript｜时间轴导航｜单击以转到场景并播放"命令处双击，再在"动作"面板中删除注释文字，此时最终脚本如下所示：

```
lsyg.addEventListener(MouseEvent.CLICK, fl_ClickToGoToScene_16);
function fl_ClickToGoToScene_16(event:MouseEvent):void
{
    MovieClip(this.root).gotoAndPlay(1, "场景 3");
}
```

⑦为了使"场景 4"播放完毕后停止而不自动跳转到"场景 5"，下面在在"代码片段"面板的"ActionScrip｜时间轴导航｜在此帧处停止"命令处双击。然后在"动作"面板中删除注释文字，此时最终脚本如下所示：

```
stop();
```

5. 制作"场景 5"～"场景 8"

①同理，分别新建"场景 5"~"场景 8"，然后分别在"场景 5"~"场景 8"中拷贝直线运动动画，并插入相应按钮，接着赋予相应按钮与"场景 4"中"按钮 1"按钮实例一样的脚本。

②按快捷键【Ctrl+Enter】，打开播放器，即可测试效果。

9.3 制作《趁火打劫》动作动画

制作要点

本例将综合利用前面各章知识来制作一段角色打斗时的动作动画，如图 9-103 所示。通过本例学习应掌握综合利用 Flash 的知识制作动作动画片的方法。

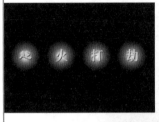

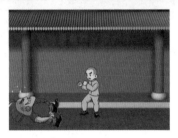

图 9-103 《趁火打劫》动作动画

操作步骤：

9.3.1 剧本编写

①富于动感和视觉冲击力的字幕"趁火打劫"出现。

②切入故事情节。夜晚，恶人放火烧寺庙，在寺庙红色院墙内恶人与小和尚相遇，双方拉开架势。

③恶人首先发功打向小和尚。

④小和尚跃起躲过恶人。

⑤小和尚落地后连续踢了恶人两腿，紧接着打了恶人一拳，恶人没有倒地。

⑥小和尚再次又飞腿踢了恶人一腿，恶人倒地，眼冒金星。

9.3.2 角色定位与设计

一部动画片中，角色造型起着至关重要的作用。从某种角度来说，动画片中的角色造型相当于传统影片中的演员，演员的选择将关系到影片的成败。

本动画包括恶人和小和尚两个角色。其中恶人是反面角色，我们给他配以奇特的发型、红色的头发、胖大的身躯，为了进一步表现他凶狠的一面，我们在设计时使之始终呲着牙；小和尚是正面人物，穿着朴素，身手敏捷，为了表现其嫉恶如仇，我们在设计时使之两眼圆睁，

紧盯恶人。

9.3.3 素材准备

本例素材准备分为角色、场景两个部分。素材可以在纸上通过手绘完成，然后通过扫描仪将手绘素材传入计算机后再作相应处理。也可以在 Animate CC 2015 中直接绘制完成。本例中的两个角色是手绘完成的，场景比较简单，我们是使用三维软件渲染输出的一幅图片。其中，角色素材的头部表情是一致的，因此，我们将两个角色的头部转换为元件，再将他们像制作木偶一样组合到角色身上，这样既方便又可以减少文件大小。所有素材处理后的结果如图 9-104 所示。

(a) 角色素材准备

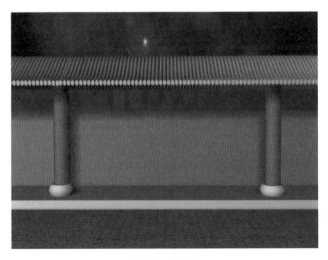

(b) 场景素材准备

图 9-104　素材准备

9.3.4 制作阶段

在剧本编写、角色定位与设计都完成后，接下来就是 Flash 制作和发布阶段。Flash 制作阶段又分为绘制分镜头和原动画制作两个坏节。

1. 绘制分镜头

文学剧本是用文字讲故事，而绘制分镜头就是用画面讲故事，分镜头画面脚本是原、动画以及后期制作等所有工作的参照物。图 9-105 为本动画的几个主要分镜头效果。

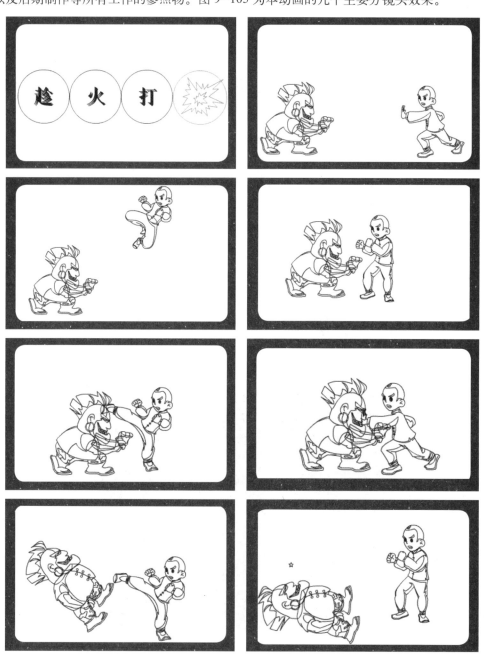

图 9-105　分镜头

2. 制作原动画

本例原动画的制作分为字幕动画和角色动画两个部分。

（1）制作字幕动画

字幕动画分为"制作字母出现前的效果"和"制作字幕出现的效果"2部分。

✦ 制作字幕出现前的切入效果

①按快捷键【Ctrl+J】，在弹出的"文档属性"对话框中设置如图9-106所示，单击"确定"按钮。

图9-106　设置文档属性

②执行菜单中的"插入|新建元件"命令，新建"切入"图形元件。

③单击工具箱上的椭圆工具按钮，在"颜色"面板中设置参数如图9-107所示，然后在舞台中绘制圆形如图9-108所示。

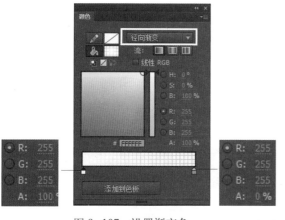

图9-107　设置渐变色

图9-108　绘制圆形

➕ 提 示

　　圆形两端的颜色虽然一致，但Alpha值一端为100%，一端为0%，从而产生出边缘羽化的效果。

④单击 ▨ 场景1 按钮（快捷键【Ctrl+E】），回到"场景1"，将"切入"元件从"库"面板中拖入工作区中，并利用"对齐"面板将其居中对齐。

第9章　综合实例

⑤单击时间线的第 5 帧，按快捷键【F6】，插入关键帧。然后选择工具箱上的 ▓ （任意变形工具）按钮将"切入"元件拉大并充满舞台。接着在第 1 帧上右击，在弹出的快捷菜单中选择"创建传统补间"命令，从而在第 1~5 帧之间创建传统补间动画。此时按【Enter】键，即可看到"切入"元件由小变大的效果，如图 9−109 所示。

(a) 第 1 帧

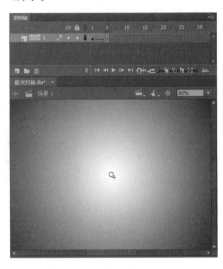
(b) 第 5 帧

图 9−109　　"切入"元件由小变大的效果

➕ 提　示

这种效果具有强烈的视觉冲击力，在动画片中经常应用，大家一定要熟练掌握。

✦ 制作字幕出现的效果

①制作文字"趁"出现前的橘红色光芒突现效果。方法：在"场景 1"中新建"图层 2"，然后在第 6 帧按【F6】，插入关键帧。接着按快捷键【Ctrl+F8】，新建"爆炸光"图形元件。具体的制作过程与前面相似，在此不再详细说明，结果如图 9−110 所示。

按快捷键【Ctrl+E】，重新回到"场景 1"。将"爆炸光"元件从"库"面板中拖入舞台，放置位置如图 9−111 所示。

图 9−110　制作"爆炸光"元件

图 9−111　在"场景 1"中放置"爆炸光"元件

在第 8 帧按快捷键【F6】，插入关键帧。然后单击第 6 帧，使第 6 帧的"爆炸光"处于被选中的状态。接着按快捷键【Ctrl+T】，在弹出的"变形"面板中修改参数使之变小，如图 9-112 所示，结果如图 9-113 所示。此时按【Enter】键，即可看到橘红色光芒突现的效果。

图 9-112　调整大小

图 9-113　调整后效果

②按快捷键【Ctrl+F8】，新建 word1 图形元件。然后选择工具箱上的文本工具按钮，参数设置如图 9-114 所示，然后在工作区中输入文字"趁"，如图 9-115 所示。

图 9-114　设置文字属性

图 9-115　输入文本

③制作文字重影效果。方法：使文字处于被选状态，按快捷键【Ctrl+C】，复制文字，然后新建"图层 2"，按快捷键【Ctrl+Shift+V】，将文字原位粘贴。再使用方向键使刚粘贴上的文字向左移动到合适的位置，并改变其颜色。接着将"图层 2"移到"图层 1"的下方，结果如图 9-116 所示。

➕ 提 示

　　快捷键【Ctrl+Shift+V】可将图形复制到原位。快捷键【Ctrl+Shift】只是单纯的复制，不能原位复制。

④同理，新建"图层 3"，按快捷键【Ctrl+Shift+V】，将文字原位粘贴。然后改变颜色和位置，结果如图 9-117 所示，此时时间轴分布如图 9-118 所示。

图 9-116　制作第 1 个重影　　图 9-117　制作第 2 个重影　　　图 9-118　时间轴分布

⑤制作文字"趁"突现效果。方法：按快捷键【Ctrl+E】，回到"场景 1"。然后在"图层 2"的第 10 帧，按快捷键【F7】，插入空白的关键帧。再将 Word1 图形元件从库中拖入舞台。

为了保证文字"趁"位于前面的爆炸形光芒的中央，下面单击第 10 帧，激活编辑多个帧按钮，将文字与光芒对齐，结果如图 9-119 所示。

➕ 提 示

通过这一步的制作，就可以看到图 9-119 所示的阴影了。

在第 13 帧，按快捷键【F6】，插入关键帧。然后在"变形"面板中将数值改为 85%，从而使其缩小。接着在第 10~13 帧之间创建传统补间动画，此时时间轴如图 9-120 所示。

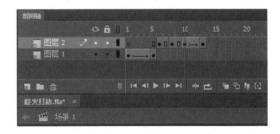

图 9-119　将文字与光芒对齐　　　　　　　图 9-120　时间轴分布

⑥前面我们通过激活编辑多个帧按钮，来显示前面的帧画面，从而实现文字与橘黄色爆炸形光芒对位，但此时文字后面是没有光芒的，下面我们来制作文字出现后光芒。方法：在"图层 1"上方新建"图层 3"，然后在第 10 帧按快捷键【F6】，插入关键帧。然后选择工具箱上的椭圆工具按钮，设置渐变色如图 9-121 所示，然后绘制圆形，如图 9-122 所示。

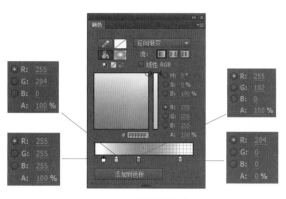

图 9-121 设置渐变色

图 9-122 绘制圆形光芒

选中新绘制的圆形，按快捷键【F8】，将其转换为"光芒"元件。然后在第 13 帧按快捷键【F6】，插入关键帧。接着在第 10 帧，选中舞台中的"光芒"元件，在"属性"面板中将Alpha 设为 0%，如图 9-123 所示。再在第 10 帧与 13 帧之间创建传统补间动画，最后按键盘上的【Enter】键，即可看到文字"趁"由大变小的过程中橘红色圆形光芒渐现的效果。此时时间轴如图 9-124 所示。

图 9-123 将 Alpha 设为 0%

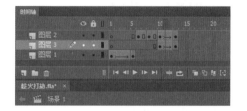

图 9-124 时间轴分布

⑦同理，制作"火""打"和"劫"的文字效果。为了保证后面文字出现时前面的文字不消失，下面选择"图层 1"以外的所有层，在第 37 帧按快捷键【F5】，将它们的总长度延长到第 37 帧。此时时间轴分布如图 9-125 所示。

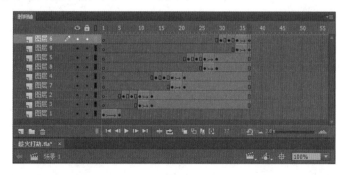

图 9-125 "场景 1"的最终时间轴分布

⑧按快捷键【Ctrl+Enter】，即可看到富于视觉冲击力的文字逐个出现的效果。

（2）制作角色动画

角色动画分为"制作角色打斗过程""制作小和尚发出的光波""制作恶霸所发出的光波""制作恶人倒地时的金星效果"和"添加背景"5 个部分。为了便于管理，角色动画我们是在另一个场景中制作的。

✦ 制作角色打斗过程

①执行菜单中的"窗口|其它面板|场景"命令，调出"场景"面板，然后单击面板下方的添加场景按钮，添加"场景 2"，如图 9-126 所示。

➕ 提 示

场景面板中的场景在预览时是按排列的先后顺序出场的。双击场景名称就可以进入编辑了。

②从"库"面板中将"发功"和"动作 1"元件拖入舞台，放置位置如图 9-127 所示。

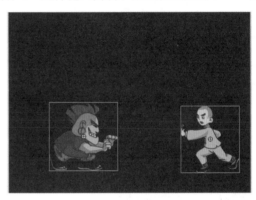

图 9-126　新建"场景 2"　　　　　　　图 9-127　在第 1 帧放置元件

③分别在第 6、8、10、12、14、16、18、20、22、26 帧按快捷键【F6】，插入关键帧，然后从"库"面板中将前面准备的相关元件拖入舞台，放置位置如图 9-128 所示。接着在第 40 帧按快捷键【F5】，使时间轴的总长度延长到第 40 帧，此时时间轴分布如图 9-129 所示。

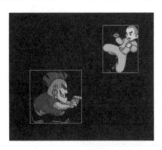　　　　

第 6 帧　　　　　　　　　　第 8 帧　　　　　　　　　　第 10 帧

第 12 帧　　　　　　第 14 帧　　　　　　第 16 帧　　　　　　第 18 帧

图 9-128　在不同帧放置不同元件

 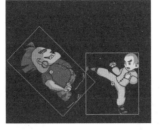 

第 20 帧 　　　　　　第 22 帧 　　　　　　第 26 帧

图 9-128　在不同帧放置不同元件（续）

图 9-129　时间轴分布

✦ 制作小和尚周围的光芒

①按快捷键【Ctrl+F8】，新建"light1"图形元件。

②选择工具箱上的椭圆工具按钮，设置线条，在"颜色"面板中设置渐变色如图 9-130 所示，接着在舞台中绘制圆形，如图 9-131 所示。

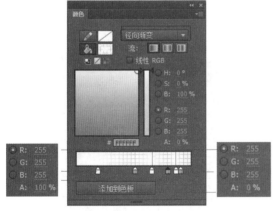

图 9-130　设置渐变色

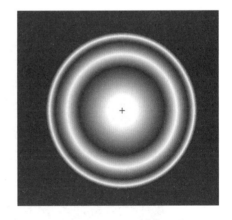

图 9-131　创建圆形

③按快捷键【Ctrl+F8】，新建"light2"图形元件。然后选择工具栏箱上的矩形工具按钮，设置矩形线条为，在"颜色"面板中设置渐变色如上图 9-130 所示，类型选择"线性"，绘制矩形，如图 9-132 所示。

图 9-132　创建矩形

第 9 章　综合实例

357

④按快捷键【Ctrl+F8】，新建"light3"图形元件。然后从"库"面板中将"light1"和"light2"图形元件拖入舞台，放置位置，如图9-133所示。接着利用工具箱中的任意变形工具，将"light2"图形元件的中心点放置到圆心，再利用"变形"面板将其旋转45°进行反复复制7次，从而制作出光芒四射的效果，结果如图9-134所示。

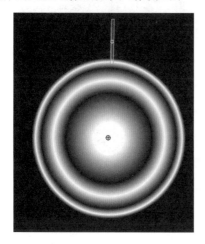

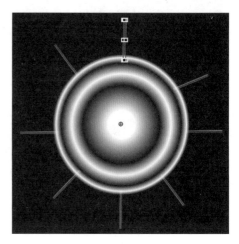

图9-133　组合元件　　　　　　　　　　图9-134　光芒四射的效果

⑤制作光芒四射的光环渐现并逐渐放大的效果。方法：按快捷键【Ctrl+F8】，新建"light4"图形元件。然后从"库"面板中将"light3"图形元件拖入舞台，并在"属性"面板中将其Alpha值设为30%，接着在第5帧按快捷键【F6】，插入关键帧，再将其放大，并将Alpha设为100%。最后在第1~5帧之间创建补间动画，如图9-135所示。

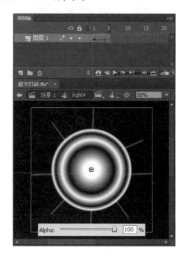

第1帧　　　　　　　　　　　　　　第5帧

图9-135　制作光环渐现并逐渐放大效果

⑥回到"场景2"，新建"图层2"，然后从"库"面板中将"light4"元件拖入舞台，放置位置如图9-136所示。然后在第6帧按快捷键【F7】，插入空白关键帧，从"库"面板中将"light3"元件拖入舞台，放置位置如图9-137所示。接着分别在第8、10、12、14、16、18帧按快捷键【F6】，插入关键帧，并调整"light3"元件的大小，如图9-138所示。

图 9-136 在第 1 帧放置"light4"元件

图 9-137 在第 6 帧放置"light3"元件

第 8 帧

第 10 帧

第 12 帧

第 14 帧

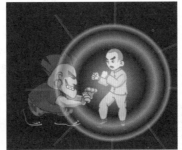

第 16 帧

第 18 帧

图 9-138 调整"light3"元件的大小

⑦在时间轴"图层 2"的第 21 帧按快捷键【F5】，插入普通帧，从而将时间轴的总长度延长到第 21 帧，此时时间轴分布如图 9-139 所示。

图 9-139 时间轴分布

✦ 制作恶人所发出的光波

①按快捷键【Ctrl+F8】，新建"light5"图形元件。然后选择工具箱上的椭圆工具按钮，

第 9 章 综合实例

设置线条，在"颜色"面板中设置如图 9-140 所示，再在舞台中绘制椭圆形，并用渐变变形工具按钮对其进行调整，如图 9-141 所示。

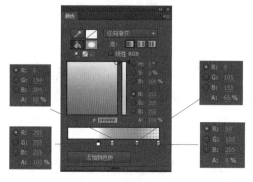

图 9-140　设置渐变色　　　　　　　　图 9-141　绘制椭圆并调整渐变色

②按快捷键【Ctrl+F8】，新建"light6"图形元件。然后选择工具箱上的椭圆工具按钮，设置线条为▱，然后绘制图形并调整渐变方向，如图 9-142 所示。接着从"库"面板中将"light5"元件拖入舞台并配合【Alt】键复制，结果如图 9-143 所示。

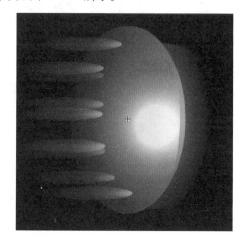

图 9-142　绘制图形　　　　　　　　　　图 9-143　组合图形

③制作恶人发功效果。方法：回到"场景 2"，然后新建"图层 3"，再从"库"面板中将"light 6"元件拖入舞台，放置位置如图 9-144 所示。接着在第 5 帧按快捷键【F6】，插入关键帧，将"light 6"元件水平向右移动到小和尚的位置，并适当缩放，如图 9-145 所示。最后创建"图层 3"第 1~5 帧之间的传统补间动画。此时时间轴分布如图 9-146 所示。

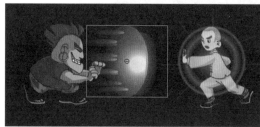

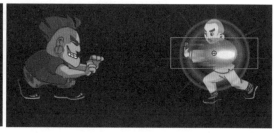

图 9-144　在第 1 帧将"light 6"元件拖入舞台　　图 9-145　在第 5 帧移动并缩放"light 6"元件

图 9-146　时间轴分布

✦ 制作恶人倒地时的金星效果

①按快捷键【Ctrl+F8】，新建"星星"图形元件。然后选择工具箱上的多角星形工具按钮。接着设置为线条为无色，填充为黄色。再单击"属性"面板中的"选项"按钮，如图 9-147 所示，在弹出的对话框中设置如图 9-148 所示，单击"确定"按钮。

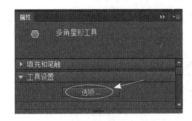

图 9-147　单击"选项"按钮

图 9-148　设置多边形参数

②在工作区中绘制五角星，如图 9-149 所示。

③单击时间轴的第 3 帧，按快捷键【F6】，插入关键帧。然后绘制其他星星，如图 9-150 所示。

图 9-149　在第 1 帧绘制五角星

图 9-150　在第 3 帧绘制五角星

④同理，分别在时间轴的第 5 帧和第 7 帧按快捷键【F6】，插入关键帧，然后调整位置，如图 9-151 所示。

第 5 帧

第 7 帧

图 9-151　在第 5 帧和第 7 帧绘制五角星

第 9 章　综合实例

361

⊕ 提 示

　　读者也可以改变第 3 帧和第 7 帧星星的颜色，从而使星星在运动时产生一种闪烁的效果。

---

　　⑤回到"场景 2"，在时间轴"图层 1"的第 26 帧，从库中将"星星"元件拖入舞台，放置位置如图 9-152 所示。

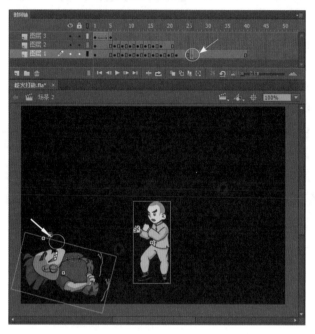

图 9-152　在第 26 帧放置"星星"元件

✦ 添加背景

　　①新建"图层 4"，然后执行菜单中的"文件 | 导入 | 导入到舞台"命令，导入"配套资源 | 素材及结果 \9.3 制作《趁火打劫》动作动画 \ 背景 .png"图片，结果如图 9-153 所示。

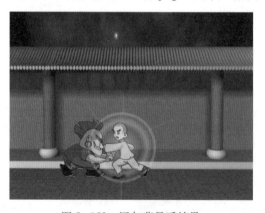

图 9-153　添加背景后效果

　　②至此，"场景 2"制作完毕，此时时间轴分布如图 9-154 所示。

图 9-154　"场景 2"最终时间轴分布

9.3.5　作品合成与发布

执行菜单中的"文件 | 发布设置"命令，在弹出的对话框中选中"Win 放映文件 (.exe)"复选框，如图 9-155 所示，单击"确定"按钮，从而将文件输出为可执行的程序文件。

图 9-155　发布设置

➕ 提 示

在这个动画的制作过程中，使用的全部是"图形"元件，而没有使用"影片剪辑"元件，这是为了防止如果输出为 .avi 格式的文件时可能出现的元件旋转等信息无法识别的情况。这一点大家一定要记住。

课 后 练 习

从编写剧本入手，制作一个公益广告的动画，并将其输出为 .exe 格式文件。制作要求：剧情贴近生活且要有时尚感，角色设计要有个性，画面色彩搭配合理。

习题参考答案

第 1 章　Animate CC 2015 概述

1. 填空题

1）通过 Animate CC 2015 绘制的图是<u>矢量图</u>，这种图的最大特点在于无论放大还是缩小，画面永远都会保持清晰，不会出现类似位图的锯齿现象。

2）Animate CC 2015 的操作界面由菜单栏、主工具栏、工具箱、时间轴、舞台和面板组组成。

2. 选择题

1）答案为 C。

2）答案为 D。

第 2 章　Animate CC 2015 的基本操作

1. 填空题

1）使用<u>钢笔工具</u>可以绘制精确的路径；使用<u>橡皮擦工具</u>可以快速擦除笔触或填充区域中的任何内容。

2）利用<u>将线条转换为填充</u>命令可以将矢量线条转换为填充色块。

2. 选择题

1）答案为 A。

2）答案为 A。

3）答案为 B。

第3章　Animate CC 2015 的基础动画

1. 填空题

1）Animate CC 2015 中的基础动画可以分为逐帧动画、传统补间动画和形状补间动画 3种类型。

2）"插入帧"的快捷键【F5】；"删除帧"的快捷键【Shift+F5】；"插入关键帧"的快捷键【F6】；"插入空白关键帧"的快捷键【F7】；"清除关键帧"的快捷键【Shift+F6】。

2. 选择题

1）答案为 B。

2）答案为 C。

3）答案为 D。

第4章　Animate CC 2015 的高级动画

1. 填空题

1）遮罩动画的创建需要两个图层，即遮罩层和被遮罩层；引导层动画的创建也需要两个图层，即引导层和被引导层。

2）利用分散到图层命令可以将同一图层上的多个对象分散到多个图层当中。

2. 选择题

1）答案为 ABD。

2）答案为 AB。

第5章　图像、声音与视频

1. 填空题

1）在时间轴中选择相关声音后，在其属性面板"同步"下拉列表中有事件、开始、停止和数据流 4 个同步选项可供选择。

2）在 Animate CC 2015 的"声音属性"对话框中，可以对声音进行"压缩"处理。打开"压缩"下拉列表，其中有默认、ADPCM、MP3、原始和语音 5 种压缩模式。

3）Animate CC 2015 导入视频有在 Animate CC 文件中嵌入视频放、从 Web 服务器渐进式下载视频和使用 Flash Media Server 流式加载视频三种方法。

2. 选择题

1）答案为 CD。

2）答案为 D。

第6章 交互动画

1. 填空题

1）"动作"面板由<u>动作工具箱</u>、<u>脚本导航器</u>和<u>脚本窗口</u> 3 部分组成。

2）一个类包括<u>类名</u>和<u>类体</u>两部分。

2. 选择题

1）答案为 ABD。

2）答案为 ABC。

第7章 组件

1. 填空题

1）Animate CC 2015 "组件"面板中包含 <u>User Interface</u> 和 <u>Video</u> 两类组件。

2）Animate CC 2015 中的 Label 组件提供了 <u>left</u>、<u>center</u>、<u>right</u> 和 <u>none</u> 4 种打开页面的目标窗口的方式。

2. 选择题

1）答案为 C。

2）答案为 ABCD。

第8章 动画的测试与发布

1. 填空题

1）Animate CC 2015 提供了 <u>JPEG</u>、<u>GIF</u> 和 <u>PNG</u> 3 种位图压缩格式。

2）<u>QuickTime</u> 影片格式是 Apple 公司开发的一种音频、视频文件格式，用于存储常用数字媒体类型。

2. 选择题

1）答案为 D。

2）答案为 A。

第9章 综合实例

答案略。